“十四五”时期
国家重点出版物出版专项规划项目

航天先进技术研究与应用/
电子与信息工程系列

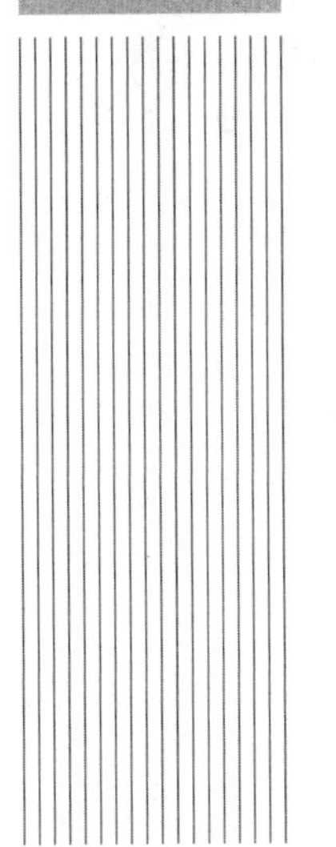

雷达信号处理原理与方法

Fundamental and Method of Radar Signal Processing

陈希信 著

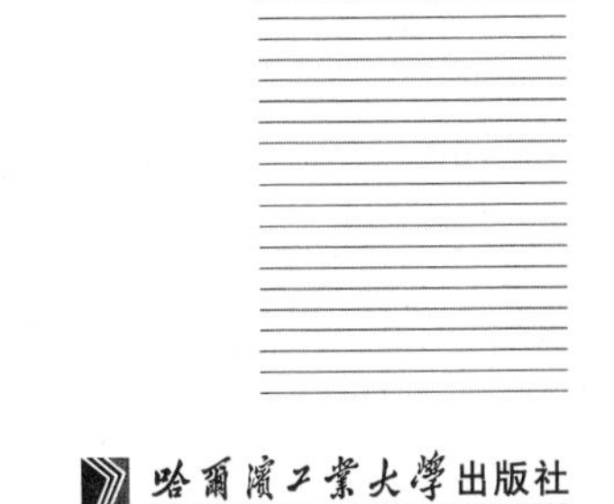

内 容 简 介

本书较系统、深入地介绍了雷达信号处理领域中的一些重要原理和新方法，许多内容取材于作者多年工作的研究成果。全书共分5章，内容包括线性调频信号的脉冲压缩、雷达信号的多普勒处理、雷达信号的数字波束形成、雷达信号的检测及雷达目标的单脉冲测角等。

本书可供科研院所从事雷达系统、声呐研制等相关工作的科技工作者使用，也可作为高等院校相关专业师生的参考书。

图书在版编目(CIP)数据

雷达信号处理原理与方法/陈希信著. —哈尔滨：哈尔滨工业大学出版社，2023.1

(电子与信息工程系列)

ISBN 978-7-5767-0473-0

Ⅰ.①雷… Ⅱ.①陈… Ⅲ.①雷达信号处理 Ⅳ.①TN957.51

中国版本图书馆CIP数据核字(2022)第254524号

雷达信号处理原理与方法

策划编辑 许雅莹
责任编辑 周一瞳
封面设计 刘长友
出版发行 哈尔滨工业大学出版社
社　　址 哈尔滨市南岗区复华四道街10号 邮编150006
传　　真 0451-86414749
网　　址 http://hitpress.hit.edu.cn
印　　刷 哈尔滨市工大节能印刷厂
开　　本 710 mm×1 020 mm 1/16 印张11.5 字数230千字
版　　次 2023年1月第1版 2023年1月第1次印刷
书　　号 ISBN 978-7-5767-0473-0
定　　价 40.00元

前　　言

众所周知,雷达系统的功能实现和性能改善在很大程度上依赖于所采取的雷达信号处理理论与方法,因此对相关的理论与方法进行研究是非常必要的。雷达通常通过匹配滤波(脉冲压缩)、MTI/MTD、DBF/ADBF/STAP、CFAR检测及一些特殊处理提高各种有源/无源干扰背景下的目标检测能力,以及对目标分辨、参数测量的能力,从而实现对目标的跟踪、定位、成像等功能。信号处理是一个非常活跃的研究领域,多年来各种新颖的信号处理理论和方法不断涌现,其中一些应用到了雷达中,进一步改善了雷达系统的性能。

作者从事雷达信号处理研究工作多年,有幸参加了多个雷达系统的研制,在工作中注重理论与实际相结合。本书是作者多年研究工作的总结,其中的许多内容可参见作者曾公开发表的论文。多年来,作者得到了多位雷达信号处理专家和资深雷达工程师的指导和帮助,与他们的交流深化拓宽了作者对相关专业知识的认知,使作者受益匪浅,在此向他们表示衷心的感谢!

本书共分5章。第1章介绍线性调频信号脉冲压缩的基本原理和方法,研究距离超分辨以及距离走动校正等问题;第2章讨论雷达信号的MTI/MTD处理,以区分、抑制目标回波中的地物等杂波;第3章介绍雷达信号的数字波束形成处理,包括常规数字波束形成、自适应波束形成、空时自适应处理等;第4章研究雷达信号的检测问题,主要包括非相参积累检测和宽带雷达信号检测;第5章介绍雷达目标的单脉冲测角的基本原理和方法,研究低仰角目标的测高问题。

希望本书能对从事雷达信号处理研发工作的人员有所帮助。

限于作者水平，书中难免存在疏漏及不足之处，敬请读者批评指正。

陈希信

2022 年 6 月

于南京

目　　录

第 1 章

线性调频信号的脉冲压缩

1.1 引 言

现代雷达通常采用调制信号并进行脉冲压缩处理以解决雷达作用距离与距离分辨率之间的矛盾,即雷达发射宽脉冲调制信号,通过匹配滤波器对回波信号进行脉压后可以同时获得远的作用距离和高的距离分辨率。线性调频(LFM)信号在脉压时对目标多普勒频率不敏感,即使回波信号有较大的多普勒频移,也仍能用同一个匹配滤波器完成脉冲压缩,大大简化了雷达信号处理系统,并且其脉压副瓣可以通过锥削窗函数降低,避免了大目标副瓣掩盖小目标主瓣,因此成为一种得到广泛应用的雷达信号。但是,这种信号存在距离－多普勒频率耦合现象,会影响雷达的测距精度。

本章主要讨论 LFM 信号的脉压问题,内容概括如下:1.2 节概述匹配滤波器及 LFM 信号脉冲压缩的基本原理;1.3 节研究 LFM 信号的匹配滤波器与相关器之间的等价关系;1.4 节对于较小的多普勒频率给出 LFM 信号的两种低副瓣脉压方法;1.5 节讨论 LFM 信号的去斜脉压,并计算性能指标;1.6 节介绍线性调频中断连续波信号的脉压,并讨论其距离分辨能力;1.7 节介绍调频步进信号的脉压及距离像冗余的提取方法;1.8 节研究基于稀疏信号处理的距离超分辨方法;1.9 节针对捷变频 LFM 信号研究基于 Keystone 变换的跨距离门走动校正问题。

1.2 LFM 信号的脉冲压缩

1.2.1 匹配滤波器

在雷达检测系统中，匹配滤波器通常是最重要的组成部分。在白噪声背景下，目标回波信号通过匹配滤波器后能够输出最大瞬时功率信噪比(SNR)，因此最有利于噪声中信号的检测[1]。

设匹配滤波器输入端的信号为

$$x(t)=s_{\mathrm{r}}(t)+n(t) \tag{1.1}$$

式中，$s_{\mathrm{r}}(t)$ 为目标回波信号，其频谱为 $S_{\mathrm{r}}(f)$；$n(t)$ 为白噪声。

则匹配滤波器的脉冲响应函数为

$$h(t)=ks_{\mathrm{r}}^{*}(-t)$$

频率响应函数为

$$H(f)=kS_{\mathrm{r}}^{*}(f)$$

式中，k 为常数(常置为 1)；上标 * 表示取共轭。

匹配滤波器输出的瞬时功率信噪比为

$$\mathrm{SNR}_{\mathrm{o}}=\frac{E_{\mathrm{r}}}{N_0} \tag{1.2}$$

式中，E_{r} 为回波信号的能量；N_0 为背景白噪声的功率谱密度。

实际上，目标回波信号 $s_{\mathrm{r}}(t)$ 中通常含有多个未知的参数，并且叠加着较强的噪声及干扰，因此无法用它来产生匹配滤波器的响应函数。然而，雷达发射信号 $s_{\mathrm{t}}(t)$(其频谱为 $S_{\mathrm{t}}(f)$)是完全已知的，目标回波信号只是其某种复制，因此是产生匹配滤波器响应函数的合适选择。此时，响应函数变成 $h(t)=ks_{\mathrm{t}}^{*}(-t)$ 和 $H(f)=kS_{\mathrm{t}}^{*}(f)$，匹配滤波器成为一个互相关器，它实现雷达发射信号与接收信号之间的相关处理。

当采用发射信号生成匹配滤波器响应函数时，考查其输出信噪比。

设目标回波信号的频谱为

$$S_{\mathrm{r}}(f)=\tilde{a}_{\mathrm{r}}S_{\mathrm{t}}(f-f_{\mathrm{d}})\mathrm{e}^{-\mathrm{j}2\pi f\tau}$$

式中，$\tilde{a}_{\mathrm{r}}$ 为幅度；f_{d} 为多普勒频率；τ 为时延。

通过匹配滤波器后的输出为

$$\begin{aligned}y_{\mathrm{s}}(t)&=\int H(f)S_{\mathrm{r}}(f)\mathrm{e}^{\mathrm{j}2\pi ft}\,\mathrm{d}f\\&=\tilde{a}_{\mathrm{r}}\int S_{\mathrm{t}}^{*}(f)S_{\mathrm{t}}(f-f_{\mathrm{d}})\mathrm{e}^{\mathrm{j}2\pi f(t-\tau)}\,\mathrm{d}f\end{aligned}$$

当 $f_d=0, t=\tau$ 时，积分项取得最大值，此时有

$$y_s(\tau)=\tilde{a}_r\int |S_t(f)|^2 \mathrm{d}f$$

同时，白噪声通过匹配滤波器后输出功率为

$$P_n=N_0\int |S_t(f)|^2 \mathrm{d}f$$

因此，当 $f_d=0, t=\tau$ 时，输出端得到最大信噪比，即

$$\mathrm{SNR}_o=\frac{|y_s(\tau)|^2}{P_n}=\frac{\int |\tilde{a}_r S_t(f)|^2 \mathrm{d}f}{N_0}=\frac{\int |S_r(f)|^2 \mathrm{d}f}{N_0}=\frac{E_r}{N_0} \tag{1.3}$$

由式(1.3)可以得出以下结论。

(1) 当采用发射信号 $s_t(t)$ 生成匹配滤波器响应函数 $h(t)$ 时，对于多普勒频率为零的目标回波，在与目标距离对应的时延处匹配滤波器给出了最大瞬时信噪比。实际上，回波信号 $s_r(t)$ 与响应函数 $h(t)$ 一般不是完全匹配的，因此会带来信噪比损失。

(2) 匹配滤波器输出的最大信噪比与回波信号能量和噪声功率谱密度有关，而与信号形式无关。无论雷达发射哪种信号形式，只要回波能量和噪声谱密度相同，通过匹配滤波器后的输出信噪比就相同。

设雷达信号的时宽为 T，带宽为 B，接收机与噪声的带宽为 B'，则有

$$\mathrm{SNR}_o=\frac{|\tilde{a}_r|^2 T}{N_0}=\frac{|\tilde{a}_r|^2 B'T}{N_0 B'}=\mathrm{SNR}_i\times B'T \tag{1.4}$$

式中，SNR_i 为匹配滤波器输入端的信噪比，$\mathrm{SNR}_i=\frac{|\tilde{a}_r|^2}{N_0 B'}$。

式(1.4)表明，在白噪声背景下，匹配滤波器的信噪比增益为

$$B'T=\frac{B'}{B}\times BT$$

式中，$\frac{B'}{B}$ 为匹配滤波器的滤波处理增益，即带外噪声被滤波器滤除；BT 积为匹配滤波器的匹配处理增益。注意，理论上接收机带宽不小于信号带宽即可，过大是没有意义的。其原因是，尽管匹配滤波器的信噪比增益增大了，但是输入信噪比同比例地减小了，因此总的输出信噪比保持不变。

上述白噪声功率谱密度为

$$N_0=kT_s \tag{1.5}$$

式中，k 为玻尔兹曼常数，$k=1.380\ 658\times 10^{-23}$ J/K；T_s 是以天线为系统输入端的系统输入噪声温度。参阅文献[2]的相关内容，下面简要介绍 T_s 的计算。

典型雷达接收系统的两级级联网络如图 1.1 所示。第一级是连接天线和接收机输入端的传输线，第二级是接收机检波器前级。

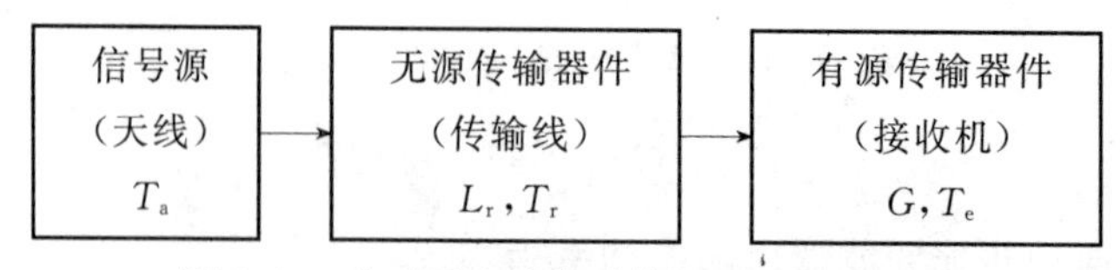

图 1.1　典型雷达接收系统的两级级联网络

对于这个系统，如果天线的噪声温度为 T_a，接收传输线的噪声温度为 T_r，损耗因子为 L_r，接收机的噪声温度为 T_e，则系统输入噪声温度为

$$T_s = T_a + T_r + L_r T_e \tag{1.6}$$

天线噪声源包括外部电磁波辐射到天线所形成的外噪声和天线电阻性元件产生的内部热噪声。天线的噪声温度计算公式为

$$T_a = \frac{0.876T'_a - 254}{L_a} + 290 \tag{1.7}$$

对于无损耗天线，$L_a = 1$，因此 $T_a = 0.876T'_a + 36$。T'_a是由图 1.2 所示架设在地面上理想天线的噪声温度与频率的关系给出的噪声温度。

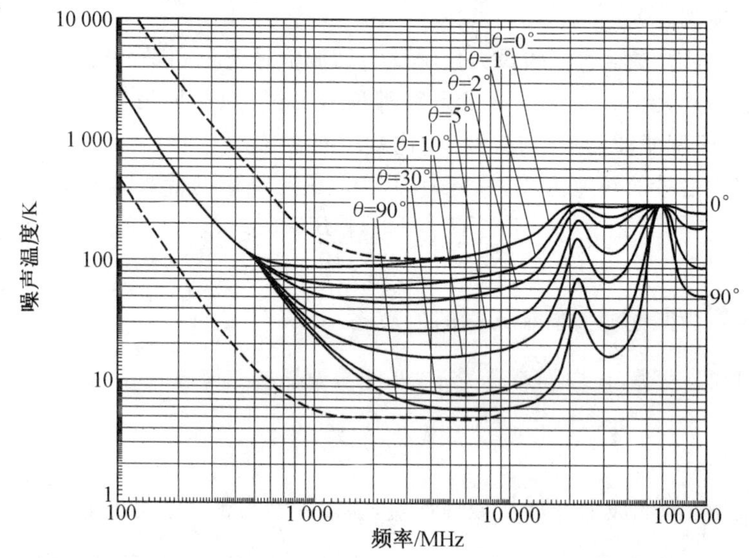

图 1.2　架设在地面上理想天线的噪声温度与频率的关系

传输线的噪声温度为

$$T_r = T_{tr}(L_r - 1) \tag{1.8}$$

式中，T_{tr} 为热噪声温度，$T_{tr} = 290$ K；L_r 为损耗因子，是天线有效接收功率与接收机有效输入功率之比，是一个馈线指标。

雷达接收机的噪声系数 F_n 是一个重要指标，单调谐雷达接收机的输入噪声温度为

$$T_e = T_0(F_n - 1) \tag{1.9}$$

式中，$T_0 = 290$ K。

1.2.2　LFM 信号的脉冲压缩

在采用复杂波形(如 LFM 信号)的雷达系统中，除匹配回波信号输出最大信噪比外，匹配滤波器的另一个重要作用是对回波信号进行脉冲压缩。

设雷达发射的 LFM 信号为

$$s_t(t) = a_t u(t) e^{j2\pi f_c t} \tag{1.10}$$

$$u(t) = \text{rect}\left(\frac{t}{T}\right) e^{j\pi\gamma t^2} \tag{1.11}$$

式中，a_t 为信号幅度；f_c 为载频；T 为脉宽；γ 为调频斜率，$\gamma = \frac{B}{T}$，B 为带宽；rect(•) 为矩形函数，$\text{rect}(t) = 1\left(-\frac{1}{2} \leqslant t \leqslant \frac{1}{2}\right)$。

通常，BT 积很大，此时 $u(t)$ 的频谱近似为

$$U(f) \approx \frac{1}{\sqrt{\gamma}} \text{rect}\left(\frac{f}{B}\right) e^{j\frac{\pi}{4} - j\frac{\pi}{\gamma}f^2} \tag{1.12}$$

由式(1.11)和式(1.12)可见，LFM 信号的瞬时频率 $f(t) = \gamma t$ 及其匹配滤波器的群延时$t_d(f) = -\frac{f}{\gamma}$ 都是线性函数，是 LFM 信号的重要特征。

设 $a_t = 1$，$B = 2$ MHz，$T = 100$ μs，$f_s = 8$ MHz，则 LFM 信号的实部 / 虚部与频谱幅度如图 1.3 所示。可见，BT 积较大时，其频谱幅度近似为矩形形状。

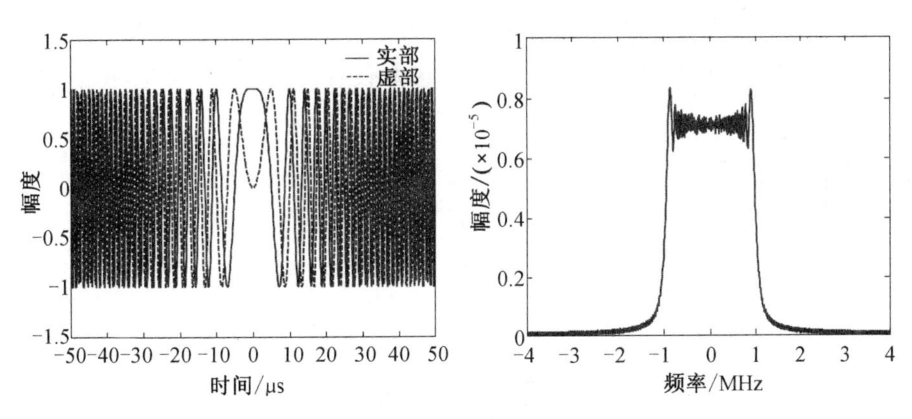

图 1.3　LFM 信号的实部 / 虚部与频谱幅度

对 LFM 信号有以下两点说明。

(1) 雷达发射 / 接收信号都是实信号，通过接收机后通常输出 I、Q 解析信号。其原因有以下两点：一是可以利用 I、Q 双通道的相位信息，用于数字阵波束形成、单脉冲测角等处理；二是 MTI 和 MTD 的需求，即在 MTI 中避免盲相，在 MTD 中鉴别正负多普勒频率。

(2) 接收信号混频后，基带 LFM 信号的带宽为 B，最高频率为 $\pm\dfrac{B}{2}$，根据奈奎斯特采样定理，要求采样频率 $f_s \geqslant B$ 即可。但是，考虑到回波的多普勒频偏、脉压波形的保真性及与采样数据量之间的折中等因素，通常要求 $f_s \geqslant 1.25B$。

根据 1.2.1 节的讨论，将匹配滤波器的响应函数置为 $h(t)=u^*(-t)$ 和 $H(f)=U^*(f)$，设混频后目标回波为

$$s_r(t)=\tilde{a}_r u(t-\tau)e^{j2\pi f_d(t-\tau)}$$

$$S_r(f)=\tilde{a}_r U(f-f_d)e^{-j2\pi f\tau}$$

式中，f_d 为多普勒频率；τ 为时延。

则脉压输出为

$$\begin{aligned} s(t) &= s_r(t) * h(t) \\ &= \tilde{a}_r \int u^*(t')u(t'+t-\tau)e^{j2\pi f_d(t'+t-\tau)}dt' \end{aligned} \tag{1.13}$$

式中，$*$ 表示卷积运算。

或者，有

$$\begin{aligned} s(t) &= \int S_r(f)H(f)e^{j2\pi ft}df \\ &= \tilde{a}_r \int U^*(f)U(f-f_d)e^{j2\pi f(t-\tau)}df \end{aligned} \tag{1.14}$$

式(1.13) 可以看成脉压的相关器实现；式(1.14) 可以看成脉压的匹配滤波器实现，考虑到式(1.12)，这种脉压实际上是 LFM 信号的频域去斜脉压。

图 1.4 所示为 LFM 信号的脉压结果。参数设置为 $\tau=1$ ms，$f_d=0$、$-\dfrac{B}{8}$、$-\dfrac{B}{4}$，其他参数同图 1.3。

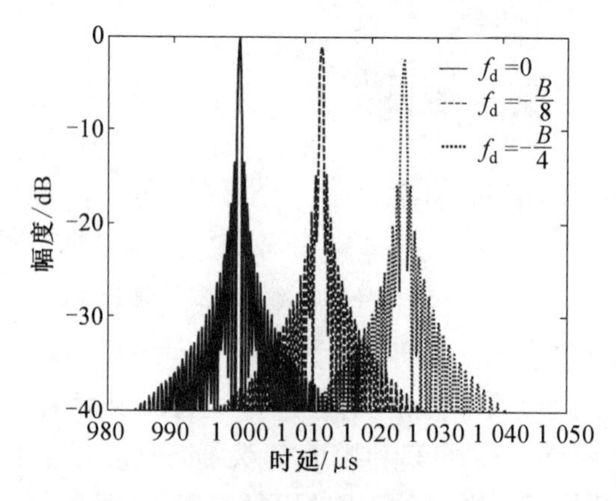

图 1.4　LFM 信号的脉压结果

由图1.4可以得出以下结论。

(1)LFM信号对目标速度不敏感。LFM信号因这个重要优点而广泛应用于各种搜索雷达中。实际上,LFM的幅频近似为矩形,随着多普勒频率增大,$H(f)$与$S_r(f)$的重叠部分线性减少,脉压峰值下降约$20\lg\left(1-\frac{|f_d|}{B}\right)$。当$f_d=-\frac{B}{8}$时,峰值下降1.16 dB;当$f_d=-\frac{B}{4}$时,峰值下降2.5 dB。

(2) 多普勒频率会导致脉压主瓣偏离真实的目标距离,这就是LFM信号脉压的距离-速度耦合现象,偏离值$\Delta\tau=-\frac{f_d}{\gamma}$,此值由式(1.13)或式(1.14)得到。

(3) 主瓣峰值下降约4 dB处的宽度为$\frac{1}{B}$,若信号时宽为T,则距离分辨率提高了BT倍(即脉压比为BT积),因此能够分辨距离上靠得更近的两个目标。但是,图1.4中的主瓣峰值仅比第一副瓣高13.4 dB,在多目标环境下,大目标信号的副瓣可能会掩盖不可忽略的较小目标信号的主瓣,这是需要解决的问题。

脉压副瓣可以通过施加锥削窗函数来降低,其代价是主瓣展宽和信噪比损失。有多种可用的锥削窗,它们在主瓣展宽和副瓣降低之间进行了不同的折中[3]。当窗函数采用海明窗,即$W(f)=0.54+0.46\cos\frac{2\pi f}{B}$,$|f|\leqslant\frac{B}{2}$时,匹配滤波器的频响函数变成

$$H'(f)=U^*(f)W(f)$$

式(1.14)的脉压变成

$$\begin{aligned}s'(t)&=\int S_r(f)H'(f)e^{j2\pi ft}\,df\\&=\tilde{a}_r\int W(f)U^*(f)U(f-f_d)e^{j2\pi f(t-\tau)}\,df\end{aligned}\tag{1.15}$$

若$f_d=0$,则脉压后主副瓣比为42.6 dB,主瓣展宽系数为1.47,信噪比损失为1.3 dB。这样的主副瓣比是可以接受的,因为比大目标小30～40 dB的小目标一般可以忽略不计,或者在其他域上可做进一步区分。前两个指标通过Matlab仿真一目了然,下面对第三个指标进行简单计算。

根据式(1.15),加窗前信号$s(t)$的最大幅值为

$$|s(t)|_{\max}=\left|\tilde{a}_r\frac{B}{\gamma}\right|=|\tilde{a}_rT|$$

加窗后信号$s'(t)$的最大幅值为

$$|s'(t)|_{\max}=0.54\left|\tilde{a}_r\frac{B}{\gamma}\right|=0.54|\tilde{a}_rT|$$

因此,信号功率损失 20lg 0.54 ≈−5.3(dB)。

参考式(1.3)和式(1.12),加窗前输出噪声功率为

$$P_{\mathrm{n}}=\frac{N_0B}{\gamma}$$

加窗后输出噪声功率为

$$P'_{\mathrm{n}}=\frac{N_0}{\gamma}\int_{-\frac{B}{2}}^{\frac{B}{2}}W^2(f)\mathrm{d}f\approx\frac{0.4N_0B}{\gamma} \tag{1.16}$$

即噪声功率损失 10lg 0.4 ≈−4.0(dB)。因此,信噪比损失为 5.3 dB−4.0 dB=1.3 dB。

在采用脉压处理的雷达系统中,自由空间中雷达方程为[4]

$$R_{\max}^4=\frac{P_{\mathrm{t}}TG_{\mathrm{t}}G_{\mathrm{r}}\sigma\lambda^2}{(4\pi)^3kT_{\mathrm{s}}D_0L_{\mathrm{s}}} \tag{1.17}$$

式中,P_{t} 为峰值发射功率;T 为发射脉冲宽度;G_{t} 为发射天线增益;G_{r} 为接收天线增益;σ 为目标截面积;λ 为发射信号波长;k 为玻尔兹曼常数;T_{s} 为系统输入噪声温度;D_0 为检测信噪比;L_{s} 为系统损耗。

根据式(1.17),在其他参数保持不变的情况下,增加脉冲宽度 T 可以增大雷达作用距离 $R_{\max}$,但是脉压的主瓣宽度仍然为 $\frac{1}{B}$。因此,采用 LFM 信号并进行脉压处理解决了雷达作用距离与距离分辨率之间的矛盾。

1.2.3 LFM 信号的模糊函数

如前所述,匹配滤波器输出的最大信噪比与信号形式无关。但是,各种不同的信号波形对雷达目标的距离和速度分辨能力是不同的,刻画各种波形分辨能力的工具是模糊函数。

在式(1.13)和式(1.14)中,令 $\tilde{a}_{\mathrm{r}}=1$,$\tau'=\tau-t$,得到

$$\begin{aligned}\chi(\tau',f_{\mathrm{d}})&=\int u(t)u^*(t+\tau')\mathrm{e}^{\mathrm{j}2\pi f_{\mathrm{d}}t}\mathrm{d}t\\&=\int U^*(f)U(f-f_{\mathrm{d}})\mathrm{e}^{-\mathrm{j}2\pi f\tau'}\mathrm{d}f\end{aligned} \tag{1.18}$$

式(1.18)即模糊函数的定义式,可见它是一个相关函数,其在本质上刻画了雷达发射信号与目标回波信号之间的相似性。

将式(1.11)代入式(1.18)中,得到 LFM 信号的模糊函数,即

$$\chi(\tau',f_{\mathrm{d}})=(T-|\tau'|)\mathrm{sinc}((\gamma\tau'-f_{\mathrm{d}})(T-|\tau'|))\mathrm{e}^{-\mathrm{j}\pi f_{\mathrm{d}}\tau'} \tag{1.19}$$

式中,sinc 函数 $\mathrm{sinc}(x)=\frac{\sin\pi x}{\pi x}$。

图 1.5 所示为 LFM 信号的模糊图,即 $|\chi(\tau',f_{\mathrm{d}})|^2$,其峰值下降 3 dB 处的等

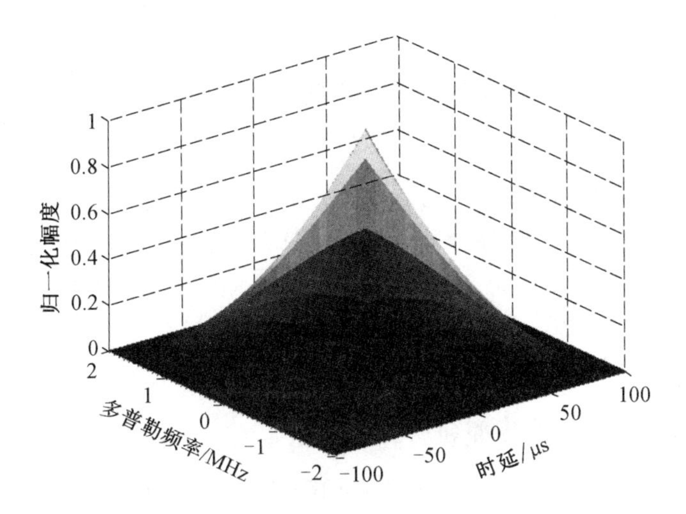

图 1.5　LFM 信号的模糊图

值平面图称为模糊度图，又称分辨率图。若两个目标都落入其中，则不可分辨；若一个在其中，另一个在外面，则可以分辨。沿着 f_{d} 轴对模糊图进行切割，则每个切片对应不同速度目标回波的脉压。模糊图的峰脊在 $f_{\mathrm{d}}=\gamma\tau'$ 上，峰值下降较缓慢，即 LFM 信号对目标速度不是很敏感。$f_{\mathrm{d}}=\gamma\tau'$ 描述了目标距离与速度之间的耦合关系，即脉压后目标距离偏离了真实距离。从分辨的角度看，希望信号的模糊图呈图钉状，具有高的距离和速度分辨能力，而这也意味着信号对目标速度是敏感的。各种编码波形信号具有图钉状模糊图，若能预知目标速度并进行速度补偿，则这类信号也能获得好的脉压性能。

在式(1.19) 中，令 $f_{\mathrm{d}}=0$，得到模糊函数的一个距离切片，即

$$\begin{aligned}\chi(\tau',0)&=(T-|\tau'|)\mathrm{sinc}(\gamma\tau'(T-|\tau'|))\\&=(T-|\tau'|)\mathrm{sinc}\left(B\tau'\left(1-\frac{|\tau'|}{T}\right)\right)\end{aligned}\tag{1.20}$$

式(1.20) 是一个近似 sinc 函数，它实际上是一个时延和多普勒频率都为零的目标回波的脉压波形。

在式(1.19) 中，令 $\tau'=0$，得到模糊函数的一个速度切片，即

$$\chi(0,f_{\mathrm{d}})=T\mathrm{sinc}(f_{\mathrm{d}}T)\tag{1.21}$$

式(1.21) 是一个 sinc 函数，主瓣峰值下降约 4 dB 处的宽度为$\frac{1}{T}$。由于 T 通常较小，因此单个 LFM 脉冲的速度分辨率很低。为提高速度分辨能力，雷达通常发射一串由 LFM 脉冲构成的等重复周期脉冲串，从而得到较长的相参积累时间。

1.3 匹配滤波器与相关器的关系

在雷达中，LFM信号通常需要进行脉压处理，但是当通过匹配滤波器或者相关器进行处理时，输出的压缩脉冲主副瓣比只有13.4 dB，因此需要采用锥削窗函数（如海明窗）来降低副瓣电平。已知在矩形窗下匹配滤波器与互相关器等价，本节将以海明窗为例，证明对于BT积较大的LFM信号，其匹配滤波器与相关器输出也近似相同，即两个处理器仍然近似等价[5]。

1.3.1 LFM信号的加窗脉压

假设雷达发射式（1.10）所示的LFM信号，目标回波信号混频后为$s_r(t)$，频谱为$S_r(f)$，将它们分别输入匹配滤波器和互相关器，并利用窗函数降低脉压的副瓣电平，则输出为

$$z_1(t)=\int S_r(f)U^*(f)W(f)e^{j2\pi ft}df \tag{1.22}$$

$$z_2(t)=\int s_r(\tau)(u^*(\tau-t)w(\tau-t))d\tau \tag{1.23}$$

式（1.23）对应的频域实现为

$$z_2(t)=\int S_r(f)U_w^*(f)e^{j2\pi ft}df \tag{1.24}$$

式中，有

$$U_w(f)=\int u(t)w(t)e^{-j2\pi ft}dt$$

以海明窗为例，时域和频域窗函数分别为

$$w(t)=0.54+0.46\cos\frac{2\pi t}{T} \tag{1.25a}$$

$$W(f)=0.54+0.46\cos\frac{2\pi f}{B} \tag{1.25b}$$

1.3.2 匹配滤波器与相关器的关系

下面以采用式（1.25）的时域和频域海明窗降低副瓣为例，证明加窗脉压时匹配滤波器与相关器输出近似相同。

考虑式（1.25a），易知

$$u(t)w(t)=0.54u(t)+0.23u(t)e^{\frac{j2\pi t}{T}}+0.23u(t)e^{-\frac{j2\pi t}{T}} \tag{1.26}$$

令$U_1(f)=\int u(t)e^{\frac{j2\pi t}{T}}e^{-j2\pi ft}dt$，$U_2(f)=\int u(t)e^{-\frac{j2\pi t}{T}}e^{-j2\pi ft}dt$，将式（1.26）变换到

频域上，有

$$U_{\mathrm{w}}(f)=0.54U(f)+0.23U_1(f)+0.23U_2(f) \tag{1.27}$$

其中，$u(t)$ 的频谱 $U(f)$ 为

$$U(f)=\frac{1}{\sqrt{2B}}\mathrm{e}^{-\mathrm{j}\frac{\pi}{\gamma}f^2}[(c(V_{11})+c(V_{12}))+\mathrm{j}(s(V_{11})+s(V_{12}))] \tag{1.28}$$

式中，$c(V)$ 和 $s(V)$ 为菲涅尔积分，有

$$c(V)=\int_0^V \cos\frac{\pi x^2}{2}\mathrm{d}x$$

$$s(V)=\int_0^V \sin\frac{\pi x^2}{2}\mathrm{d}x$$

积分限为

$$\begin{cases} V_{11}=\sqrt{2BT}\left(\dfrac{1}{2}-\dfrac{f}{B}\right) \\ V_{12}=\sqrt{2BT}\left(\dfrac{1}{2}+\dfrac{f}{B}\right) \end{cases} \tag{1.29}$$

同样可以得到

$$U_1(f)=\frac{1}{\sqrt{2B}}\mathrm{e}^{-\mathrm{j}\frac{\pi}{\gamma}\left(f-\frac{1}{T}\right)^2}[(c(V_{21})+c(V_{22}))+\mathrm{j}(s(V_{21})+s(V_{22}))] \tag{1.30}$$

式中，有

$$\begin{cases} V_{21}=\sqrt{2BT}\left(\dfrac{1}{2}+\dfrac{1}{BT}-\dfrac{f}{B}\right) \\ V_{22}=\sqrt{2BT}\left(\dfrac{1}{2}-\dfrac{1}{BT}+\dfrac{f}{B}\right) \end{cases} \tag{1.31}$$

又有

$$U_2(f)=\frac{1}{\sqrt{2B}}\mathrm{e}^{-\mathrm{j}\frac{\pi}{\gamma}\left(f+\frac{1}{T}\right)^2}[(c(V_{31})+c(V_{32}))+\mathrm{j}(s(V_{31})+s(V_{32}))] \tag{1.32}$$

式中，有

$$\begin{cases} V_{31}=\sqrt{2BT}\left(\dfrac{1}{2}-\dfrac{1}{BT}-\dfrac{f}{B}\right) \\ V_{32}=\sqrt{2BT}\left(\dfrac{1}{2}+\dfrac{1}{BT}+\dfrac{f}{B}\right) \end{cases} \tag{1.33}$$

通常情况下，BT 积较大，因此 $\frac{1}{BT}\approx 0$，从而有

$$V_{11}\approx V_{21}\approx V_{31},V_{12}\approx V_{22}\approx V_{32} \tag{1.34}$$

记 $C=(c(V_{11})+c(V_{12}))+\mathrm{j}(s(V_{11})+s(V_{12}))$，于是得到

$$U_{\mathrm{w}}(f)\approx C\Big(\frac{0.54}{\sqrt{2B}}\mathrm{e}^{-\mathrm{j}\frac{\pi}{\gamma}f^2}+\frac{0.23}{\sqrt{2B}}\mathrm{e}^{-\mathrm{j}\frac{\pi}{\gamma}\left(f-\frac{1}{T}\right)^2}+\frac{0.23}{\sqrt{2B}}\mathrm{e}^{-\mathrm{j}\frac{\pi}{\gamma}\left(f+\frac{1}{T}\right)^2}\Big)$$

$$=\frac{C}{\sqrt{2B}}\mathrm{e}^{-\mathrm{j}\frac{\pi}{\gamma}f^2}\left(0.54+0.46\cos\frac{2\pi f}{B}\mathrm{e}^{-\mathrm{j}\frac{\pi}{BT}}\right)\tag{1.35}$$

由于 $\frac{1}{BT}\approx 0$，因此有

$$U_{\mathrm{w}}(f)\approx\frac{C}{\sqrt{2B}}\mathrm{e}^{-\mathrm{j}\frac{\pi}{\gamma}f^2}\left(0.54+0.46\cos\frac{2\pi f}{B}\right)$$

$$=U(f)W(f)\tag{1.36}$$

对于式(1.22)和式(1.24)所表示的匹配滤波和相关处理，根据式(1.36)不难看出 $z_1(t)\approx z_2(t)$。这表明，当LFM信号的 BT 积很大时，海明窗下的匹配滤波器与相关器输出近似相同，即两种处理器是近似等价的。对于其他常用的锥削窗函数(如泰勒窗)，仿照上面的过程，可以得出同样的结论。

由于 BT 积很大时，LFM信号 $u(t)$ 的幅频近似为矩形，式(1.36)的幅度形状近似为海明窗，因此会降低式(1.24)中相关器输出的脉压副瓣。

如果按照式(1.22)将雷达接收信号输入匹配滤波器进行脉压，则当采样频率大于LFM信号带宽时，需要对窗函数重新构造：带内部分取窗函数，带外部分可以补零或者填充其他较小的值，是否存在最优填充准则是一个需要分析的问题。采用式(1.23)或式(1.24)进行脉压则没有这个要求。

根据式(1.22)和式(1.24)，在执行脉压时，可以将预先计算出的加窗滤波器系数存储在雷达信号处理器中，对雷达接收信号 $s_{\mathrm{r}}(t)$ 首先执行傅里叶变换，然后与滤波器系数相乘，再执行傅里叶逆变换。因此，匹配滤波与相关处理的计算量相同。

1.3.3 实例与分析

[实例1.1] LFM信号的带宽 $B=2$ MHz，时宽 $T=100\ \mu$s，采样频率 $f_{\mathrm{s}}=8$ MHz，用海明窗降低距离副瓣。

图1.6所示为LFM信号分别输入匹配滤波器和相关器后的脉压输出，可见二者的主瓣相同，即距离分辨率相同，匹配滤波器输出的远区副瓣高一些，这与窗函数的带外部分构造有关，此处利用海明窗的最小值(0.08)填充带外部分。图1.7所示为仿真接收信号的两种加窗脉压处理，可见二者的信噪比和噪声都几乎一样。图1.6和图1.7验证了在海明窗下，雷达接收信号通过两种处理器脉压

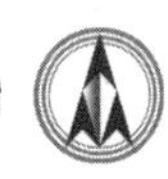

后基本上是相同的。

图 1.8 所示的相关器与匹配滤波器的海明窗表明，$u(t)w(t)$ 的幅频在 $u(t)$ 的频带内与海明窗高度重合，验证了式(1.36) 的结论。此处，海明窗乘了一个归一化系数。

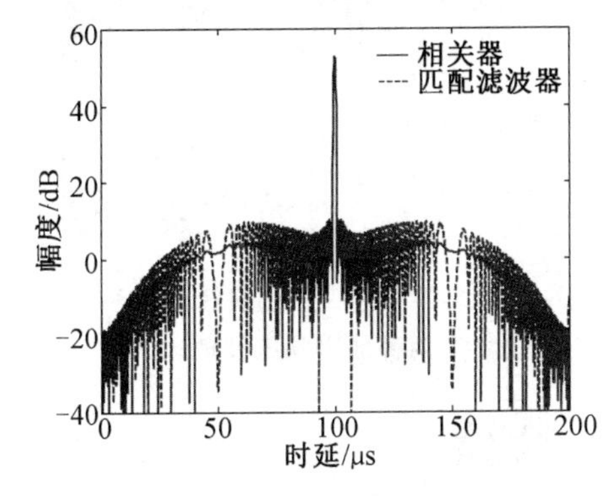

图 1.6　实例 1.1 中 LFM 信号分别输入匹配滤波器和相关器后的脉压输出

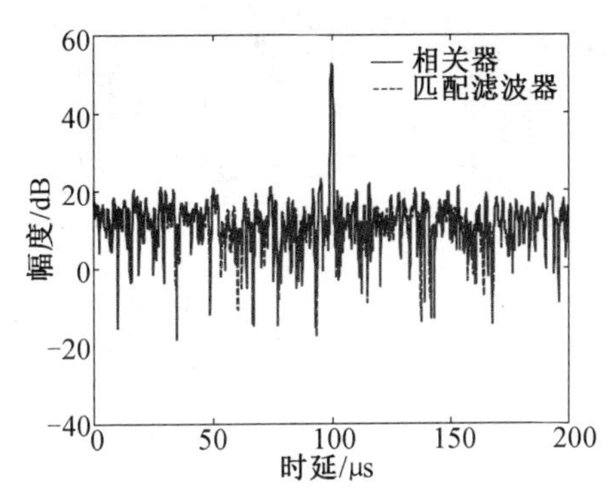

图 1.7　实例 1.1 中仿真接收信号的两种加窗脉压处理

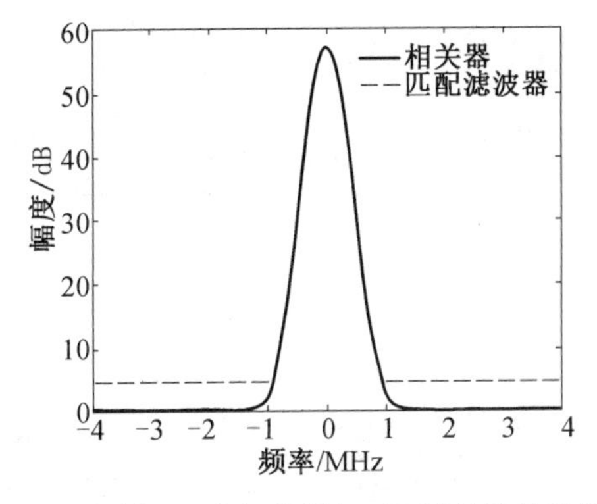

图 1.8　实例 1.1 中相关器与匹配滤波器的海明窗

[实例 1.2]　采用泰勒窗降低副瓣，副瓣电平 SLL＝－40 dB，零点重置参数 $\bar{n}=5$，其他的参数设置和处理过程与实例 1.1 相同。

对于泰勒窗函数，雷达接收信号通过匹配滤波器和相关器加窗脉压后仍然近乎相同(图 1.9，图 1.10)，这是因为二者采用的泰勒窗在 LFM 信号频带内也是近似相同的(图 1.11)。

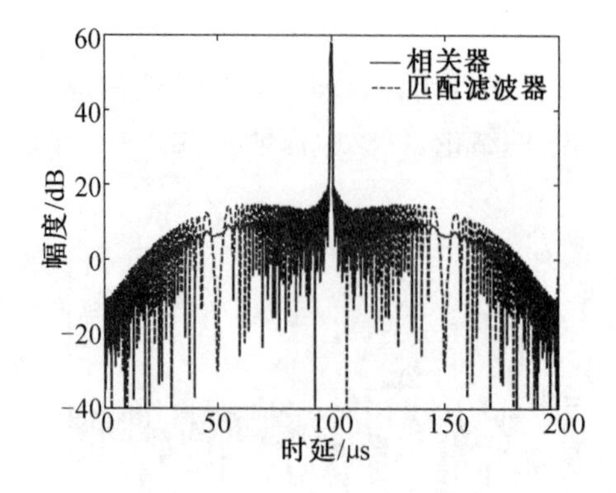

图 1.9 实例 1.2 中 LFM 信号分别输入匹配滤波器和相关器后的脉压输出

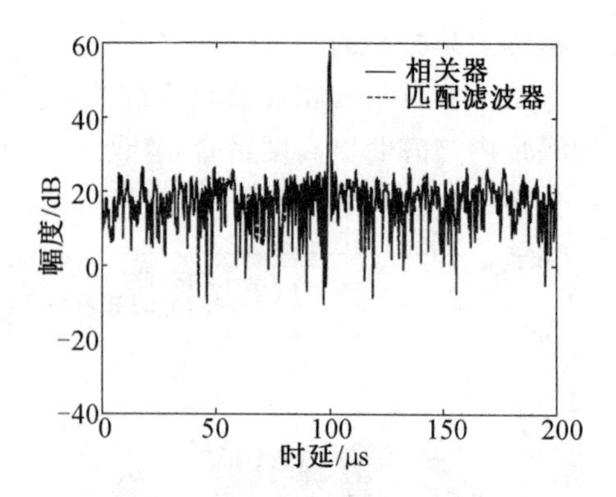

图 1.10 实例 1.2 中仿真接收信号的两种加窗脉压处理

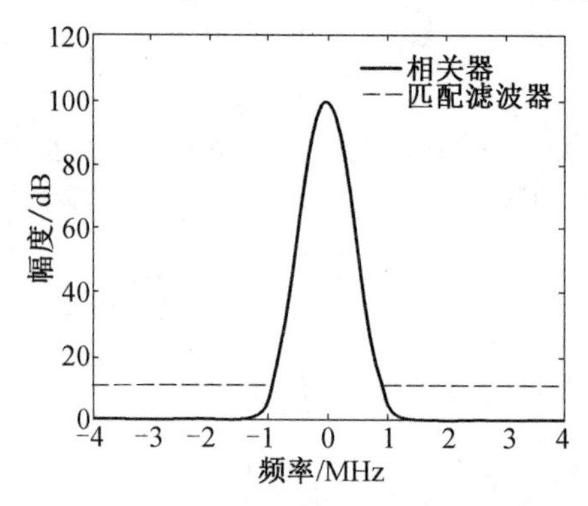

图 1.11 实例 1.2 中相关器与匹配滤波器的泰勒窗

总之，在常用的锥削窗函数下，对于大 BT 积 LFM 信号的脉压而言，匹配滤波器与互相关器是近似等价的。根据这种等价性，当信号采样频率大于 LFM 信号带宽时，考虑到窗函数带外部分构造的不确定性，采用相关器进行脉压是一种较好的选择。

1.4 LFM 信号的低副瓣脉压

雷达发射 LFM 信号时，目标回波信号通过匹配滤波器或相关器后的输出具有较高的距离副瓣，需要采用加锥削窗的方式来降低副瓣，其代价是分辨率下降和信噪比损失。当 LFM 信号的 BT 积较大时，采用目前的窗函数可以将副瓣降至 −40 dB 左右，但是难以进一步降低以满足某些特别需要，特别是当 BT 积较小时，−40 dB 的副瓣也难以达到。产生此问题的根本原因在于 LFM 信号频谱的菲涅尔起伏现象。本节介绍两种低副瓣脉压方法：一种是对常规脉压的改进，另

一种是重新优化设计窗函数[6]。两种方法都适用于目标径向运动速度较低的情形或雷达跟踪工作方式。

1.4.1　常规脉压的改进

在式(1.22)所示的脉压公式中，匹配滤波器的频响函数为 $H(f)=U^*(f)$。此外，还可以采用归一化的频响函数，即

$$H(f)=\frac{U^*(f)}{|U(f)|^2}$$

这个频响函数的好处是当回波信号的多普勒频率较小时，可以消除或弱化 LFM 信号频谱的菲涅尔起伏，因此脉压时可以将副瓣压得更低一些，此时脉压公式为

$$z(t)=\int S_r(f)\frac{U^*(f)}{|U(f)|^2}W(f)e^{j2\pi ft}df \tag{1.37}$$

将回波信号频谱

$$S_r(f)=\tilde{a}_r U(f-f_d)e^{-j2\pi f\tau}$$

代入式(1.37)中得到

$$z(t)=\tilde{a}_r\int\frac{U(f-f_d)U^*(f)}{|U(f)|^2}W(f)e^{j2\pi f(t-\tau)}df \tag{1.38}$$

式中，$\tilde{a}_r$ 为幅度；f_d 为多普勒频率；τ 为时延。

当多普勒频率 f_d 较小时，有

$$z(t)\approx\tilde{a}_r\int W(f)e^{j2\pi f(t-\tau)}df \tag{1.39}$$

式(1.39)表明，脉压后峰值位于 τ 处，波瓣指标(主副瓣比、主瓣宽度)也等于或近似于理论值，因此副瓣可以压得很低。

图 1.12～1.14 所示为一个仿真实例。参数设置：时宽 $T=100\ \mu s$，带宽 $B=2\ MHz$，采样频率 $f_s=4\ MHz$，窗函数采用 −60 dB 切比雪夫窗。

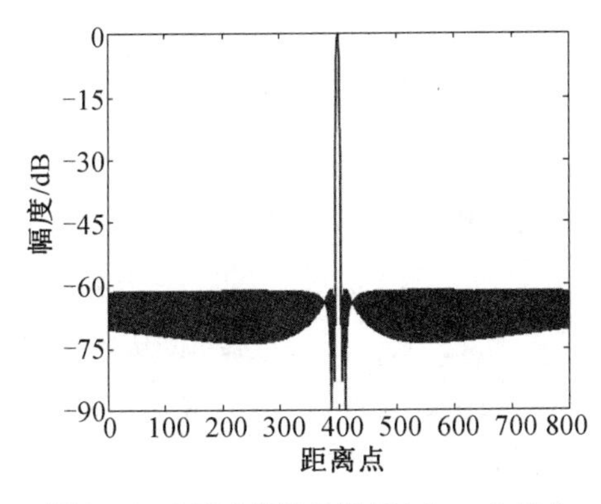

图 1.12　LFM 信号的脉压($f_d=0$ Hz)

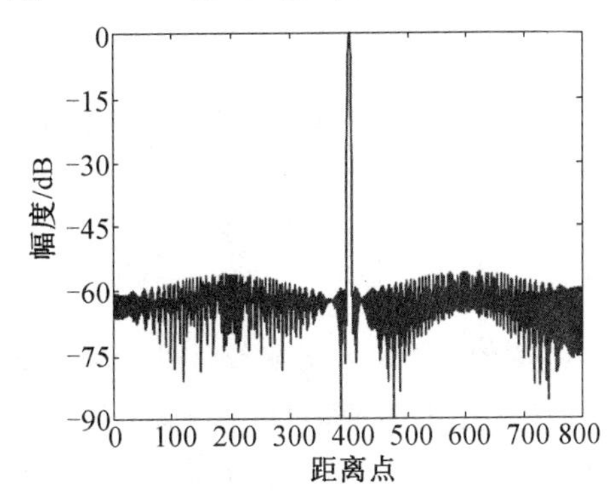

图 1.13　LFM 信号的脉压($f_d=500$ Hz)

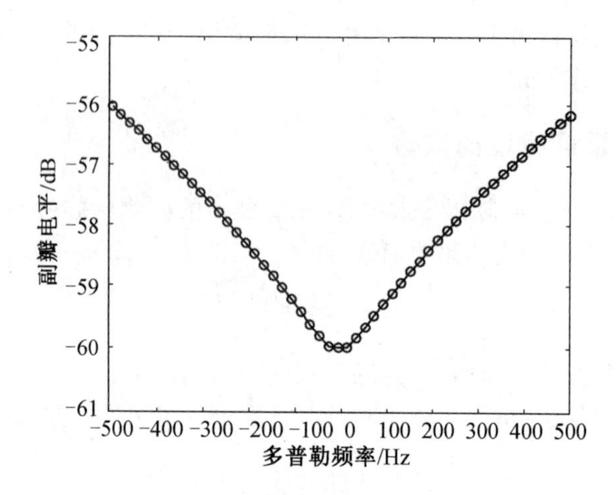

图 1.14　脉压副瓣与多普勒频率的关系

由图1.12～1.14可见，在较小的多普勒频率下，LFM脉压的副瓣可以很低，这适用于目标径向运动速度较低的情况或雷达跟踪工作方式，后者可以利用目标跟踪速度对多普勒频率进行补偿。

1.4.2　窗函数优化设计

1. 低副瓣脉压的优化问题

设雷达发射 LFM 信号为式(1.11) 所示的 $u(t)$，其频谱为 $U(f)$。

设距离 R 处有一个多普勒频率为 f_{d} 的运动点目标，易知其回波信号的频谱为

$$S_{\mathrm{r}}(f)=\tilde{a}_{\mathrm{r}}U(f-f_{\mathrm{d}})\mathrm{e}^{-\mathrm{j}2\pi f\tau}$$

式中，$\tilde{a}_{\mathrm{r}}$ 为回波幅度；τ 为时延，$\tau=\dfrac{2R}{c}$；c 为光速。

匹配滤波器的输出为

$$\begin{aligned}z(t)&=\sum_{n=1}^{N}U^{*}(f_n)S_{\mathrm{r}}(f_n)W(f_n)\mathrm{e}^{\mathrm{j}2\pi f_n t}\\&=\tilde{a}_{\mathrm{r}}\sum_{n=1}^{N}U^{*}(f_n)U(f_n-f_{\mathrm{d}})W(f_n)\mathrm{e}^{\mathrm{j}2\pi f_n(t-\tau)}\\&=\bar{\boldsymbol{z}}(t)^{\mathrm{T}}\boldsymbol{w}\end{aligned}\tag{1.40}$$

式中，$W(f_n)$ 是要优化设计的窗函数；$\boldsymbol{w}=[w_1,w_2,\cdots,w_N]^{\mathrm{T}}$，$w_n=W(f_n)$；$N$ 为离散频点的数量；$\bar{\boldsymbol{z}}(t)=[\bar{z}_1(t),\bar{z}_2(t),\cdots,\bar{z}_N(t)]^{\mathrm{T}}$，$\bar{z}_n(t)=\tilde{a}_{\mathrm{r}}U^{*}(f_n)U(f_n-f_{\mathrm{d}})\mathrm{e}^{\mathrm{j}2\pi f_n(t-\tau)}$；上标 $*$ 表示共轭；上标 T 表示转置。

通常，$\bar{\boldsymbol{z}}(t)$ 的幅度近似于矩形，因此可以在式(1.40) 中利用窗函数来降低脉压的副瓣。但是，由于 $\bar{\boldsymbol{z}}(t)$ 不是标准的矩形，因此难以进一步压低副瓣以满足某

些实际需要，特别是 BT 积较小时，$\bar{z}(t)$ 偏离矩形较远，此时很难利用锥削窗将副瓣降下来。从降低脉压副瓣的角度看，常用的锥削窗不够理想，因此本节通过求解最优化问题来得到合适的窗函数，即在保证设计脉压主瓣与期望主瓣的加窗误差小于某个值的条件下，使设计脉压副瓣最低，该准则的数学表达为

$$\begin{cases} \min\limits_{\boldsymbol{w}} \max\limits_{s=1,\cdots,S} |z(t_s)|, & t_s \in T_{\mathrm{SL}} \\ \text{s. t.} \sum\limits_{m=1}^{M} \lambda_m |z_{\mathrm{d}}(t_m) - z(t_m)|^2 \leqslant \varepsilon, & t_m \in T_{\mathrm{ML}} \\ \|\boldsymbol{w}\| \leqslant \delta \end{cases} \tag{1.41}$$

式中，$z(t_s)(s=1,2,\cdots,S)$ 是待设计脉压副瓣；$z(t_m)(m=1,2,\cdots,M)$ 是待设计脉压主瓣；$z_{\mathrm{d}}(t_m)$ 是期望脉压主瓣；λ_m 是主瓣内不同时间点的误差加权系数，系数越大，设计波瓣与期望波瓣的拟合越接近；ε 是设计波瓣偏离期望波瓣的上限；δ 对窗函数的范数进行约束，以保证脉压滤波器对随机误差的稳健性；T_{SL} 是副瓣区域上的 S 个离散时间点的集合；T_{ML} 是主瓣区域上的 M 个离散时间点的集合；$\|\cdot\|$ 表示范数运算。

式(1.41) 的优化问题是凸的，可以转化成标准的二阶锥(SOC) 规划形式，然后利用 Matlab 的 Sedumi 工具箱求解。

2. 基于二阶锥规划的窗函数求解

二阶锥规划的对偶标准形式为

$$\max \boldsymbol{b}^{\mathrm{T}}\boldsymbol{y}, \quad \text{s. t. } \boldsymbol{c} - \boldsymbol{A}^{\mathrm{T}}\boldsymbol{y} \in \boldsymbol{\Omega} \tag{1.42}$$

式中，$\boldsymbol{y}$ 是包含待求解变量的向量；$\boldsymbol{A}$ 是任意矩阵；$\boldsymbol{b}$ 和 $\boldsymbol{c}$ 是任意向量；$\boldsymbol{\Omega}$ 是由基本锥(每一个对应一个约束)构成的对称锥集合。$\boldsymbol{A}$、$\boldsymbol{b}$、$\boldsymbol{c}$ 可以是复数，具有适当的维数。基本锥可以是二阶锥和非负集。

q 维二阶锥定义为

$$\mathrm{SOC}^q \triangleq \left\{ \begin{bmatrix} x_1 \\ \boldsymbol{x}_2 \end{bmatrix} \middle| x_1 \in \mathbf{R}, \boldsymbol{x}_2 \in \mathbf{C}^{q-1}, x_1 \geqslant \|\boldsymbol{x}_2\| \right\} \tag{1.43}$$

式中，$\mathbf{R}$ 是实数集；$\mathbf{C}$ 是复数集。

将非负集表示为$\mathbf{R}_+$，如果优化问题可以表示成

$$\max \boldsymbol{b}^{\mathrm{T}}\boldsymbol{y}, \quad \text{s. t. } \boldsymbol{c} - \boldsymbol{A}^{\mathrm{T}}\boldsymbol{y} \in \mathbf{R}_+^{q_1} \times \mathrm{SOC}^{q_2} \tag{1.44}$$

则很容易通过 Sedumi 求出其数值解。式(1.44) 中的对称锥集合表示向量 $\boldsymbol{c} - \boldsymbol{A}^{\mathrm{T}}\boldsymbol{y}$ 的前 q_1 个元素不小于零，后面的 q_2 个元素位于一个二阶锥内。

为将式(1.41) 的优化问题转化成标准的二阶锥规划形式，首先引入非负变量 ζ 和 $\varepsilon_m(m=1,2,\cdots,M)$，同时考虑式(1.40)，将式(1.41) 变成

$$\begin{cases}\min\limits_{w}\zeta, \quad \text{s.t.} \sum\limits_{m=1}^{M}\lambda_m\varepsilon_m \leqslant \varepsilon, \quad t_m \in T_{\mathrm{ML}} \\ |z_{\mathrm{d}}(t_m)-\bar{z}(t_m)^{\mathrm{T}}\boldsymbol{w}|^2 \leqslant \varepsilon_m \\ |\bar{z}(t_s)^{\mathrm{T}}\boldsymbol{w}| \leqslant \zeta, \quad t_s \in T_{\mathrm{SL}}\end{cases} \tag{1.45}$$

定义 $\boldsymbol{y}=[\zeta,\varepsilon_1,\varepsilon_2,\cdots,\varepsilon_M,w_1,w_2,\cdots,w_N]^{\mathrm{T}}$，$\boldsymbol{b}=[-1,\boldsymbol{0}_{1\times(M+N)}]^{\mathrm{T}}$，将式(1.45)中的约束条件写成

$$\varepsilon-\sum_{m=1}^{M}\lambda_m\varepsilon_m=\varepsilon-[0,\lambda_1,\lambda_2,\cdots,\lambda_M,\boldsymbol{0}_{1\times N}]\boldsymbol{y} \triangleq \boldsymbol{c}_1-\boldsymbol{A}_1^{\mathrm{T}}\boldsymbol{y} \in \boldsymbol{R}_+^1 \tag{1.46a}$$

$$\begin{bmatrix}\varepsilon_m+1\\ 2z_{\mathrm{d}}(t_m)-2\bar{z}(t_m)^{\mathrm{T}}\boldsymbol{w}\\ \varepsilon_m-1\end{bmatrix}=\begin{bmatrix}1\\ 2z_{\mathrm{d}}(t_m)\\ -1\end{bmatrix}-\begin{bmatrix}0 & -\boldsymbol{e}_m & \boldsymbol{0}_{1\times N}\\ 0 & \boldsymbol{0}_{1\times M} & 2\bar{z}(t_m)^{\mathrm{T}}\\ 0 & -\boldsymbol{e}_m & \boldsymbol{0}_{1\times N}\end{bmatrix}\boldsymbol{y} \triangleq \boldsymbol{c}_{1+m}-\boldsymbol{A}_{1+m}^{\mathrm{T}}\boldsymbol{y}$$

$$\in \mathrm{SOC}_m^3, \quad m=1,2,\cdots,M \tag{1.46b}$$

式中，有

$$\boldsymbol{e}_m=[e_1,e_2,\cdots,e_i,\cdots,e_M]^{\mathrm{T}}$$

$$\boldsymbol{e}_i=\begin{cases}0, & i\neq m\\ 1, & i=m\end{cases}$$

$$\begin{bmatrix}\zeta\\ \bar{z}(t_s)^{\mathrm{T}}\boldsymbol{w}\end{bmatrix}=\begin{bmatrix}0\\0\end{bmatrix}-\begin{bmatrix}-1 & \boldsymbol{0}_{1\times M} & \boldsymbol{0}_{1\times N}\\ 0 & \boldsymbol{0}_{1\times M} & -\bar{z}(t_s)^{\mathrm{T}}\end{bmatrix}\boldsymbol{y} \triangleq \boldsymbol{c}_{1+M+s}-\boldsymbol{A}_{1+M+s}^{\mathrm{T}}\boldsymbol{y}$$

$$\in \mathrm{SOC}_s^2, \quad s=1,2,\cdots,S \tag{1.46c}$$

令 $\boldsymbol{c}=[\boldsymbol{c}_1^{\mathrm{T}},\boldsymbol{c}_2^{\mathrm{T}},\cdots,\boldsymbol{c}_{1+M+S}^{\mathrm{T}}]^{\mathrm{T}}$，$\boldsymbol{A}^{\mathrm{T}}=[\boldsymbol{A}_1,\boldsymbol{A}_2,\cdots,\boldsymbol{A}_{1+M+S}]^{\mathrm{T}}$，则式(1.41)的二阶锥规划标准形式为

$$\max \boldsymbol{b}^{\mathrm{T}}\boldsymbol{y}, \quad \text{s.t.}\ \boldsymbol{c}-\boldsymbol{A}^{\mathrm{T}}\boldsymbol{y} \in \boldsymbol{R}_+^1\times\mathrm{SOC}_1^3\times\cdots\times\mathrm{SOC}_M^3\times\mathrm{SOC}_1^2\times\cdots\times\mathrm{SOC}_S^2 \tag{1.47}$$

给定式(1.11)的LFM信号、期望脉压主瓣 $z_{\mathrm{d}}(t_m)$、参数 ε 和 δ，以及离散时间点 $t_m(m=1,2,\cdots,M)$ 和 $t_s(s=1,2,\cdots,S)$、离散频率点 $f_n(n=1,2,\cdots,N)$，代入以上各式，即可应用 Sedumi 工具箱求解出 $\boldsymbol{y}$，$\boldsymbol{y}$ 的最后 N 个元素构成窗函数 $\boldsymbol{w}$。

3. 实例与分析

设 LFM 信号的时宽 $T=100\ \mu\mathrm{s}$，带宽 $B=2\ \mathrm{MHz}$，采样频率 $f_{\mathrm{s}}=4\ \mathrm{MHz}$。在优化设计中，采用海明窗的脉压主瓣作为期望主瓣。利用前面介绍的方法优化设计窗函数，考查设计窗的脉压副瓣电平、主瓣展宽和信噪比损失等指标。

脉压副瓣电平随多普勒频率的变化如图 1.15 所示，多普勒频率为零时，副瓣电平约为 −74 dB。随着多普勒频率增大，设计窗的脉压副瓣不断抬高，在归一化多普勒频率(多普勒频率与信号带宽之比)为 0.004 时趋近于海明窗的脉压副瓣。可见，设计窗下的脉压对多普勒不太敏感，即使多普勒较大，副瓣电平也不

超过海明窗下的副瓣电平。图 1.16 所示为设计窗与海明窗的脉压主瓣比较。可见，－20 dB以上的约束部分二者重合，但是－20 dB以下的无约束部分设计窗脉压主瓣有所展宽，这是降低副瓣而付出的代价。

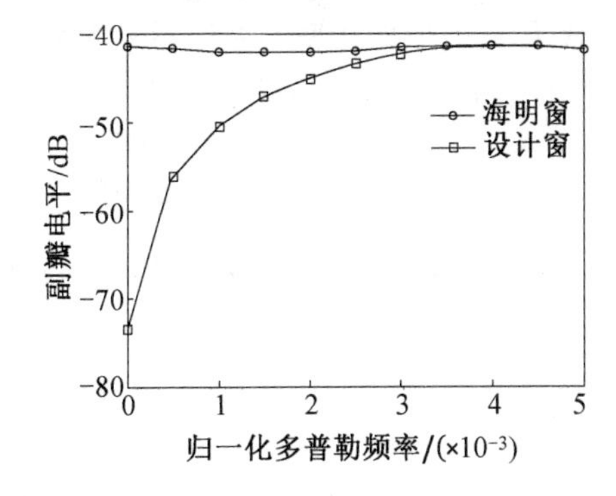

图 1.15　脉压副瓣电平随多普勒频率的变化

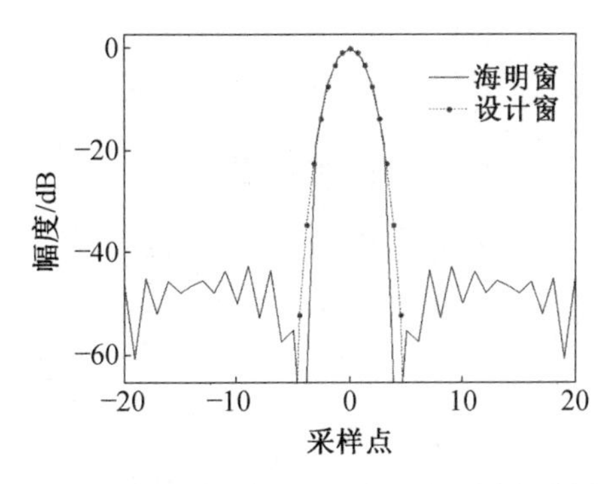

图 1.16　设计窗与海明窗的脉压主瓣比较（见附录彩图）

在 LFM 信号中添加高斯白噪声，经加窗脉压处理后信号分量和噪声分量的比较分别如图 1.17 和图 1.18 所示。可见，在设计窗和海明窗下，两个脉压主瓣几乎相同，噪声输出也高度重合，因此在两个窗函数下脉压的输出信噪比相同。

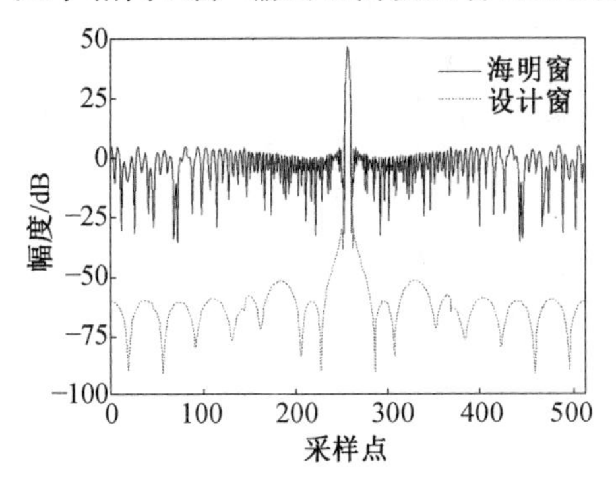

图 1.17　经加窗脉压处理后信号分量的比较（见附录彩图）

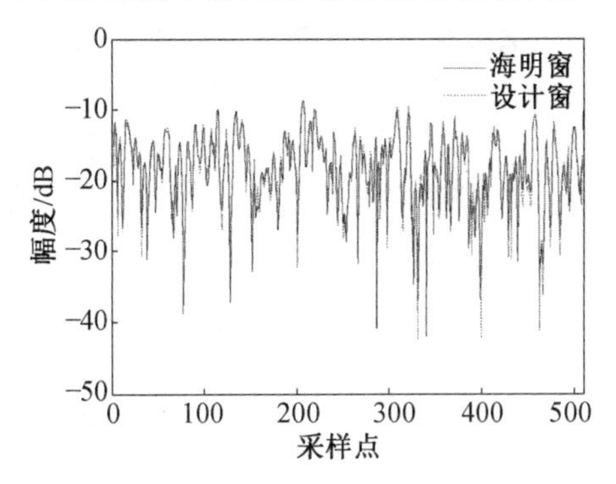

图 1.18　经加窗脉压处理后噪声分量的比较（见附录彩图）

1.5　LFM 信号的去斜脉压

众所周知，LFM 信号有两种脉压方式：一种是前面讨论的匹配滤波脉压，它结合了匹配滤波器的线性群延时特征，首先在频域上对回波信号进行去斜处理，然后通过傅里叶逆变换实现脉冲压缩，故称这种脉压方式为频域去斜脉压；另一种是本节要介绍的去斜脉压，这实际上是一种时域去斜脉压方式，它结合了 LFM 信号的瞬时频率线性变化特征，首先在时域上对回波信号进行去斜处理，然后通过傅里叶变换实现脉冲压缩。理论上，这两种脉压得到的性能指标是相同的。

匹配滤波脉压是常用的脉压方式，但是在一些特殊情况下，如果所关心的距离区间较小，那么采用去斜脉压具有优势：一是经去斜处理后，输出的信号带宽变小，因此可以降低采样率，从而降低了对A/D变换器的速率和存储器的容量要求；二是脉压仅需一次傅里叶变换，且点数较少，因此运算量降低。

1.5.1 去斜脉压

假设雷达发射式(1.10)所示的LFM信号。考虑远处的一个静止点目标，设其距离为R，则回波信号为

$$s_r(t)=a_r\mathrm{rect}\left(\frac{t-\tau}{T}\right)\mathrm{e}^{\mathrm{j}2\pi\left[f_c(t-\tau)+\frac{1}{2}\gamma(t-\tau)^2\right]} \tag{1.48}$$

式中，τ为时延，$\tau=\dfrac{2R}{c}$；c为光速。

设参考信号为

$$s_{\mathrm{ref}}(t)=\mathrm{rect}\left(\frac{t-\tau_0}{T_{\mathrm{ref}}}\right)\mathrm{e}^{\mathrm{j}2\pi\left[f_c(t-\tau_0)+\frac{1}{2}\gamma(t-\tau_0)^2\right]} \tag{1.49}$$

式中，τ_0为雷达到观测场景中心的双程时延；T_{ref}为参考信号的时宽。

若观测场景范围为Δr，则通常要求[7]

$$T_{\mathrm{ref}}\geqslant T+\frac{2\Delta r}{c} \tag{1.50}$$

利用参考信号对回波信号进行混频，得到

$$\begin{aligned}s(t)&=s_r(t)s_{\mathrm{ref}}^*(t)\\&=a_r\mathrm{rect}\left(\frac{t-\tau}{T}\right)\mathrm{e}^{\mathrm{j}2\pi\left[f_c(\tau_0-\tau)-\frac{1}{2}\gamma(\tau_0^2-\tau^2)\right]}\mathrm{e}^{\mathrm{j}2\pi\gamma(\tau_0-\tau)t}\end{aligned} \tag{1.51}$$

令$t=\tau_0+t'$，$\tau=\tau_0+\tau'$，代入式(1.51)中得到

$$\begin{aligned}s(t')&=a_r\mathrm{rect}\left(\frac{t'-\tau'}{T}\right)\mathrm{e}^{\mathrm{j}2\pi\left(-f_c\tau'+\frac{1}{2}\gamma\tau'^2\right)}\mathrm{e}^{-\mathrm{j}2\pi\gamma\tau't'}\\&=\tilde{a}_r\mathrm{rect}\left(\frac{t'-\tau'}{T}\right)\mathrm{e}^{\mathrm{j}2\pi f_T t'}\end{aligned} \tag{1.52}$$

式(1.52)即目标回波的时域去斜表达式，回波信号变成一个单载频信号，频率$f_T=-\gamma\tau'$，对其进行傅里叶变换以实现脉冲压缩，即

$$S(f)=\tilde{a}_r T\mathrm{e}^{-\mathrm{j}2\pi(f-f_T)\tau'}\mathrm{sinc}((f-f_T)T) \tag{1.53}$$

由式(1.53)可以得到以下结论。

(1) 脉压后信号幅度为sinc函数，峰值在$f_T=-\gamma\tau'$处，据此可以确定目标的距离。图1.19所示为目标回波去斜前后的时频图。可见，不同位置的目标回波信号去斜后对应的频率也不相同。

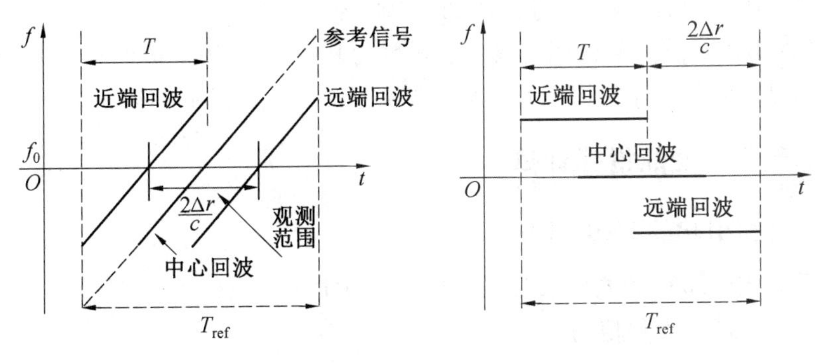

图 1.19　目标回波去斜前后的时频图

(2) 主瓣宽度为 $\Delta f=\frac{1}{T}$,因此时延分辨率 $\Delta\tau=\frac{1}{B}$,距离分辨率$\Delta R=\frac{c}{2B}$。

(3) 脉压前回波信号的信噪比为$\frac{|a_{\text{r}}|^2}{N_0 B}$,不难计算得到脉压后信噪比为

$$|\tilde{a}_{\text{r}}|^2\frac{T}{N_0}\times\frac{T}{T_{\text{ref}}}=\frac{E_{\text{r}}}{N_0}\times\frac{T}{T_{\text{ref}}}$$

因此信噪比改善为 $BT\times\frac{T}{T_{\text{ref}}}$。通常$T_{\text{ref}}\approx T$,那么信噪比改善近似为 BT 积。因此,时域去斜脉压与前面的匹配滤波脉压(即频域去斜脉压)具有相同的信噪比改善和距离分辨性能。

(4) 实际中经常将发射信号延迟到场景中心作为参考信号,然后对场景中的回波信号进行去斜脉压,当场景范围不大时,脉压性能与前述讨论基本一致。

式(1.53)中的幅度为 sinc 函数,主副瓣比只有 13.4 dB,需要加窗降低,其代价是主瓣展宽和信噪比损失。下面以海明窗函数为例进行简要的分析。

海明窗函数为

$$w(t)=0.54+0.46\cos\frac{2\pi t}{T_{\text{ref}}}\tag{1.54}$$

考虑式(1.52),加窗去斜信号为

$$s'(t)=s(t)w(t)\tag{1.55}$$

对式(1.55)进行傅里叶变换以实现脉压,即

$$\begin{aligned}S'(f)=\tilde{a}_{\text{r}}T\mathrm{e}^{-\mathrm{j}2\pi(f-f_{\text{T}})\tau'}(&0.54\text{sinc}((f-f_{\text{T}})T)+\\&0.23\mathrm{e}^{\mathrm{j}2\pi\tau'/T_{\text{ref}}}\text{sinc}((f-f_{\text{T}}-1/T_{\text{ref}})T)+\\&0.23\mathrm{e}^{-\mathrm{j}2\pi\tau'/T_{\text{ref}}}\text{sinc}((f-f_{\text{T}}+1/T_{\text{ref}})T))\end{aligned}\tag{1.56}$$

对加窗去斜脉压有以下说明。

(1) 加窗去斜脉压的效果与观测场景范围及目标位置有关,对于不同位置的目标,脉压的效果也不同,因为不同的目标位置对应不同的有效窗函数段。若目

标在场景中心，则窗函数段是对称的；否则，是不对称的。

(2) 由于对脉压起作用的只是窗函数的其中一段，因此最大副瓣电平要高于 -42.6 dB，但是信噪比损失和主瓣展宽系数比采用标准海明窗时要小。

1.5.2 性能指标计算

1. 加窗引起的 SNR 损失

根据式(1.53)和式(1.56)，加窗前 $S(f)$ 的最大幅值 $|S(f)|_{\max}=|\tilde{a}_r T|$，加窗后 $S'(f)$ 的最大幅值为

$$|S'(f)|_{\max}=|\tilde{a}_r T|\times\left(0.54+0.46\cos\frac{2\pi\tau'}{T_{\mathrm{ref}}}\operatorname{sinc}\left(\frac{T}{T_{\mathrm{ref}}}\right)\right) \tag{1.57}$$

令 $\mu(\tau')=0.54+0.46\cos\dfrac{2\pi\tau'}{T_{\mathrm{ref}}}\operatorname{sinc}\left(\dfrac{T}{T_{\mathrm{ref}}}\right)$，则信号损失为 $20\lg\mu(\tau')$，在 T 和 T_{ref} 预先设定的情况下，该值与目标在场景中的位置有关。类似于前面匹配滤波脉压中的计算，加窗引起的噪声损失仍然为 $10\lg 0.4\approx-4.0$(dB)。因此，加海明窗引起的 SNR 损失为 $-20\lg\mu(\tau')-4.0$。

图 1.20 所示为海明窗引起的 SNR 损失，此处 $T_{\mathrm{ref}}=1.2T$。

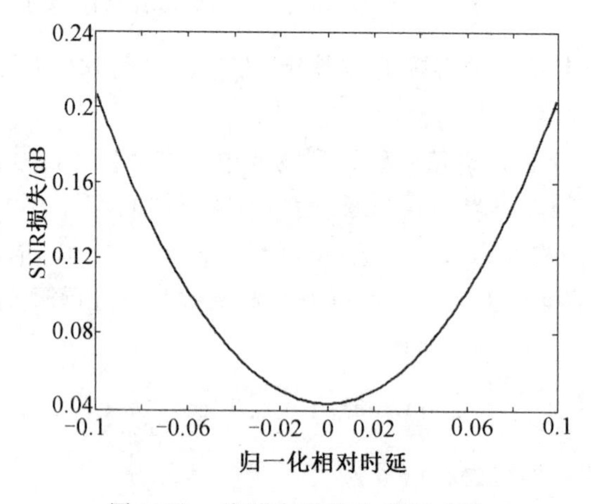

图 1.20 海明窗引起的 SNR 损失

2. 最大副瓣电平

图 1.21 所示为目标在场景中心时的加窗去斜脉压，图 1.22 所示为加窗去斜脉压的最大副瓣电平随目标位置的变化曲线。此处，$T_{\mathrm{ref}}=1.2T$，表明目标在场景中心时，最大副瓣电平最低；当目标离开场景中心时，最大副瓣电平越来越高。

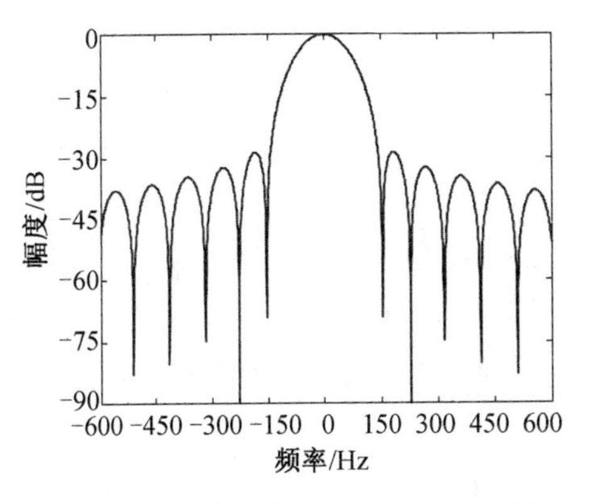

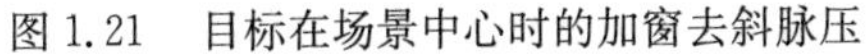

图 1.21　目标在场景中心时的加窗去斜脉压

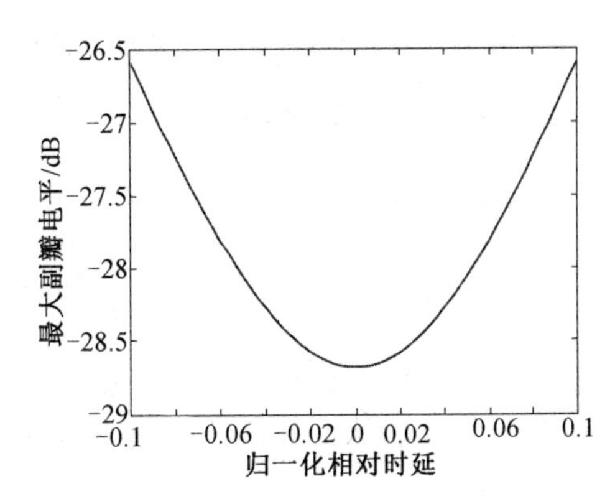

图 1.22　加窗去斜脉压的最大副瓣电平随目标位置的变化曲线

3. 主瓣展宽系数

主瓣展宽系数随目标位置的变化曲线如图 1.23 所示。可见，目标在场景中心时，展宽系数最小；当目标离开场景中心时，展宽系数越来越大。图中曲线为分段直线，这是计算精度不够造成的。

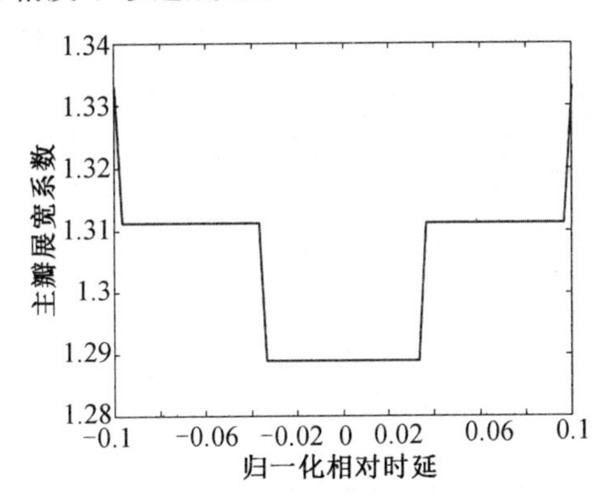

图 1.23　主瓣展宽系数随目标位置的变化曲线

1.6　LFMICW 信号的去斜脉压

高频地波雷达(HFGWR)发射线性调频中断连续波(LFMICW)信号波形，这种波形具有以下优点：允许雷达收发共站，但是雷达距离分辨率与各子脉冲无关，而由整个扫频带宽决定；可以得到高的雷达平均功率。HFGWR 的脉冲压缩采用去斜处理方式，实现简单，并且大大降低了信号处理的数据率。本节将对 HFGWR 的去斜脉压进行分析，这种脉压实际上是根据目标距离平移门控脉冲的梳状谱，因此雷达距离分辨率等于梳齿的宽度[8]。

1.6.1　去斜脉压

高频地波雷达发射 LFMICW 信号表示为

$$s_t(t)=u(t)g(t)=u(t)\sum_{n=0}^{N-1}\text{rect}\left(\frac{t-nT_r-\frac{T_0}{2}}{T_0}\right),\quad 0\leqslant t\leqslant T \tag{1.58}$$

式中，$g(t)$ 为门控脉冲序列；T_0 为脉宽；T_r 为脉冲重复周期；N 为脉冲个数，$T=N\times T_r$；$u(t)$ 为线性调频连续波信号，有

$$u(t)=e^{j\pi\gamma(t-T/2)^2},\quad 0\leqslant t\leqslant T \tag{1.59}$$

其中，T 为脉宽；γ 为调频斜率，$\gamma=B/T$，B 为带宽。

利用门控脉冲获得的 LFMICW 如图 1.24 所示。考虑距离 R 处的一个点目标，忽略电磁波传播的衰减，其回波信号为

$$s_r(t)=s_t(t-\tau),\quad \tau\leqslant t\leqslant T+\tau \tag{1.60}$$

式中，$\tau=\dfrac{2R}{c}$，c 为光速。

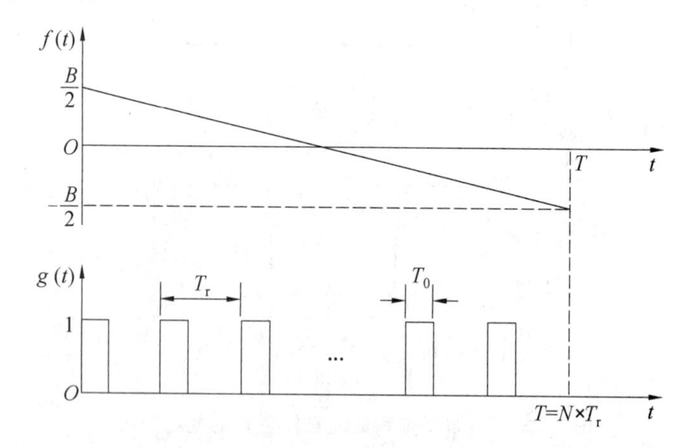

图 1.24　利用门控脉冲获得的 LFMICW

将式(1.59)的线性调频信号作为参考信号，与目标回波进行混频，得到

$$s'_r(t)=u^*(t)s_r(t)=\tilde{a}e^{j2\pi f_T t}g(t-\tau) \tag{1.61}$$

式中，$\tilde{a}$ 为复系数；$f_T=-\gamma\tau$。

式(1.61)表明，混频器的输出等于利用一个单载频信号对门控脉冲进行调制。在频域上，该单载频信号对门控脉冲的频谱进行平移，平移量为 f_T。

对式(1.61)进行傅里叶变换，得到

$$S'_r(f)=\tilde{a}e^{-j2\pi(f-f_T)\tau}G(f-f_T) \tag{1.62}$$

这样就实现了目标回波的去斜脉压。

为得到脉压的解析表达式，需要计算门控脉冲的频谱。不难看出，$g(t)$ 实际上是一个均匀脉冲串信号，其频谱为[3]

$$G(f)=T_0'\mathrm{sinc}(\pi fT_0')\frac{\sin \pi fNT_r}{\sin \pi fT_r}\mathrm{e}^{-j\pi f[(N-1)T_r+T_0']} \tag{1.63}$$

将频谱 $G(f)$ 的幅度示于图 1.25 中，可见整个幅频呈梳状。齿的间隔为 $1/T_r$，齿的形状由函数 $\frac{\sin \pi fNT_r}{\sin \pi fT_r}$ 决定，齿的宽度取决于门控脉冲的长度 $N\times T_r$，即 LFMICW 的扫频时宽 T，T 越大，齿越窄。$f=0$ 处幅度最大的梳齿称为主齿，其他的梳齿称为模糊齿。整个频谱的包络由函数 $\mathrm{sinc}(\pi fT_0')$ 决定，子脉冲宽度 T_0' 越小，频谱越宽。由于 HFGWR 收发共站，开发射机时必须关闭接收机，因此接收子脉宽 $T_0'\leqslant T_0$。

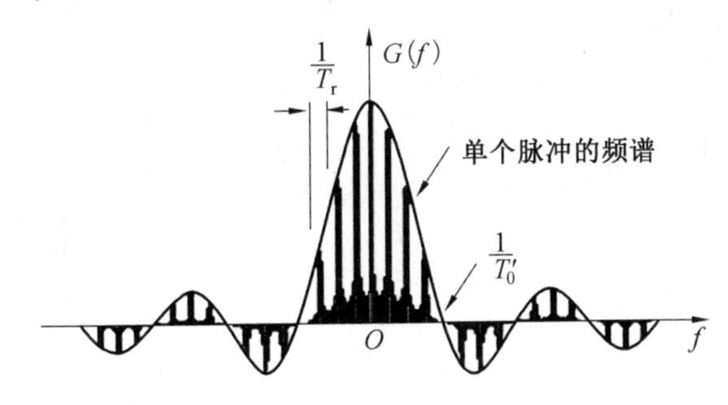

图 1.25　门控脉冲的幅频

将图 1.25 中 $f=0$ 处的齿作为脉压后的波形，可以将其看作零距离处目标回波的脉压。对于距离 $R>0$ 处的目标，该齿将被平移 f_T。对所有的目标，频谱平移都是同向的，或者向正频率轴方向或者向负频率轴方向，这取决于 LFMICW 的调频斜率。

1.6.2　距离分辨率

既然目标回波去斜脉压的结果仅仅是对门控脉冲频谱的平移，那么雷达的距离分辨率将取决于 $G(f)$ 的梳齿宽度。对于图 1.25 中 $f=0$ 处的梳齿，根据式(1.63)不难得到，当 $f=\pm 1/(2NT_r)=\pm 1/2T$ 时，齿下降了 4 dB，因此齿的宽度为 $\Delta f=1/(NT_r)=1/T$，雷达距离分辨率为 $\Delta R=c/2B$。

对于高频地波雷达而言，通常要求满足条件 $\tau\ll T$，即 $T-\tau\approx T$。因此，从受脉宽限制的近距离端到受脉宽限制的远距离端，对于该距离段上的所有目标，HFGWR 对其具有近似相同的距离分辨率，而与接收子脉冲的宽度 T_0' 无关。

下面以文献[9]中的波形参数为例，考查 HFGWR 的距离分辨率。$T=716.8$ ms，$B=30$ KHz，$T_r=3.2$ ms，$T_0=1.4$ ms，对于时延 $\tau=0.7$ ms、1.6 ms、2.5 ms 的三个目标，$\tau=1.6$ ms 时每个子脉冲能被完整接收，$\tau=$

0.7 ms、2.5 ms 时只有部分接收。目标回波的去斜脉压结果如图 1.26 所示，脉压采用海明窗。

图 1.26(a) 中间一个峰值最强，其他两个较弱，其原因在于这两个目标回波的子脉冲被部分遮蔽，可见脉压后主副瓣比为 42 dB。图 1.26(b)、(c)、(d) 分别是三个脉压的主瓣，可见主瓣宽度均为 7.5 km。两个指标均与理论计算相符合，不随目标距离的变化而变化。

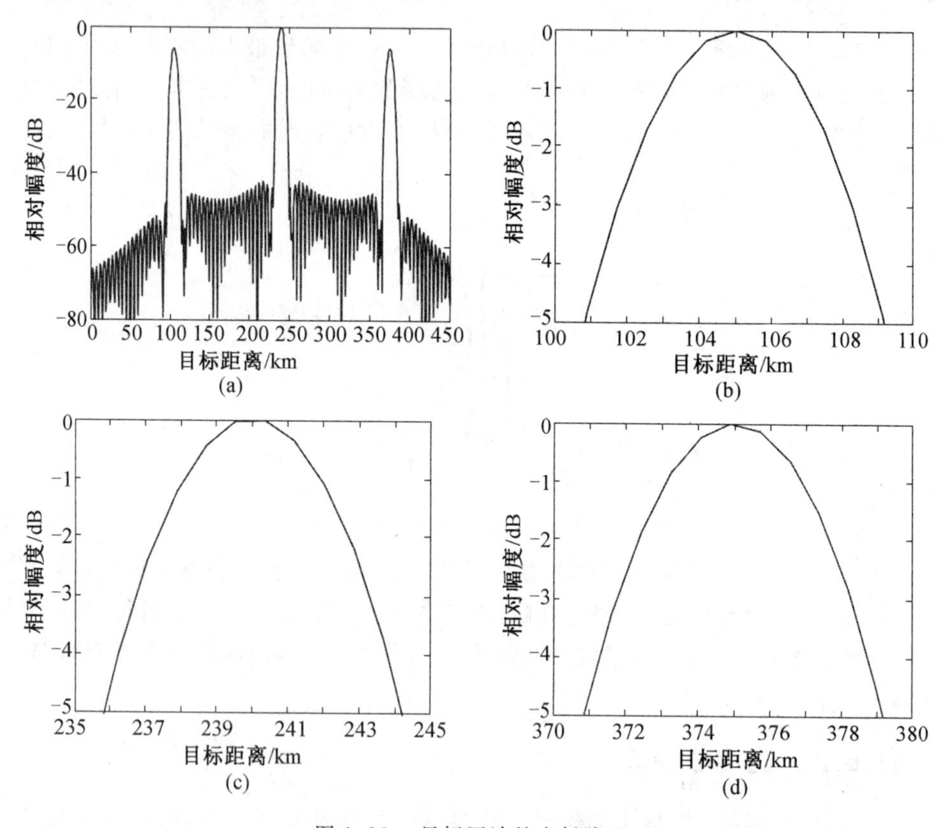

图 1.26　目标回波的去斜脉压

1.7　调频步进信号的脉压

步进频率信号是一种可以实现距离高分辨的宽带雷达信号。步进频率信号由一串载频线性跳变的相参窄带脉冲组成，通过脉冲间的快速傅里叶逆变换(IFFT) 实现目标的距离高分辨。步进频率信号的每个脉冲是窄带的，因此降低了接收机的瞬时带宽和 A/D 采样率要求。但是，这种信号对目标的多普勒效应

非常敏感，存在距离－速度耦合问题，有时还要考虑阵列孔径渡越时间问题[10]。

步进频率信号表示为

$$s(t)=\sum_{n=0}^{N-1}u(t-nT_{\mathrm{r}})\mathrm{e}^{\mathrm{j}2\pi(f_0+n\Delta f)t} \tag{1.64}$$

式中，N 为步进脉冲数；T_{r} 为脉冲重复周期；f_0 为载频起始频率；Δf 为频率步进阶梯；$u(t)$ 为脉冲信号，其脉宽为 T。

本节假设 $u(t)$ 采用式(1.11)的 LFM 信号，此时步进频率信号称为调频步进信号，这种信号可以在保持发射能量和总带宽不变的同时减少步进阶数，从而提高雷达的数据率。

1.7.1　调频步进信号的脉压

调频步进发射信号为

$$s_{\mathrm{t}}(t)=\sum_{n=0}^{N-1}\mathrm{rect}\left(\frac{t-nT_{\mathrm{r}}}{T}\right)\mathrm{e}^{\mathrm{j}\pi\gamma(t-nT_{\mathrm{r}})^2}\mathrm{e}^{\mathrm{j}2\pi(f_0+n\Delta f)t} \tag{1.65}$$

雷达本振信号为

$$z(t)=\sum_{n=0}^{N-1}\mathrm{rect}\left(\frac{t-nT_{\mathrm{r}}}{T_{\mathrm{r}}}\right)\mathrm{e}^{\mathrm{j}2\pi(f_0+n\Delta f)t} \tag{1.66}$$

对于距离 R 处的目标，其回波信号为

$$s_{\mathrm{r}}(t)=\sum_{n=0}^{N-1}\mathrm{rect}\left(\frac{t-nT_{\mathrm{r}}-\tau}{T}\right)\mathrm{e}^{\mathrm{j}\pi\gamma(t-nT_{\mathrm{r}}-\tau)^2}\mathrm{e}^{\mathrm{j}2\pi(f_0+n\Delta f)(t-\tau)} \tag{1.67}$$

式中，τ 为回波的时延，$\tau=\dfrac{2(R_0-vt)}{c}$，$R_0$ 为目标初始距离，v 为目标速度。此处忽略了回波幅度，不影响下面的分析。

将式(1.67)与式(1.66)混频后得到

$$s(t)=\sum_{n=0}^{N-1}\mathrm{rect}\left(\frac{t-nT_{\mathrm{r}}-\tau}{T}\right)\mathrm{e}^{\mathrm{j}\pi\gamma(t-nT_{\mathrm{r}}-\tau)^2}\mathrm{e}^{-\mathrm{j}2\pi(f_0+n\Delta f)\tau} \tag{1.68}$$

与常规相参脉冲串回波相似，式(1.68)中调频步进信号的回波包括脉内 LFM 回波和脉间相位变化两部分，因此可以将脉压处理分成两个步骤：首先在各个脉冲重复周期内进行 LFM 脉冲压缩，实现粗距离分辨；然后进行脉间 IFFT 处理，以得到高分辨距离像。考虑到调频步进信号的多普勒敏感性，调频步进信号的处理过程如图 1.27 所示。

下面考查 $v=0$ 的情况。对式(1.68)各周期中 LFM 回波进行脉压，得到

$$s'(t)=\sum_{n=0}^{N-1}\mathrm{rect}\left(\frac{t-nT_{\mathrm{r}}-\tau_0}{T}\right)\mathrm{sinc}(\gamma T(t-nT_{\mathrm{r}}-\tau_0))\times \\ \mathrm{e}^{-\mathrm{j}\pi\gamma(t-nT_{\mathrm{r}}-\tau_0)^2}\mathrm{e}^{\frac{\mathrm{j}\pi}{4}}\mathrm{e}^{-\mathrm{j}2\pi(f_0+n\Delta f)\tau_0} \tag{1.69}$$

式中，$\tau_0=\dfrac{2R_0}{c}$，c 为光速。

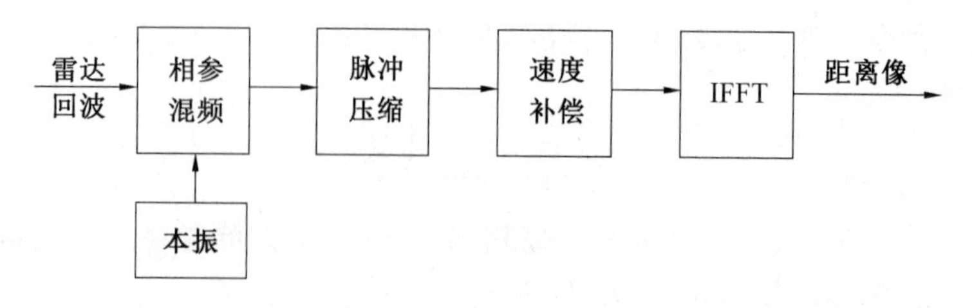

图 1.27 调频步进信号的处理过程

若采样时刻为 $t=nT_r+\tau_0(n=0,1,\cdots,N-1)$，则得到离散信号为

$$
\begin{aligned}
s'(n)&=\mathrm{e}^{\frac{\mathrm{j}\pi}{4}}\mathrm{e}^{-\mathrm{j}2\pi f_0\tau_0}\mathrm{e}^{-\mathrm{j}2\pi n\Delta f\tau_0}\\
&=\mathrm{e}^{\frac{\mathrm{j}\pi}{4}}\mathrm{e}^{-\mathrm{j}2\pi f_0\tau_0}\mathrm{e}^{-\frac{\mathrm{j}2\pi nl}{N}}
\end{aligned}
\tag{1.70}
$$

式中，有

$$l=\mathrm{round}(N\Delta f\tau_0)$$

对式(1.70)进行 IFFT 处理，得到

$$S'(k)=\left|\frac{\sin\pi(k-l)}{\sin\dfrac{\pi(k-l)}{N}}\right|,\quad k=0,1,\cdots,N-1 \tag{1.71}$$

式(1.71)表明，IFFT 处理的输出是一个离散 sinc 函数，其时间分辨率为 $\frac{1}{N\Delta f}$，因此实现了距离高分辨。但是，式(1.71)中 $k=0,1,\cdots,N-1$，而 l 的取值是任意的，因此需要确定距离像的真实位置。更一般地，需要考虑距离像的冗余与提取问题。

1.7.2 距离像提取

在步进频率信号的参数设计中，通常要求满足一个紧约束条件，即 IFFT 后的单点不模糊距离 $R_u=\frac{c}{2\Delta f}$ 大于等于单脉冲距离分辨率 $\Delta R=\frac{c}{2B}$，以免 IFFT 后目标距离折叠污染原来的清晰区。实际上，对离散回波信号进行 IFFT 仅得到了完备的一维距离像信息，但是这些信息是冗余、乱序的，因此需要进行抽取和拼接，获得真实的一维距离像。

距离像提取需要完成两个工作：将模糊折叠的 IFFT 结果按照真实距离排列；在不同采样点的冗余信息中，按照一定准则，选取一个适当的结果，得到与真实情况相符的一维距离像。

考查式(1.71)，对于 l 处的散射点，当 $k=l+pN$（p 为任意整数）时，该式都取得最大值。也就是说，IFFT 结果的第 k 个点代表了所有可能的距离，$(l+pN)\Delta r=pR_u+l\Delta r$，这种现象本质上源自数字信号IFFT的周期性，此处 $\Delta r=\frac{c}{2N\Delta f}$，即

高分辨距离单元。但是，每个采样点对应的距离是唯一的，因此对第 m 个采样点进行 IFFT 处理，其中的第 k 个点对应唯一的 p。

对于第 m 个采样点，其 IFFT 结果代表的距离范围为

$$mR_s \leqslant R_m < mR_s + \Delta R, \quad m=0,1,2,\cdots \tag{1.72}$$

式中，$R_s = \dfrac{c}{2f_s}$，f_s 为采样频率。

已知 m 和 k，便可以确定唯一的 p，从而可以确定第 m 个采样点 IFFT 结果中第 k 点的真实距离。

在工程实现上，对于第 m 个采样点，可以将其 IFFT 结果进行周期延拓，得到一个足够长的序列。设该序列的起始距离为 0，终点距离大于 $mR_s + \Delta R$，取出 $mR_s \sim mR_s + \Delta R$ 的一段，就得到了长度为 ΔR 的真实距离像(图 1.28)。

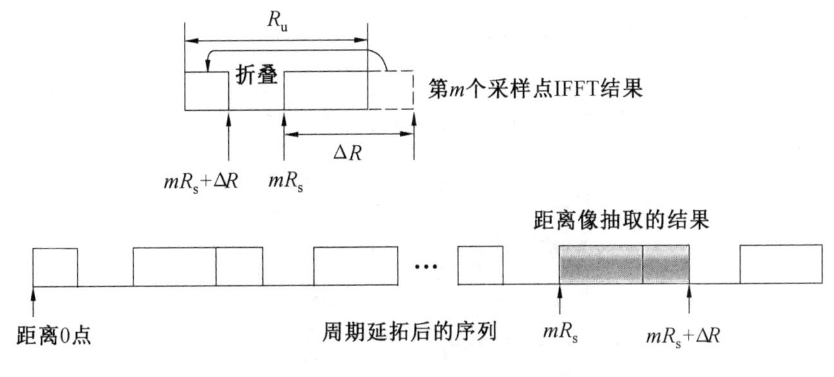

图 1.28　利用周期延拓进行距离像抽取

当 $f_s = B$ 即 $R_s = \Delta R$ 时，将各采样点的抽取结果首尾拼接起来，就得到了目标的距离像；当 $f_s > B$ 即 $R_s < \Delta R$ 时，相邻采样点的抽取结果是部分重叠的，需要按照一定的策略进一步处理。这样的策略有同距离舍弃法、同距离选大法等。同距离舍弃法就是简单地选取后面采样点的 IFFT 抽取结果，舍弃已有的抽取结果，这种方法有较大的采样幅度损失；同距离选大法就是选取重叠部分的较大值作为抽取结果，因此降低了采样幅度损失，但是对噪声或杂波也进行了选大操作。

1.7.3　多普勒效应的影响

由于步进频率信号是一种多普勒敏感信号，因此必须考虑目标多普勒效应的影响。不妨假设目标按照“停－跳”方式运动，将 $\tau(t) = \dfrac{2(R - nvT_r)}{c}$ 代入式(1.68)的第二个指数项中，得到

$$e^{-j2\pi(f_0+n\Delta f)\tau} = e^{-j2\pi(f_0+n\Delta f)\tau_0} e^{j2\pi(f_0+n\Delta f)\frac{2nvT_r}{c}} \tag{1.73}$$

上式右边的第二个指数项不是所需要的。其中，$e^{j2\pi f_0 \frac{2v}{c} n T_r}$ 为一次相位项，$e^{j2\pi \Delta f \frac{2v}{c} n^2 T_r}$ 为二次相位项。一次相位项在 IFFT 结果中会产生耦合时移，造成测距不准，它要求较高的速度补偿精度，即 $\delta v < \frac{c}{4Nf_0 T_r}$，典型参数下在1 m/s 量级；二次相位项使得 IFFT 结果产生伪峰和幅度损失，造成能量发散，但是它对速度补偿精度要求不高，典型参数下在 100 m/s 量级。

1.7.4 仿真实例

参数设置：$N=256$，$\Delta f=5$ MHz，$B=10$ MHz，$T=10$ μs，$T_r=50$ μs，$f_s=150$ MHz，$f_0=10$ GHz；三个静止目标，距离分别为 1 810 m、1 812 m、1 816 m。

图 1.29 所示为目标的冗余距离像，图 1.30 所示为同距离舍弃法抽取的距离像，图 1.31 所示为同距离选大法抽取的距离像。

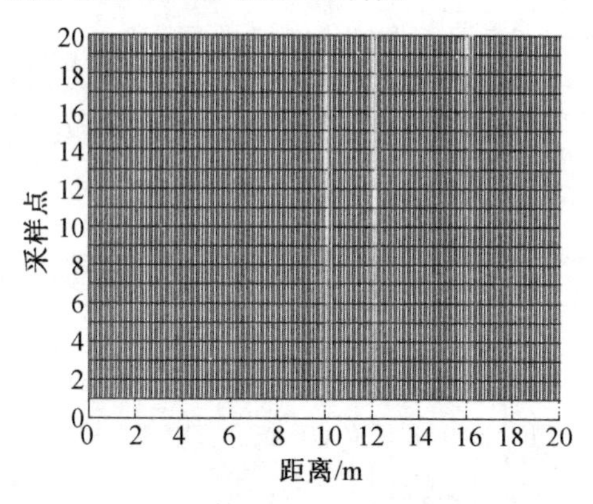

图 1.29　目标的冗余距离像(见附录彩图)

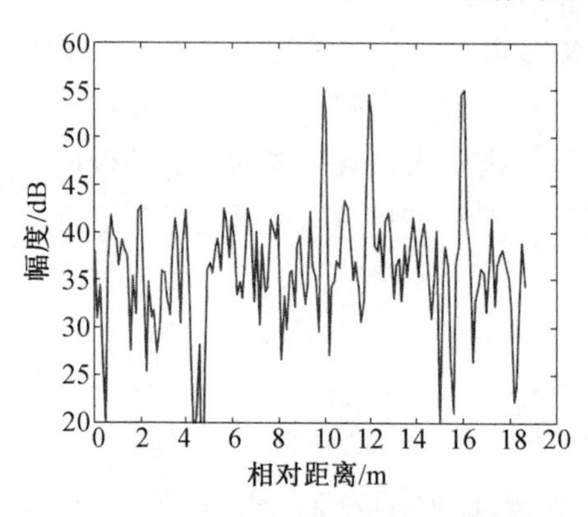

图 1.30　同距离舍弃法抽取的距离像

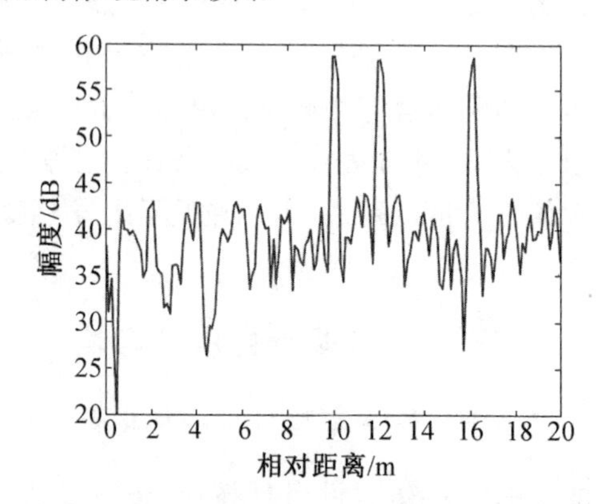

图 1.31　同距离选大法抽取的距离像

1.8　LFM 信号的距离超分辨

在雷达系统中，提高距离分辨能力是改善杂波中目标检测的重要手段，也是实现目标分辨、测距、成像及分类识别的基础，可以通过增大 LFM 信号的带宽及脉冲压缩实现。本节在不增加 LFM 带宽的情况下研究距离超分辨问题。当雷达发射一长串相参脉冲并接收其回波时，可以利用这些回波信号形成协方差矩阵，然后利用阵列信号处理中的空间谱估计技术实现距离超分辨。但是当雷达发射单脉冲时，则无法这样做。由于雷达观测场景中目标通常是稀疏的，其 LFM 回波信号很容易通过时域 / 频域去斜变成简单的复指数信号，因此本节将给出一种基于稀疏信号处理技术的距离超分辨方法，它可以在时域或频域上进行[11]。本节以时域处理为例进行讨论。

1.8.1　稀疏信号模型

对于空间中的一个静止目标，式(1.52) 给出了其 LFM 回波信号的时域去斜表达式。当空间中存在 M 个点目标且场景范围不大时，回波信号的去斜表达式为

$$s(t')=\sum_{m=1}^{M}\mathrm{rect}\left(\frac{t'-\tau'_m}{T}\right)\tilde{a}_m \mathrm{e}^{\mathrm{j}2\pi f_m t'}$$

$$\approx \mathrm{rect}\left(\frac{t'}{T_{\mathrm{ref}}}\right)\left[\mathrm{e}^{\mathrm{j}2\pi f_1 t'},\mathrm{e}^{\mathrm{j}2\pi f_2 t'},\cdots,\mathrm{e}^{\mathrm{j}2\pi f_M t'}\right]\begin{bmatrix}\tilde{a}_1\\ \tilde{a}_2\\ \vdots\\ \tilde{a}_M\end{bmatrix} \tag{1.74}$$

式中，$\tilde{a}_m$ 为第 m 个去斜信号的幅度；f_m 为频率，$f_m=-\gamma t'_m(m=1,2,\cdots,M)$。

对式(1.74) 表示的去斜信号进行均匀采样，采样周期 $T_\mathrm{s}\leqslant\frac{c}{2\gamma\Delta r}$，得到 N 个离散采样值，满足 $N>M$，因此可以将去斜信号表示成

$$\boldsymbol{s}=\begin{bmatrix}s(t'_1)\\ s(t'_2)\\ \vdots\\ s(t'_N)\end{bmatrix}$$

$$
\begin{aligned}
&= \begin{bmatrix} e^{j2\pi f_1 t_1'} & e^{j2\pi f_2 t_1'} & \cdots & e^{j2\pi f_M t_1'} \\ e^{j2\pi f_1 t_2'} & e^{j2\pi f_2 t_2'} & \cdots & e^{j2\pi f_M t_2'} \\ \vdots & \vdots & & \vdots \\ e^{j2\pi f_1 t_N'} & e^{j2\pi f_2 t_N'} & \cdots & e^{j2\pi f_M t_N'} \end{bmatrix} \begin{bmatrix} \tilde{a}_1 \\ \tilde{a}_2 \\ \vdots \\ \tilde{a}_M \end{bmatrix} \\
&= \begin{bmatrix} e^{j2\pi f_1 t_1''} & e^{j2\pi f_2 t_1''} & \cdots & e^{j2\pi f_M t_1''} \\ e^{j2\pi f_1 t_2''} & e^{j2\pi f_2 t_2''} & \cdots & e^{j2\pi f_M t_2''} \\ \vdots & \vdots & & \vdots \\ e^{j2\pi f_1 t_N''} & e^{j2\pi f_2 t_N''} & \cdots & e^{j2\pi f_M t_N''} \end{bmatrix} \begin{bmatrix} \bar{a}_1 \\ \bar{a}_2 \\ \vdots \\ \bar{a}_M \end{bmatrix} \\
&= \boldsymbol{E}\bar{\boldsymbol{a}}
\end{aligned} \tag{1.75}
$$

式中，有

$$
t_n' = \left(n - 1 - \frac{N}{2}\right) T_s
$$

$$
t_n'' = (n-1) T_s, \quad n = 1, 2, \cdots, N
$$

$$
\bar{a}_m = \tilde{a}_m e^{-j\pi f_m N T_s}, \quad m = 1, 2, \cdots, M
$$

式(1.75) 中，矩阵 $\boldsymbol{E}$ 是一个范德蒙矩阵，其频率参数 $f_m = -\gamma t_m'$ 中含有目标距离信息。

通常情况下，雷达观测场景中只可能在少数几个距离点（对应时延 $t_1', t_2', \cdots, t_M'$）上存在目标，即目标是稀疏的。如果对雷达的观测场景进行充分密集的等间隔离散化，则得到 K 个离散距离点 $R_k (k = 1, 2, \cdots, K)$，满足 $K \gg N \geqslant M$，对应的时延为 $\tau_k = \frac{2R_k}{c}$，令

$$
\tau_k = t_d + \tau_k'
$$

式中，t_d 为观测场景中心对应的双程时延。设这 K 个离散距离点中的 M 个上分布着前面所述的 M 个静止点目标，那么可以得到目标回波信号的稀疏信号模型为

$$
\begin{aligned}
\boldsymbol{s} &= \begin{bmatrix} e^{j2\pi f_1 t_1''} & e^{j2\pi f_2 t_1''} & \cdots & e^{j2\pi f_K t_1''} \\ e^{j2\pi f_1 t_2''} & e^{j2\pi f_2 t_2''} & \cdots & e^{j2\pi f_K t_2''} \\ \vdots & \vdots & & \vdots \\ e^{j2\pi f_1 t_N''} & e^{j2\pi f_2 t_N''} & \cdots & e^{j2\pi f_K t_N''} \end{bmatrix} \begin{bmatrix} b_1 \\ b_2 \\ \vdots \\ b_K \end{bmatrix} \\
&= \boldsymbol{F}\boldsymbol{b}
\end{aligned} \tag{1.76}
$$

式中，f_k 为假设的第 k 个去斜信号的频率，$f_k = -\gamma \tau_k' (k = 1, 2, \cdots, K)$；$\boldsymbol{F}$ 是一个已知的字典矩阵；$\boldsymbol{b}$ 是未知的幅度向量。当且仅当 $\tau_k' = t_m'$ 时有 $b_k = \bar{a}_m$，否则 $b_k = 0$。由于 $K \gg M$，因此向量 $\boldsymbol{b}$ 中仅有少量元素是非零的，其他元素都为零，即向量 $\boldsymbol{b}$ 是稀疏的，其非零元素的位置代表了目标的距离。

假设背景噪声为高斯白噪声，记为向量 $\boldsymbol{n}$，因此有如下的稀疏信号模型，即

$$z = Fb + n \tag{1.77}$$

1.8.2　距离超分辨实现

对于式(1.77)的稀疏信号模型，可以利用稀疏重构技术求解向量 $\boldsymbol{b}$，首先构造 $\boldsymbol{b}$ 的后验概率密度，然后求解其最大后验概率估计，这种方法又称稀疏贝叶斯学习[12]。

对于式(1.77)中的高斯白噪声向量，设其均值为零，方差为 $\sigma^2 \boldsymbol{I}_N$，$\boldsymbol{I}_N$ 为 N 阶单位阵，于是得到 $\boldsymbol{z}$ 的似然函数为

$$f(\boldsymbol{z} \mid \boldsymbol{b},\sigma^2) = \left|\pi\sigma^2 \boldsymbol{I}_N\right|^{-1} \mathrm{e}^{-\frac{1}{\sigma^2}\|\boldsymbol{z}-\boldsymbol{F}\boldsymbol{b}\|^2} \tag{1.78}$$

式中，$\|\cdot\|$ 表示欧几里得范数。

设 $\boldsymbol{b}$ 中各元素都是独立的随机变量，b_k 服从均值为零、方差为 g_k 的高斯分布($k=1,2,\cdots,K$)，则有

$$f(\boldsymbol{b} \mid \boldsymbol{g}) = \prod_{k=1}^{K} (\pi g_k)^{-1} \mathrm{e}^{-\frac{|b_k|^2}{g_k}} \tag{1.79}$$

式中，方差向量 $\boldsymbol{g}=[g_1,g_2,\cdots,g_K]^{\mathrm{T}}$，其中各元素都是未知参数。当 $g_k=0$ 时，因为均值 $E[b_k]=0$，则有 $b_k=0$，故方差向量 $\boldsymbol{g}$ 间接地刻画了幅度向量 $\boldsymbol{b}$ 的稀疏性。

利用式(1.78)和式(1.79)可以得到

$$\begin{aligned} f(\boldsymbol{z} \mid \boldsymbol{g},\sigma^2) &= \int f(\boldsymbol{z} \mid \boldsymbol{b},\sigma^2) f(\boldsymbol{b} \mid \boldsymbol{g})\mathrm{d}\boldsymbol{b} \\ &= \left|\pi \boldsymbol{\Sigma}_{\mathrm{z}}\right|^{-1} \mathrm{e}^{-\boldsymbol{z}^{\mathrm{H}}\boldsymbol{\Sigma}_{\mathrm{z}}^{-1}\boldsymbol{z}} \end{aligned} \tag{1.80}$$

式中，协方差矩阵 $\boldsymbol{\Sigma}_{\mathrm{z}}=\sigma^2 \boldsymbol{I}_N + \boldsymbol{F}\boldsymbol{G}\boldsymbol{F}^{\mathrm{H}}$，$\boldsymbol{G}=\mathrm{diag}(\boldsymbol{g})$，$\mathrm{diag}(\cdot)$ 表示对角化；上标 H 表示共轭转置。

通过求解式(1.80)的最大值，可以得到 σ^2 的最大似然估计 σ^2_{ML} 及 $\boldsymbol{G}$ 的最大似然估计 $\boldsymbol{G}_{\mathrm{ML}}$。

根据贝叶斯公式，可以得到 $\boldsymbol{b}$ 的后验概率密度为

$$\begin{aligned} f(\boldsymbol{b} \mid \boldsymbol{z},\boldsymbol{g},\sigma^2) &= \frac{f(\boldsymbol{z} \mid \boldsymbol{b},\sigma^2)\, f(\boldsymbol{b} \mid \boldsymbol{g})}{f(\boldsymbol{z} \mid \boldsymbol{g},\sigma^2)} \\ &= \left|\pi\boldsymbol{\Sigma}_{\mathrm{b}}\right|^{-1} \mathrm{e}^{-(\boldsymbol{b}-\boldsymbol{\mu})^{\mathrm{H}}\boldsymbol{\Sigma}_{\mathrm{b}}^{-1}(\boldsymbol{b}-\boldsymbol{\mu})} \end{aligned} \tag{1.81}$$

式中，有

$$\boldsymbol{\mu} = \boldsymbol{G}\boldsymbol{F}^{\mathrm{H}}(\sigma^2 \boldsymbol{I}_N + \boldsymbol{F}\boldsymbol{G}\boldsymbol{F}^{\mathrm{H}})^{-1}\boldsymbol{z}$$

$$\boldsymbol{\Sigma}_{\mathrm{b}} = \boldsymbol{G} - \boldsymbol{G}\boldsymbol{F}^{\mathrm{H}}(\sigma^2\boldsymbol{I}_N + \boldsymbol{F}\boldsymbol{G}\boldsymbol{F}^{\mathrm{H}})^{-1}\boldsymbol{F}\boldsymbol{G}$$

将 σ^2_{ML} 和 $\boldsymbol{G}_{\mathrm{ML}}$ 代入式(1.81)中，然后对式(1.81)求导得到 $\boldsymbol{b}$ 的最大后验概率估计，即

$$\boldsymbol{b}_{\mathrm{MAP}} = \boldsymbol{G}_{\mathrm{ML}}\boldsymbol{F}^{\mathrm{H}}(\sigma^2_{\mathrm{ML}}\boldsymbol{I}_N + \boldsymbol{F}\boldsymbol{G}_{\mathrm{ML}}\boldsymbol{F}^{\mathrm{H}})^{-1}\boldsymbol{z} \tag{1.82}$$

此处将最大后验概率估计 $\boldsymbol{b}_{\mathrm{MAP}}$ 作为 $\boldsymbol{b}$ 的解，这是在 $\boldsymbol{z}$ 的情况下，$\boldsymbol{b}$ 出现可能性

最大的值。如前所述,少量非零元素的位置表示了目标的距离。因此,如果两个目标之间的距离小于瑞利限,则实现了距离超分辨。

1.8.3 实例与分析

本节通过仿真实例来考查上述距离超分辨方法的性能。假设 LFM 信号时宽 $T=400\ \mu s$,带宽 $B=1$ MHz,观测场景长度 $\Delta r=3$ km,因此常规脉压的名义距离分辨率为 $\Delta R=150$ m。设场景中存在两个大小相等的静止目标,考虑两种间距情形,即 $d=0.5\Delta R$ 或 $0.75\Delta R$,因此两个目标难以通过常规脉压来分辨。此处,去斜后采样周期 $T_s=10\ \mu s$。

与常规脉压的距离分辨率只取决于信号带宽不同,超分辨方法的距离分辨性能与回波信号的信噪比有关,具有统计性。在前面的假设条件下,对不同的信噪比,图 1.32 和图 1.33 所示分别为不同间距两个目标分辨概率与信噪比的关系,其中每个概率值都是 500 次蒙特卡洛仿真的运行结果。类似于文献[13],在一次蒙特卡洛仿真中,若同时满足以下两个条件,才称两目标是可分辨的:对超分辨方法得到的目标幅值进行归一化处理,大于 0.5 的尖峰的个数等于 2;目标超分辨估计位置与其真实位置的偏差不超过 $\pm\dfrac{\Delta R}{6}$。

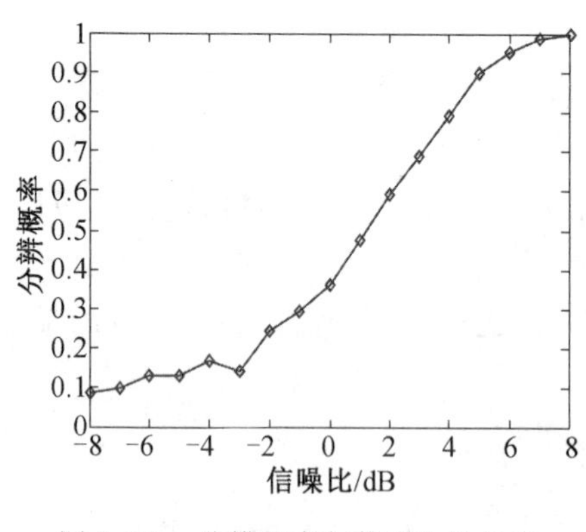

图 1.32 分辨概率与信噪比的关系 ($d=0.5\Delta R$)

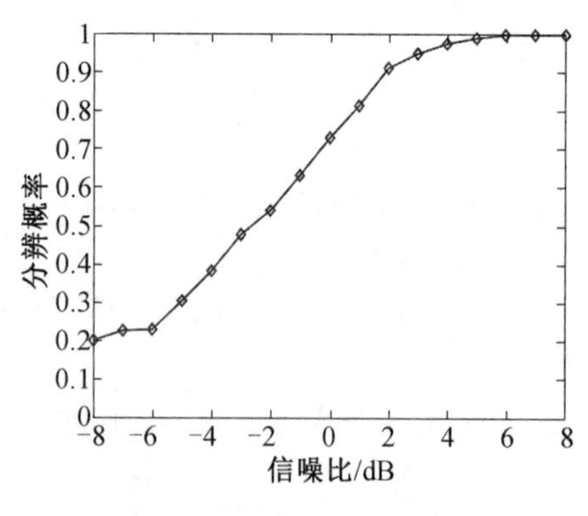

图 1.33 分辨概率与信噪比的关系 ($d=0.75\Delta R$)

与所期望的一样,由图 1.32 和图 1.33 可知,在常规脉压无法分辨两个邻近目标的情况下,此方法可以按照一定的概率实现目标的距离超分辨;目标的分辨概率随信噪比的增加而提高,而且随着两个目标的间距增大,它们变得更容易分辨。

设信噪比等于 3 dB,对不同的目标间距,图 1.34 和图 1.35 所示分别为两目标常规分辨与超分辨的比较,图中表示出了超分辨处理的蒙特卡洛仿真结果,可见两个目标被明显地分辨开来。作为比较,图中还给出了常规脉压的处理结果,

可见由于两个目标靠得太近，因此它们的脉压主瓣重叠在一起，无法区分开。另外，超分辨处理中伪峰的数量少且幅度小，因此能够更真实地反映目标的距离分布状况。

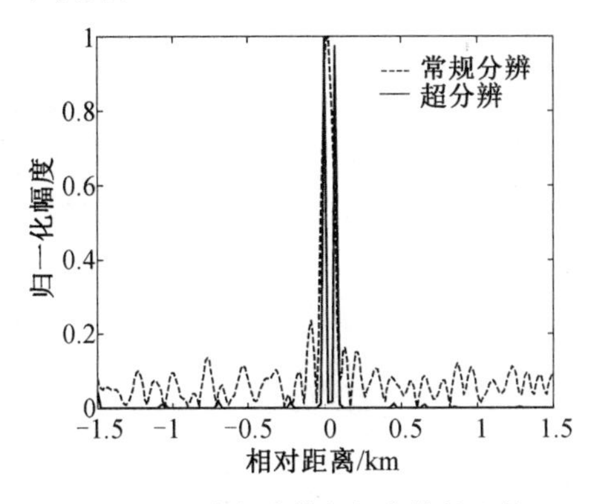

图 1.34　常规分辨与超分辨的比较（$d=0.5\Delta R$）

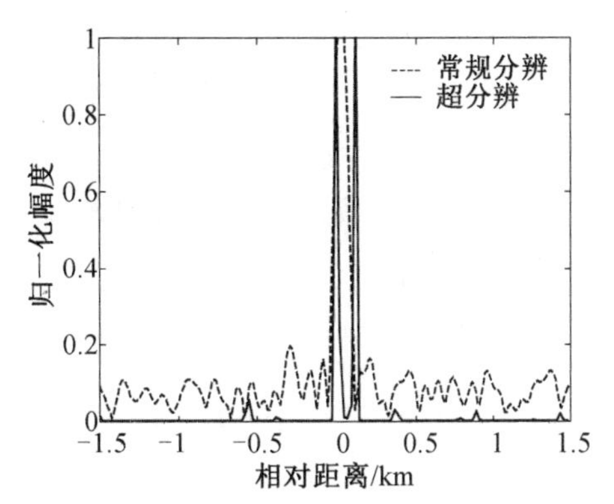

图 1.35　常规分辨与超分辨的比较（$d=0.75\Delta R$）

1.9　基于 Keystone 变换的跨距离门走动校正

LFM 信号作为多普勒不敏感信号，目标运动会降低脉压的性能指标，但是通常不会降低到难以接受的程度。在脉冲多普勒(PD)雷达中，当采用 Keystone 变换进行脉间跨距离门校正时，只需知道目标速度的模糊次数，不必知道目标速度，这因此而成为近年来广受欢迎的距离校正方法[14]。对探测高速运动目标而言，LFM 信号与 Keystone 变换相结合是不错的选择，当进一步采用脉间捷变频技术时，更增强了雷达的抗干扰能力。本节将研究脉间捷变频情况下 LFM 信号跨距离门走动的 Keystone 变换校正问题[15]。

1.9.1　目标回波信号模型

捷变频雷达的初始载频为 f_c，第 n 个脉冲的载频为

$$f_n=f_c+d_n\Delta f,\quad n=0,1,\cdots,N-1$$

式中，N 为一个相参处理间隔(CPI)内的脉冲个数；Δf 为最小跳频间隔；d_n 为随机整数，$d_n\in\{0,1,\cdots,M-1\}$，称为第 n 个脉冲的频率调制码。

设第 n 个脉冲的发射信号为

$$s_t(t,t_n)=a_t\mathrm{rect}\left(\frac{t}{T}\right)u(t)\mathrm{e}^{\mathrm{j}2\pi f_n\left(t+\frac{T}{2}+t_n\right)} \tag{1.83}$$

式中，a_t 为发射信号的幅度；t 为快时间，$t=\hat{t}-t_n$，$\hat{t}$ 为全时间；t_n 为慢时间，$t_n=$

nT_r，T_r 为脉冲重复周期；T 为脉冲宽度；$u(t)$ 为发射信号的复包络，此处采用式(1.11) 所示的 LFM 信号；rect(•) 为矩形函数。

对于远处的一个运动点目标，其回波信号表示为

$$\begin{aligned} s_r(t,t_n) &= a_r s_t(t-\tau,t_n) \\ &= a_r \mathrm{rect}\left(\frac{t-\tau}{T}\right)u(t-\tau)\mathrm{e}^{\mathrm{j}2\pi f_n\left(t+\frac{T}{2}+t_n-\tau\right)} \end{aligned} \tag{1.84}$$

式中，a_r 为回波幅度；τ 为回波时延，$\tau=\dfrac{2(R_0+vt_n+vt)}{c}$，$R_0$ 为目标的初始距离，v 为目标的速度，c 为光速。

回波信号混频后为

$$\begin{aligned} \bar{s}_r(t,t_n) &= s_r(t,t_n)\mathrm{rect}\left(\frac{t}{T_r}\right)\mathrm{e}^{-\mathrm{j}2\pi f_n\left(t+\frac{T_r}{2}+t_n\right)} \\ &\approx a_r\mathrm{rect}\left(\frac{t-\tau_n}{T}\right)u(t-\tau_n)\mathrm{e}^{-\mathrm{j}2\pi f_n\tau} \end{aligned} \tag{1.85}$$

式中，有

$$\tau_n=\frac{2(R_0+vt_n)}{c}$$

将式(1.85) 变换到快时间的频域，得到

$$\bar{S}_r(f,t_n)=a_rU(f+f_{dn})\mathrm{e}^{-\mathrm{j}2\pi(f+f_{dn}+f_n)\tau_n} \tag{1.86}$$

$$\begin{aligned} U(f+f_{dn}) &= \int_{-\frac{T}{2}}^{\frac{T}{2}}u(t)\mathrm{e}^{-\mathrm{j}2\pi(f+f_{dn})t}\mathrm{d}t \\ &\approx \mathrm{rect}\left(\frac{f+f_{dn}}{B}\right)\mathrm{e}^{\frac{-\mathrm{j}\pi(f+f_{dn})^2}{\gamma}} \end{aligned} \tag{1.87}$$

式中，f_{dn} 为目标在第 n 个脉冲中的多普勒频率，$f_{dn}=\dfrac{2vf_n}{c}$。

在式(1.87) 中，令 $f_{dn}=0$，可得发射信号包络的频谱 $U(f)$。根据匹配滤波器理论，匹配滤波器的频响函数为$U^*(f)$，因此式(1.85) 的混频信号经过匹配滤波器后输出为

$$\begin{aligned} X(f,t_n) &= \bar{S}_r(f,t_n)U^*(f) \\ &= a_r\mathrm{rect}\left[\frac{f+\frac{f_{dn}}{2}}{B-f_{dn}}\right]\mathrm{e}^{-\mathrm{j}2\pi f\left(\tau_n+\frac{f_{dn}}{\gamma}\right)}\times \\ &\quad \mathrm{e}^{-\mathrm{j}\pi\frac{f_{dn}^2}{\gamma}}\mathrm{e}^{-\mathrm{j}2\pi(f_{dn}+f_n)\tau_n} \end{aligned} \tag{1.88}$$

对式(1.88) 执行傅里叶逆变换实现脉冲压缩，得到

$$\begin{aligned} x(t,t_n) &= a_r(B-f_{dn})\mathrm{sinc}\left((B-f_{dn})\left(t-\tau_n-\frac{f_{dn}}{\gamma}\right)\right)\times \\ &\quad \mathrm{e}^{-\mathrm{j}\pi f_{dn}(t+\tau_n)-\mathrm{j}2\pi f_n\tau_n} \end{aligned} \tag{1.89}$$

式(1.89)表明,脉压后目标回波的峰值位于 $t=\tau_n+\dfrac{f_{dn}}{\gamma}$ 处,其中包含了两项,分析如下。

(1)回波时延 $\tau_n=\dfrac{2(R_0+vt_n)}{c}$。当CPI内目标运动距离满足 $vNT_r>\dfrac{c}{2B}$ 时,会出现跨距离门走动现象,需要校正对齐,下一节将给出基于Keystone变换的校正方法。

(2)多普勒耦合项 $\dfrac{f_{dn}}{\gamma}$。这是线性调频信号的固有缺陷,会导致峰值发生偏移,且此处的偏移是变化的,有可能超出一个距离门,需要避免。

1.9.2　距离走动校正

Keystone 变换即如下的变量替换,有

$$t_n=\frac{f_m}{f+f_m}\bar{t}_m \tag{1.90}$$

将式(1.90)代入式(1.88)中并整理得到

$$\begin{aligned}Y(f,\bar{t}_m)&=X\left(f,\frac{f_m}{f+f_m}\bar{t}_m\right)\\&\approx a_r\mathrm{rect}\left[\frac{f+\dfrac{f_{dm}}{2}}{B-f_{dm}}\right]\mathrm{e}^{-j2\pi f\left(\tau_0+\frac{f_{dm}}{\gamma}\right)-j2\pi f_{dm}\bar{t}_m-j\pi\frac{f_{dm}^2}{\gamma}-j2\pi(f_{dm}+f_m)\tau_0}\end{aligned} \tag{1.91}$$

式中,有

$$\tau_0=\frac{2R_0}{c}$$

$$f_{dm}=\frac{2vf_m}{c}$$

对式(1.91)执行傅里叶逆变换实现脉冲压缩,得到

$$\begin{aligned}y(t,\bar{t}_m)=&a_r(B-f_{dm})\mathrm{sinc}\left((B-f_{dm})\left(t-\tau_0-\frac{f_{dm}}{\gamma}\right)\right)\times\\&\mathrm{e}^{-j\pi f_{dm}(t+\tau_0)-j2\pi f_{dm}\bar{t}_m-j2\pi f_m\tau_0}\end{aligned} \tag{1.92}$$

由式(1.92)可见,目标位于 $t=\tau_0+\dfrac{f_{dm}}{\gamma}$ 处,不再跨距离门走动。当然,耦合项 $\dfrac{f_{dm}}{\gamma}$ 的影响不可避免。

对于式(1.92)的相位,当 $t=\tau_0+\dfrac{f_{dm}}{\gamma}$ 时,有

$$\pi f_{dm}(t+\tau_0)=2\pi f_{dm}\tau_0+\frac{\pi f_{dm}^2}{\gamma}$$

通常情况下，$\frac{\pi f_{\mathrm{d}m}^2}{\gamma}<\frac{\pi}{6}$，$\frac{2v}{c}\ll 1$，因此得到下面的近似相位表示，即

$$-2\pi f_{\mathrm{d}m}\bar{t}_m-2\pi f_m\tau_0=-2\pi f_m\left(\tau_0+\frac{2vmT_{\mathrm{r}}}{c}\right) \tag{1.93}$$

对上述相位进行补偿以实现脉间相参积累是一个距离和速度的二维搜索问题，但是比较费时，若目标距离或速度已知，无疑会使问题得到很大简化。实际上，在捷变频抗干扰的应用背景中，若能有效地规避干扰，则在距离校正后执行非相参积累也不失为一个良好选择。

Keystone 变换可以通过下面的 sinc 函数插值来实现，即

$$Y(f,\bar{t}_m)=\sum_n X(f,t_n)\operatorname{sinc}\left(\frac{f_m}{f+f_m}\bar{t}_m-t_n\right) \tag{1.94}$$

当存在多普勒模糊且模糊数 K 已知的情况下，需要采用下面带补偿因子的插值公式来实现，即

$$Y(f,\bar{t}_m)=\mathrm{e}^{-\mathrm{j}2\pi Kf_{\mathrm{r}}\frac{f_m}{f+f_m}\bar{t}_m}\sum_n X(f,t_n)\operatorname{sinc}\left(\frac{f_m}{f+f_m}\bar{t}_m-t_n\right) \tag{1.95}$$

当雷达载频在脉间不变时，在式(1.90) 中令 $f_m=f_{\mathrm{c}}$，则此时的 Keystone 变换与文献[14] 相同。

1.9.3 实例与分析

参数设置：$f_{\mathrm{c}}=10$ GHz，$N=64$，$M=32$，$\Delta f=30$ MHz，$B=50$ MHz，$T=50\ \mu$s，$T_{\mathrm{r}}=300\ \mu$s，$v=2\,000$ m/s，$R_0=240$ km，脉压前单脉冲信噪比为－14 dB，捷变频信号的载频跳变范围为 $M\times\Delta f=960$ MHz。

首先在上述参数下仿真目标回波信号，然后利用 Keystone 变换校正跨距离门走动问题，并考查脉间非相参积累的效果。图 1.36 所示为目标在脉间跨距离门走动，表示了 64 个脉冲回波的直接脉压，目标在脉间跨越了大约 13 个距离门，但是经过 Keystone 变换处理后目标距离都校正到了初始距离上(图 1.37)。图 1.38 和图 1.39 所示为距离校正前后的非相参积累，可见在距离对齐后目标的可检测性得到了显著改善。

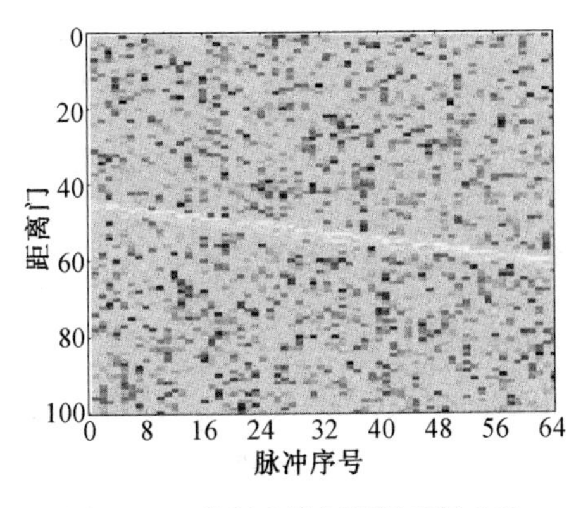

图 1.36　目标在脉间跨距离门走动（见附录彩图）

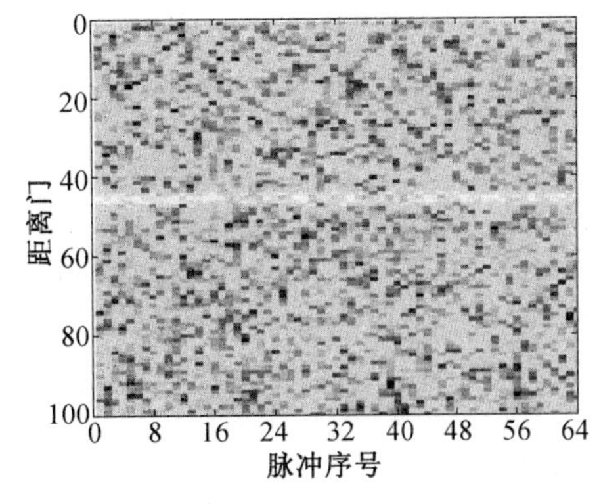

图 1.37　脉间距离门走动被校正（见附录彩图）

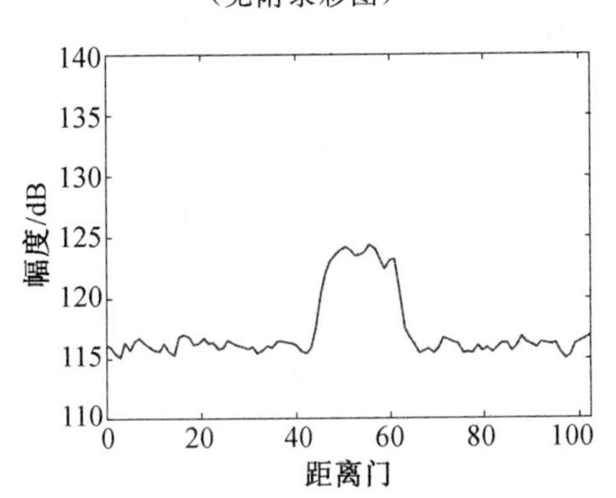

图 1.38　未校正回波的非相参积累

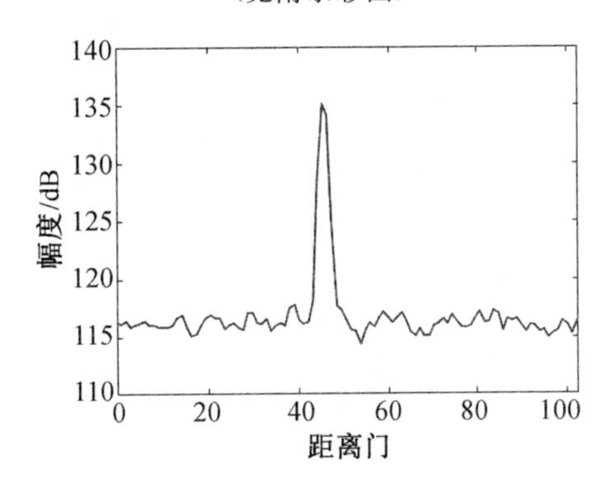

图 1.39　已校正回波的非相参积累

作为比较，下面考查载频固定不变时 Keystone 变换的处理效果，$f_c = 10$ GHz，其他参数与前面相同。由图 1.40 ～ 1.43 可见，目标跨距离门走动被校正，目标的信噪比和可检测性都显著提高。

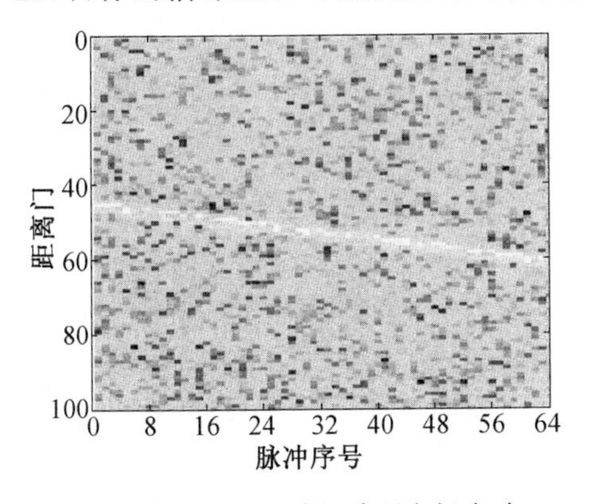

图 1.40　目标在脉间跨距离门走动（见附录彩图）

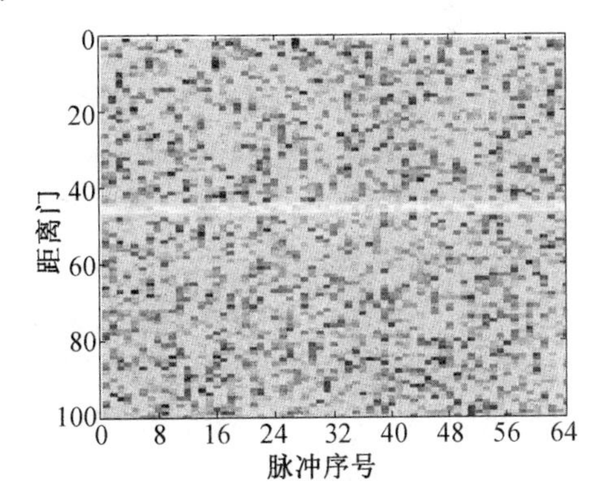

图 1.41　脉间跨距离门走动被校正（见附录彩图）

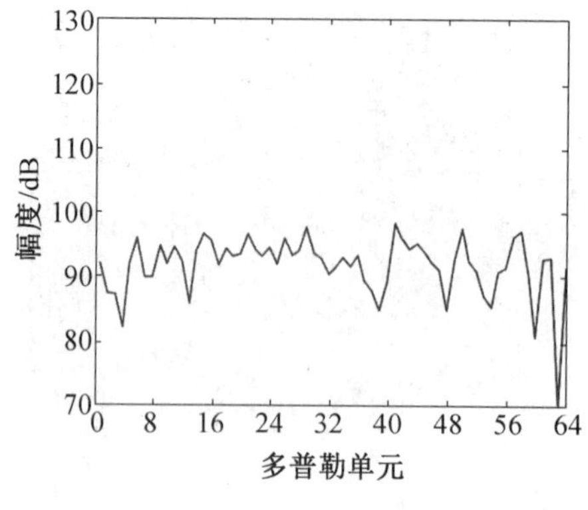

图 1.42　未校正回波的相参积累

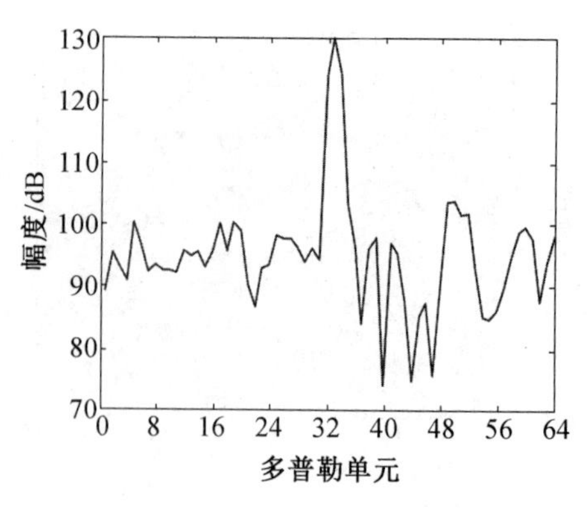

图 1.43　已校正回波的相参积累

本章参考文献

[1] 赵树杰. 统计信号处理[M]. 西安:西北电讯工程学院出版社. 1986.

[2] 斯科尼克. 雷达手册[M]. 王军，等译. 北京：电子工业出版社，2003.

[3] 林茂庸，柯有安. 雷达信号理论[M]. 北京：国防工业出版社，1984.

[4] 张光义. 相控阵雷达系统[M]. 北京：国防工业出版社，2006.

[5] 陈希信. 线性调频信号两种加权滤波的等价性[J]. 现代雷达，2011，33(10)：47-50.

[6] 时维元，林正英，陈希信. 线性调频信号低旁瓣脉压窗函数的优化设计[J]. 现代雷达，2015，37(10)：18-20，24.

[7] 刘刚，陈希信. 高频雷达去斜脉压加权处理分析[J]. 现代雷达，2006，28(4)：42-44，49.

[8] 陈希信. 高频地波雷达的脉冲压缩和波形参数设计[J]. 现代雷达，2009，31(11)：53-55.

[9] 杨子杰，柯亨玉，文必洋. 高频地波雷达波形参数设计[J]. 武汉大学学报，2001，47(5)：528-531.

[10] 毛二可，龙腾，韩月秋. 频率步进雷达数字信号处理[J]. 航空学报，2001，22(增刊)：S16-S25.

[11] 陈希信，张庆海. 基于目标稀疏性的雷达距离超分辨[J]. 雷达科学与技术，2020，18(6)：658-660.

[12] 刘章孟. 基于信号空域稀疏性的阵列处理理论与方法[D]. 长沙：国防科学技术大学，2012.

[13] LIU S, XIANG J. Novel method for super-resolution in radar range domain[J]. IEE Proceedings of Radar, Sonar and Navigation, 1999,

146(1)：40-44.

[14] 张顺生，曾涛. 基于Keystone变换的微弱目标检测[J]. 电子学报，2005，33(9)：1675-1678.

[15] 陈希信. 基于Keystone变换的脉间捷变频LFM回波信号距离走动校正[J]. 现代雷达，2022,44(9):15-18.

第2章

雷达信号的多普勒处理

2.1 引 言

多普勒频率是包含在目标回波信号中的重要信息和参数,雷达波长不同、目标径向运动速度不同都会使回波中的多普勒频率不同。雷达经常根据运动目标回波与地物等杂波的多普勒频率不同而区分杂波、抑制杂波,从而改善杂波中目标信号的信杂比,或者区分不同运动速度的目标。动目标显示(MTI)和动目标检测(MTD)是两种经常使用的多普勒处理方法。

本章将讨论与MTI和MTD处理相关的问题,主要内容概括如下:2.2节概述MTI和MTD的概念和基本处理;2.3节介绍一种基于蚁群算法的MTI参差码优化设计方法,可以在参差脉冲数较多时给出性能良好的MTI滤波器;2.4节在相参脉冲数不是2的整数幂的情况下研究补零FFT与折叠FFT的解析关系,以及两种FFT下检测门限的差异;2.5节研究基于FFT的MTD滤波器组设计方法,其特点是每个滤波器都在零频处形成深凹口,可以显著地提高雷达对地物杂波的改善因子,并计算设计滤波器的性能指标;2.6节讨论MTI级联MTD处理的信噪比增益及MTI的非平稳性校正问题。

2.2　动目标显示与动目标检测

2.2.1　动目标显示

雷达接收信号脉压后，经常遇到杂波和目标回波落在相同距离单元中的情况，并且杂波会比回波信号强，此时首先需要消除杂波才能进行目标检测。由于杂波与目标回波的多普勒频率通常是不同的，因此可以利用此特点设计滤波器滤除杂波，以提高信杂比。MTI 和 MTD 就是这样的处理，本节先讨论 MTI。

MTI 滤波器经常设计成在零多普勒频率或其他频点处是带阻的，以抑制固定地物或运动气象等杂波。在 MTI 处理中，由于相参脉冲数量一般只有少量的几个，即设计 MTI 滤波器时可用的自由度较少，因此 MTI 滤波器的阻带、通带和过渡带等特征通常不是很理想，需要仔细调整滤波器的设计参数。

MTI 滤波器多采用 FIR 滤波器形式，其输入输出表达式为

$$s'_n = h_n * s_n = \sum_{k=0}^{N-1} h_k s_{n-k} \tag{2.1}$$

式中，s'_n 为滤波器输出；h_n 为滤波器的单位脉冲响应；$*$ 表示卷积运算；s_n 为滤波器输入，即脉压后的雷达接收信号，主要包括杂波和目标回波；N 为滤波器的阶数，即相参脉冲数量。

假设 h_n 的频谱为 $H(f_\mathrm{d})$，通过考查频谱幅度 $|H(f_\mathrm{d})|$ 的特性，可以看出所设计的MTI滤波器是否达到设计要求，如阻带深度和宽度、通带平坦性等。文献[1] 给出了一个 5 脉冲 MTI 滤波器设计实例，它采用窗函数法设计 FIR 型 MTI 滤波器，滤波器的单位脉冲响应为 $\boldsymbol{h} = [-0.875, -1.00, 3.75, -1.00, -0.875]$。MTI 滤波器的频谱幅度如图 2.1 所示。

对于图 2.1 中的频谱，$H(f_\mathrm{d}) = 3.75 - 2\cos 2\pi f_\mathrm{d} T_\mathrm{r} - 1.75\cos 4\pi f_\mathrm{d} T_\mathrm{r}$。当乘积 $f_\mathrm{d} T_\mathrm{r}$ 为整数时，$H(f_\mathrm{d}) = 0$，其他 FIR 型 MTI 滤波器的频率响应也有这一特性。因此，若相参脉冲间的脉冲重复周期恒定，MTI 滤波器的频率响应就在零多普勒频率处形成零点，并以脉冲重复频率为周期重复置零。

由于各种现代超音速目标的最高多普勒频率远大于雷达的脉冲重复频率，因此 MTI 滤波器的频响上存在多个雷达不能发现的盲速点。为此，雷达采用变重复周期即“参差” 技术来提高盲速，使得第一盲速点大于目标的最高速度，同时要求在平均重复周期及其倍数对应的速度处频响不是很低，以确保这些位置处目标损失尽量小。

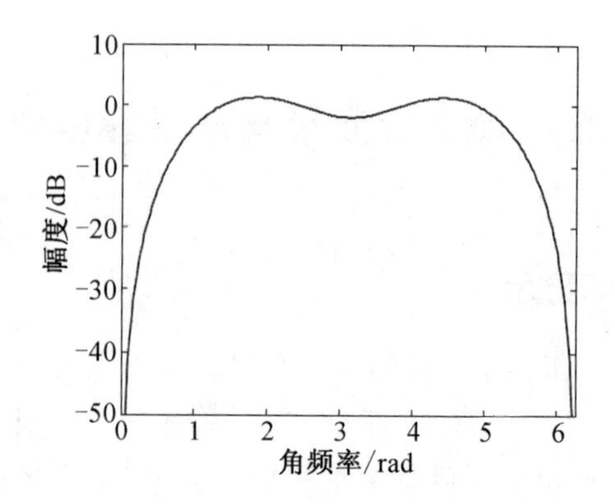

图 2.1　MTI 滤波器的频谱幅度

2.2.2　动目标检测

MTI 滤波器是一种带阻滤波器，它主要是在滤除杂波的同时让目标信号通过，不以增强目标信号为目的。MTD 则完全不同，它实际上是一种匹配处理技术。对于一个径向匀速运动的目标，在相参积累时间内，其脉间回波信号的相位是线性变化的。若能消除这种变化并进行同相叠加，则能增强信号，也就是实现匹配处理，又称相参积累；否则，就是失配处理，达不到匹配处理的效果。

若雷达接收信号中同时存在杂波和目标回波，二者间有着适当的多普勒频率差，则通过 MTD 处理，它们都会得到增强，但是相互间的影响可控，因此达到了抑制杂波和增强目标信号的目的。在 MTD 处理中，目标回波因为幅度叠加而增强，对于其他的白噪声分量，则以功率叠加而增强，因此 MTD 处理后的信噪比会提高。

与回波信号相匹配的复向量可以看作一个滤波器，由于目标回波的多普勒频率无法预知，因此需要一组这样的滤波器，它们在多普勒频率域相互邻接，覆盖整个重复频率范围，以达到动目标信号匹配的目的。常用的滤波器组有 FFT 基向量和特殊设计的 FIR 滤波器组等。

由于 FFT 基向量计算速度快，因此其最常用来进行 MTD 处理，此时杂波分量除实现匹配处理外，在其他的失配滤波器中通常也会有较大的残余（即副瓣较高），问题是这些失配滤波器输出可能伴随着目标信号的匹配滤波处理，因此残余杂波会影响目标检测，若杂波很强大，则 MTD 输出的信杂比会很低。对上述问题通常有以下两个解决方案。

(1) 在 MTD 前面增加一级 MTI（一阶或二阶），将杂波的主要部分滤除，后面将对这种处理方法进行详细分析。

(2) 采用加窗法降低各个滤波器的副瓣，其代价是主瓣展宽、速度分辨率降低和信噪比损失。

前述 5 脉冲 MTI 级联 16 脉冲 FFT 滤波器组的频响如图 2.2 所示，可见主瓣包络具有与图 2.1 相同的起伏，带来了不平稳性，不利于目标检测。加－40 dB 切比雪夫窗的 16 脉冲 FFT 滤波器组的频响如图 2.3 所示，与图 2.2 相比，可以看出主瓣显著展宽。

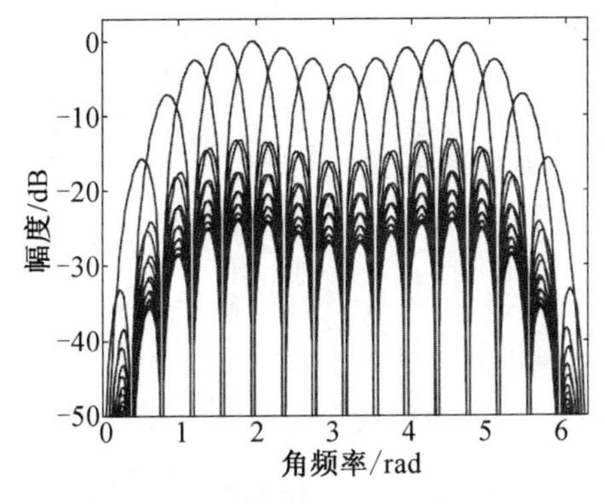

图 2.2　5 脉冲 MTI 级联 16 脉冲 FFT 滤波器组的频响

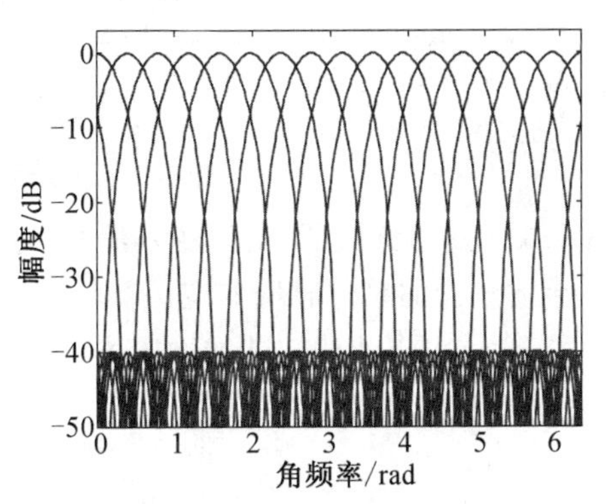

图 2.3　加－40 dB 切比雪夫窗的 16 脉冲 FFT 滤波器组的频响

2.3　基于蚁群算法的 MTI 参差码优化设计

如前所述，在 MTI 处理中需要采用变重复周期即“参差”技术来提高盲速，使第一盲速点大于目标的最高速度，其中面临的一个重要问题是寻找最优 MTI 参差码，它实际上是一个组合优化问题，学者们对此进行了许多研究[2-4]。

本节介绍一种利用蚁群算法搜索最优 MTI 参差码的方法。蚁群算法模拟蚂蚁的群体寻优行为，即蚁群通过一种被称为信息素的化学物质进行相互协作，形成正反馈，使多条路径上的蚂蚁逐渐聚集到最短的那条路径上[5]。蚁群算法作为一种求解组合优化问题的新型通用方法，具有系统性、分布式计算、自组织、正反馈等特点，在许多领域中都有成功的应用。由于蚁群算法非常适合解决组合优化问题，因此本节通过建立参差 MTI 滤波器频率响应第一凹口最浅准则，利用蚁群算法搜索最优参差码，获得理想的 MTI 滤波器特性[6]。

2.3.1　参差周期 MTI 滤波器

设雷达工作在 N 个参差周期的情况下，参差周期分别为 $T_1, T_2, \cdots, T_N$，利用这些参差周期构造滑动的参差周期 MTI 滤波器组，如图 2.4 所示。

图 2.4 中，MTI 滤波器采用 FIR 滤波器的形式，抽头延迟线的延迟时间为各个参差周期，每个 MTI 滤波器包含 L 个参差周期。因此，滑动滤波器组中共有

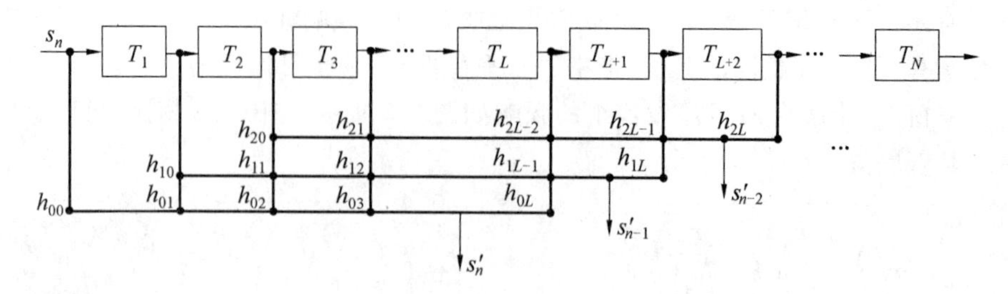

图 2.4　参差周期 MTI 滤波器组

$N+1-L$ 个滤波器，s_n 为输入信号，$\boldsymbol{h}_i=[h_{i0},h_{i1},\cdots,h_{iL}]$$(i=0,1,\cdots,N-L)$ 为各个滤波器的单位脉冲响应。

第 i 个 MTI 滤波器的输出为

$$s'_{n-i}=\sum_{k=0}^{L}h_{ik}s_{n-i-k},\quad i=0,1,\cdots,N-L \tag{2.2}$$

在得到 $N+1-L$ 个 MTI 滤波器输出后，通常可以执行非相参累加，然后检测目标，或者执行二进制检测。

第 i 个 MTI 滤波器的频率响应为

$$H_i(f_{\mathrm{d}})=\sum_{k=0}^{L}h_{ik}\mathrm{e}^{-\mathrm{j}2\pi f_{\mathrm{d}}\sum\limits_{l=i+1}^{i+k}T_l},\quad i=0,1,\cdots,N-L \tag{2.3}$$

式(2.3)表明，参差 MTI 滤波器的频率响应取决于滤波器系数和参差周期，通过优化设计，二者可以使滤波器特性变得更加理想。其中，滤波器系数可以利用特征向量法得到[7]，而参差周期优化设计即参差码优化设计是本节要解决的问题。

设参差周期 $T_1,T_2,\cdots,T_N$ 的最大公约周期为 ΔT，即 $T_n=K_n\Delta T$，K_n 为参差码。则 $T_1:T_2:\cdots:T_N=K_1:K_2:\cdots:K_N$ 为参差比；F_{B} 为 MTI 滤波器的第一盲速对应的多普勒频率，$F_{\mathrm{B}}=\dfrac{1}{\Delta T}$；$T_{\mathrm{r}}$ 为雷达的平均重复周期，$T_{\mathrm{r}}=K_{\mathrm{av}}\Delta T$，$K_{\mathrm{av}}$ 是 N 个参差码的均值，也是盲速扩展倍数；F_{r} 为雷达的平均重复频率，$F_{\mathrm{r}}=\dfrac{1}{T_{\mathrm{r}}}$。则有

$$F_{\mathrm{B}}=K_{\mathrm{av}}F_{\mathrm{r}}$$

参差周期的最大变比为

$$r=\frac{\max[K_1,K_2,\cdots,K_N]}{\min[K_1,K_2,\cdots,K_N]} \tag{2.4}$$

最大变比 r 越大，参差周期的变化就越大，不利于不模糊测距，因此雷达中通常对 r 有上限要求。

2.3.2　参差码的优化设计

1. 优化准则

参差码决定了参差MTI滤波器的无盲速频率范围，而参差码 $K_1, K_2, \cdots, K_N$ 不同，参差 MTI 滤波器的特性也不同。参差码优化设计的原则是在保证最大变比 r 不大于允许值 r_g 和盲速扩展倍数 K_{av} 大于第一盲速点对应的扩展倍数 K_g 的前提下，使参差 MTI 滤波器第一凹口的深度尽可能地浅。该问题可以用一个离散非线性数学规划表示，即[7]

$$\begin{cases} D_0 = \min\left\{ \sum_{i=0}^{N-L} \left| H_i(f_d) \right| \right\}, \quad f_d \in D_t \cap \overline{D}_c \\ \text{s.t. } r \leqslant r_g, K_{av} > K_g \end{cases} \tag{2.5}$$

式中，D_t 为目标多普勒频率分布区；D_c 为杂波谱分布区；$\overline{D}_c$ 为 D_c 的补集，即杂波谱分布区以外的区域；$D_t \cap \overline{D}_c$ 为 D_t 和 $\overline{D}_c$ 的交集。

该式表示 MTI 频响第一凹口的深度 D_0 在目标多普勒分布区和杂波区以外的频率区域内达到最浅。

虽然可以通过全范围穷尽搜索得到最优参差码，但是实际中经常遇到参差码组合数非常大的情况，穷尽搜索太费时，因此需要采用其他优化搜索方法。本节将在滑动MTI滤波器输出的非相参积累检测方式下采用蚁群算法搜索最优参差码。

参差码的粗略取值范围可以通过下面的两个式子得到，即[8]

$$K_{av} < \frac{K_{\min} + (N-1)K_{\max}}{N} = \frac{K_{\min} + (N-1)r_g K_{\min}}{N} \tag{2.6}$$

$$K_{av} > \frac{(N-1)K_{\min} + K_{\max}}{N} = \frac{\dfrac{(N-1)K_{\max}}{r_g} + K_{\max}}{N} \tag{2.7}$$

式中，$K_{\min}$ 和 $K_{\max}$ 分别是最小参差码和最大参差码。

2. 优化设计

由于蚁群算法非常适合于解决组合优化问题，前面的讨论表明 MTI 参差码设计属于这样的一个问题，因此这里利用蚁群算法搜索最优 MTI 参差码。

由式(2.6)和式(2.7)得到全部备选参差码 $A_1, A_2, \cdots, A_M$，将其从 1 到 M 编号，然后排列成图 2.5 所示的可行解空间，即 M 个备选参差码重复排成 N 列，每一列称为一级，从每一级中取一个码值(对应一个节点)组合成为空间的一个解，利用蚁群算法可以搜索出其中的一个最优解。

利用蚁群算法搜索最优参差码的过程如下。

(1) $nc \leftarrow 0$（nc 为循环次数），各参数初始化，初始化参数包括雷达参数和蚁

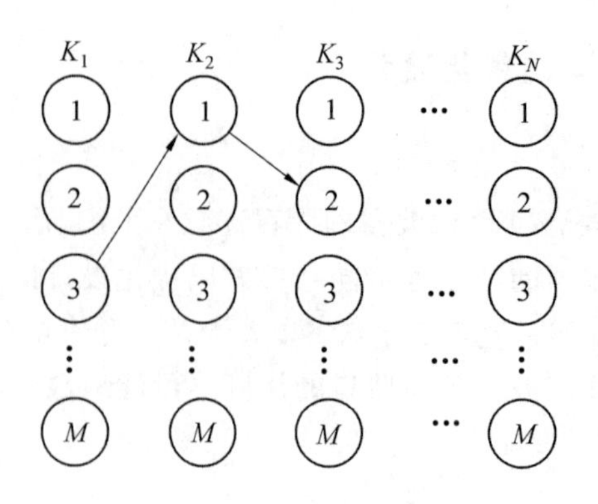

图 2.5　可行解空间

群算法参数。

(2) 将全部的蚂蚁随机置于第 1 级的 M 个节点上。

(3) 对每个蚂蚁,按转移概率 P_{mn} 选择该级中一个节点,每个蚂蚁走遍 N 个节点。蚂蚁在第 n 级中选择第 m 个节点的转移概率定义为

$$P_{mn}=\frac{\tau_{mn}}{\sum_{m=1}^{M}\tau_{mn}} \tag{2.8}$$

式中,τ_{mn} 为第 n 级中第 m 个节点的吸引强度。

(4) 每个蚂蚁走过的 N 个节点组成一组参差码,按式(2.3)计算对应的 MTI 滤波器的频率响应,按式(2.5)计算第一凹口深度 D_0。对于 D_0 小于给定值的路径,按照更新方程修改吸引强度,更新方程为

$$\tau_{mn}^{\text{new}}=\rho\cdot\tau_{mn}^{\text{old}}+\frac{Q}{D_0} \tag{2.9}$$

式中,Q 为信息素增加强度系数;ρ 为信息素蒸发系数。

(5)$nc\leftarrow nc+1$。

(6) 若 nc 大于最大循环次数,则停止循环运行,按 τ_{mn} 选择节点;否则,转至步骤(2)。

2.3.3　实例与分析

为检验上述方法的性能,利用它设计了若干组参差码,下面给出两个实例。实例 2.1 针对某雷达技术指标搜索最优参差码,作为比较,还给出该雷达目前在用的参差码。实例 2.2 在文献[4]的仿真条件下设计参差码。蚁群算法中蚂蚁数取 30,最大循环次数为 40,信息素蒸发系数为 0.7,信息素增加强度系数为 1。

[实例 2.1]　$N=15,L=7$,滑动滤波器组中包含 9 个 MTI 滤波器。利用蚁群算法搜索的参差码为[28,32,35,30,29,36,34,31,33,28,32,31,33,34,34],

雷达在用的参差码为[28,32,35,33,35,36,28,33,30,34,29,35,33,31,29]。两组码的均值都约为 32,最大变比为 1.28。图 2.6 所示为参差周期速度响应曲线,图 2.6(a) 对应搜索到的参差码,图 2.6(b) 对应在用的参差码。图中两条曲线的杂波抑制凹口宽度在 −50 dB 时为 $0.4F_r$,第一凹口深度约 −10 dB,满足系统设计要求,但是搜索码的响应曲线更加平坦一些,因此更有利于目标检测。实例 2.1 中,参差码的取值范围为[28,36]。

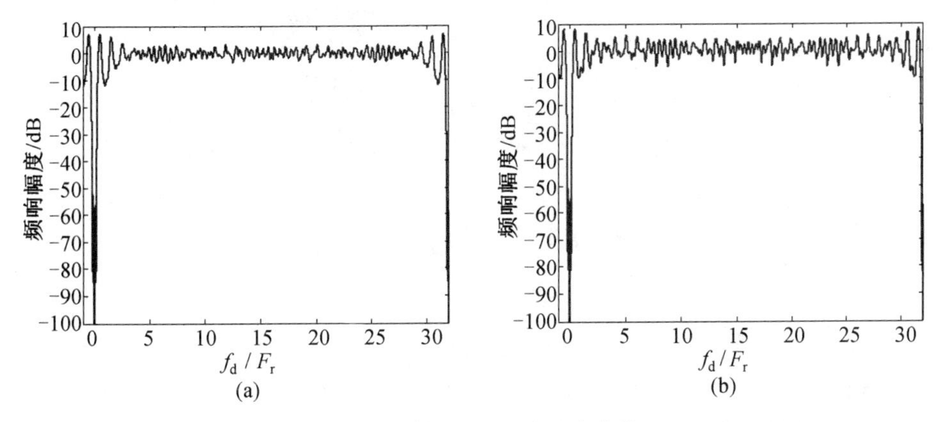

图 2.6　参差周期速度响应曲线

[实例 2.2]　$N=9$,$L=6$,滑动滤波器组中包含 4 个 MTI 滤波器。仿真条件同文献[4],要求 MTI 滤波器能够同时抑制地物杂波和箔条杂波。雷达参数设置:波长 $\lambda=2.4$ m,$K_{av}=100$,$T_r=3.3$ ms,$r_g=1.14$。地物杂波模型参数:频谱标准差 $\sigma_f=0.033$ Hz(杂波散射元的速度均方值 $\sigma_v=0.04$ m/s),杂波中心频率 $f_0=0$ Hz,杂噪比 CNR=60 dB。箔条杂波模型参数:频谱标准差 $\sigma_f=1.0$ Hz($\sigma_v=1.2$ m/s),$f_0=60$ Hz,杂噪比 CNR=60 dB。用蚁群算法得到的参差码为[102,103,101,99,94,108,97,98,105],文献[4] 中给出的参差码为[101,102,100,104,93,101,100,98,101]。图 2.7 所示为两个码组对应的速度响应曲线,可见二者基本一致。

当 MTI 参差码数较多时,想要取得性能优良的参差码难度较大,本节提出采用蚁群算法来搜索最优 MTI 参差码,为这一问题的解决提供了一条新途径。针对某雷达技术指标,利用蚁群算法搜索最优参差码,并与雷达中在用的参差码比较,发现在主杂波抑制凹口宽度和第一凹口深度相同的情况下,搜索码给出了更平坦的速度响应曲线,体现了其优越性。本节还在公开文献仿真条件下设计了性能良好的参差码。因此,基于蚁群算法的 MTI 参差码设计模型简洁、计算高效,是一个良好选择。

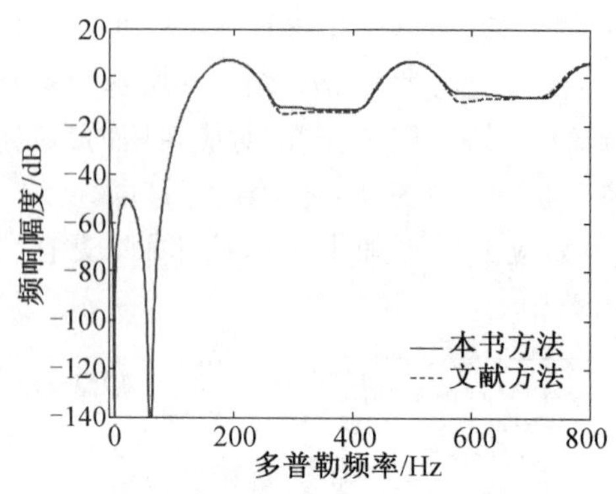

图 2.7　两个码组对应的速度响应曲线

2.4　补零 FFT 与折叠 FFT 的性能分析

在脉冲多普勒雷达中，经常利用快速傅里叶变换(FFT)实现目标回波信号的相参积累，但是回波脉冲数有时不是 2 的整数幂，因此需要进行尾部补零或者脉冲折叠，使 FFT 的点数为 2 的整数幂。文献[9]中指出两种 FFT 的多普勒谱相同，只是对谱的采样间隔不同。本节将继续探讨脉冲多普勒雷达中这两种 FFT 的关系，比较二者的性能差别。首先推导补零 FFT 与折叠 FFT 的解析关系，可以看到抽取前者的偶数号频点即得到后者，但是这种抽取关系使得折叠 FFT 存在更大的跨越损失，而为减少虚警概率，要求补零 FFT 的检测门限高一些，相关的定量计算对工程实际具有参考价值[10]。

2.4.1　补零 FFT 与折叠 FFT 的关系

设运动目标回波为

$$s(k)=\tilde{a}\mathrm{e}^{\mathrm{j}2\pi f_{\mathrm{d}}kT_{\mathrm{r}}},\quad k=0,1,\cdots,K-1 \tag{2.10}$$

式中，$\tilde{a}$ 为幅度；f_{d} 为目标多普勒频率；T_{r} 为脉冲重复周期；K 为相参脉冲数。

雷达接收信号为

$$x(k)=s(k)+n(k) \tag{2.11}$$

式中，$n(k)$ 为零均值高斯白噪声。

对接收信号加窗、补零得到

$$\bar{x}(k)=\begin{cases}x(k)w(k), & 0\leqslant k\leqslant K-1\\ 0, & K\leqslant k\leqslant 2M-1\end{cases} \tag{2.12}$$

式中，$w(k)$ 为窗函数；M 为 2 的整数幂，满足 $M<K<2M$。

式(2.12)的补零 FFT 为

$$X_1(m)=\sum_{k=0}^{2M-1}\bar{x}(k)\mathrm{e}^{-\mathrm{j}\frac{2\pi}{2M}mk},\quad m=0,1,\cdots,2M-1 \tag{2.13}$$

式(2.12) 的折叠 FFT 为

$$\begin{aligned}X_2(m')&=\sum_{k=0}^{M-1}[\bar{x}(k)+\bar{x}(M+k)]\mathrm{e}^{-\mathrm{j}\frac{2\pi}{M}m'k}\\&=\sum_{k=0}^{2M-1}\bar{x}(k)\mathrm{e}^{-\mathrm{j}\frac{2\pi}{M}m'k},\quad m'=0,1,\cdots,M-1\end{aligned} \tag{2.14}$$

比较式(2.13) 和式(2.14) 得到

$$X_1(m)\mid_{m=2m'}=X_2(m'),\quad m'=0,1,\cdots,M-1 \tag{2.15}$$

式(2.13) 和式(2.14) 的 FFT 计算了信号的频谱，若将 FFT 的基看作滤波器系数，则它们又分别计算了目标信号通过各个滤波器后的输出。

式(2.15) 表明以下几点。

(1) 两种 FFT 给出了相同的信号频谱，只是折叠 FFT 是补零 FFT 的等间隔抽取，因此信号的多普勒分辨率相同。

(2) 抽取补零 FFT 的偶数号滤波器(即偶数号频点) 就得到了折叠 FFT，因此当目标多普勒位于补零 FFT 的偶数号滤波器的通带上时，两种 FFT 都实现了相参积累，输出的 SNR 相同。当目标多普勒位于补零 FFT 的奇数号滤波器的通带上时，仅补零 FFT 实现了相参积累，输出较高的 SNR，而折叠 FFT 则存在较大的跨越损失。

(3) 补零 FFT 输出的噪声点数是折叠 FFT 的 2 倍，在统计意义上虚警数量会增加 1 倍。为使二者的虚警数相同，要求补零 FFT 的检测门限高于折叠 FFT 的检测门限。

为检验以上论述，下面给出一个仿真实例。仿真条件：$K=80$，$M=64$，$T_\mathrm{r}=1\ \mathrm{ms}$，$f_\mathrm{d}=\dfrac{1}{128T_\mathrm{r}}$，$-70$ dB 切比雪夫窗。采用补零 FFT 和折叠 FFT 计算目标信号的多普勒谱和噪声谱，分别如图 2.8 和图 2.9 所示。

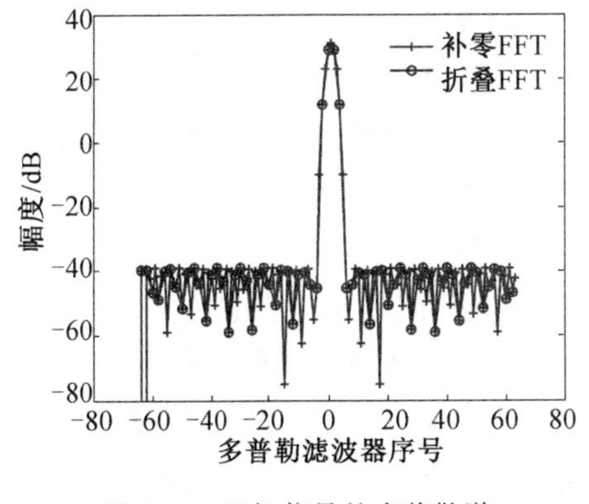

图 2.8　目标信号的多普勒谱

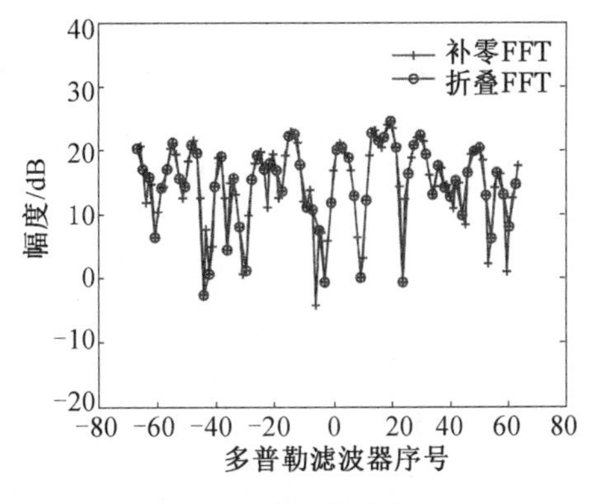

图 2.9　噪声谱

由图 2.8 和图 2.9 可见，目标信号、噪声的折叠 FFT 是补零 FFT 的偶数号滤波器的抽取，两种 FFT 的多普勒分辨率相同。

2.4.2 跨越损失与检测门限

如前所述，补零 FFT 和折叠 FFT 之间的抽取关系使得折叠 FFT 存在更大的跨越损失，同时要求补零 FFT 的检测门限更高一些。下面对这两个问题进行分析计算。

1. 跨越损失

雷达信号慢时间域 FFT 的失配包括幅度、相位两个方面。幅度失配即加窗；相位失配即目标多普勒与 FFT 滤波器组中各个滤波器的中心频率不相同。下面讨论的跨越损失源自相位失配。

第 m 个 FFT 滤波器的 SNR 增益为[11]

$$I(m)=\frac{\left|\sum_{k=0}^{K-1} w(k)\mathrm{e}^{\frac{\mathrm{j}2\pi(\beta-m)k}{2M}}\right|^2}{\sum_{k=0}^{K-1} w^2(k)} \tag{2.16}$$

式中，β 为归一化多普勒频率，$\beta=2mT_{\mathrm{r}}f_{\mathrm{d}}$。

式(2.16)表明，FFT 增益与目标多普勒、相参脉冲数、FFT 点数、窗函数形式有关，而且各个滤波器的增益相同。当采用矩形窗，$\beta=m$ 时，取得最大增益 K。以 K 为参考值，考查 $M<K<2M$ 及 FFT 点数取 $2M$ 时补零 FFT 和折叠 FFT 的跨越损失。

假设目标多普勒均匀分布于 $\left[-\frac{1}{2T_{\mathrm{r}}},\frac{1}{2T_{\mathrm{r}}}\right]$ 上，仿真参数同图 2.8，图 2.10 和图 2.11 所示分别为矩形窗、−70 dB 切比雪夫窗下两种 FFT 的跨越损失。

由图 2.10 和图 2.11 可见：在两种窗函数下，补零 FFT 较折叠 FFT 的跨越损失小；矩形窗下两种 FFT 的损失的差别较大(平均损失 1～2.5 dB，最大损失 3～40 dB)，采用 −70 dB 切比雪夫窗时二者的差别缩小了(平均损失 0.3～1 dB，最大损失 1～4 dB)；在 FFT 中，增加 FFT 点数，即增加滤波器数量，可减小跨越损失。

2. 检测门限

在雷达系统设计中，虚警概率是一个重要指标，而虚警概率与检测门限是一一对应的关系。如前所述，补零 FFT 输出的噪声点数是折叠 FFT 的 2 倍，若要求虚警概率相同，则前者的虚警数量是后者的 2 倍。为使二者的虚警数量相同，要求补零 FFT 的虚警概率是折叠 FFT 的 $\frac{1}{2}$，因此应提高补零 FFT 的检测门限。由

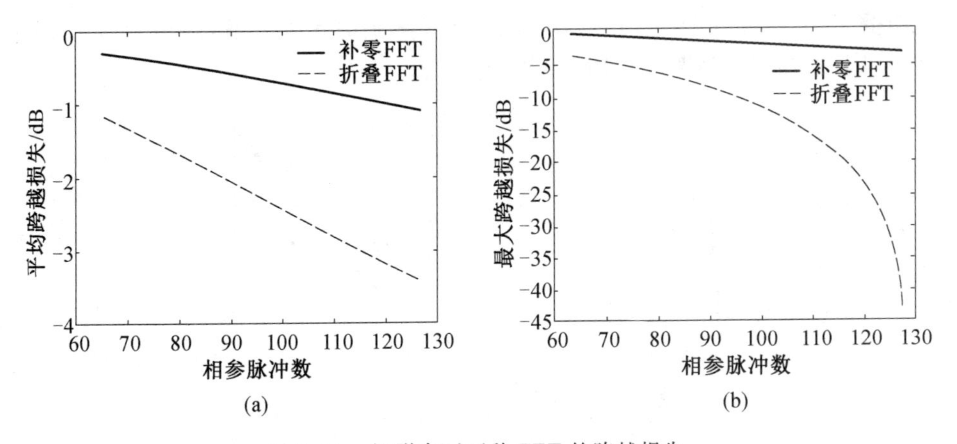

图 2.10　矩形窗下两种 FFT 的跨越损失

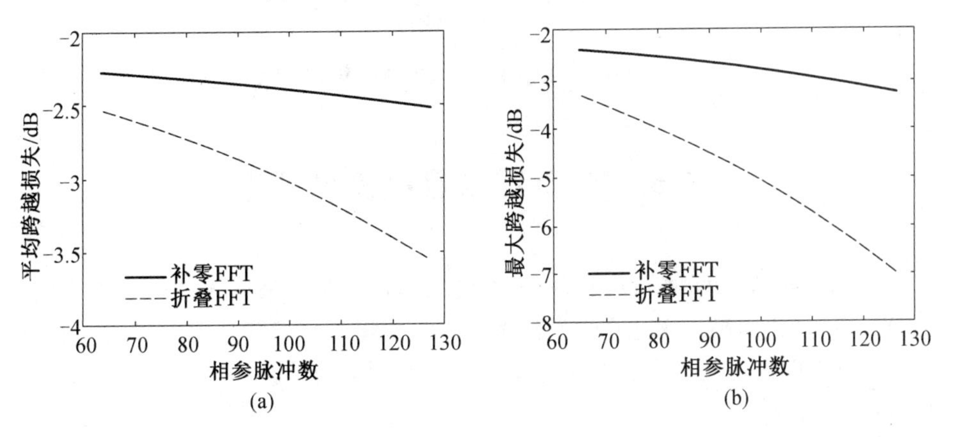

图 2.11　−70 dB 切比雪夫窗下两种 FFT 的跨越损失

于提高门限会降低检测概率，因此两个门限相差多大是比较关心的一个问题。

假设噪声是零均值高斯的，其幅度服从瑞利分布，折叠 FFT 和补零 FFT 的归一化检测门限分别为 x_1 和 x_2，则虚警概率为[12]

$$P_{\mathrm{f}}^{1}=\int_{x_1}^{\infty} x\mathrm{e}^{-\frac{x^2}{2}}\mathrm{d}x=\mathrm{e}^{-\frac{x_1^2}{2}} \tag{2.17}$$

$$P_{\mathrm{f}}^{2}=\int_{x_2}^{\infty} x\mathrm{e}^{-\frac{x^2}{2}}\mathrm{d}x=\mathrm{e}^{-\frac{x_2^2}{2}}=\frac{P_{\mathrm{f}}^{1}}{2} \tag{2.18}$$

因此

$$\frac{x_2^2}{x_1^2}=\frac{\ln\frac{P_{\mathrm{f}}^{1}}{2}}{\ln P_{\mathrm{f}}^{1}} \tag{2.19}$$

式(2.19) 表明，折叠 FFT 和补零 FFT 的检测门限差与虚警概率有关，图 2.12 所示为检测门限差与虚警概率的关系。可见，只要补零 FFT 的检测门限

比折叠 FFT 的高 0.16 ~ 0.32 dB,则二者检测到的虚警数相同。由于提高门限较小,因此对补零 FFT 的检测概率影响不大。

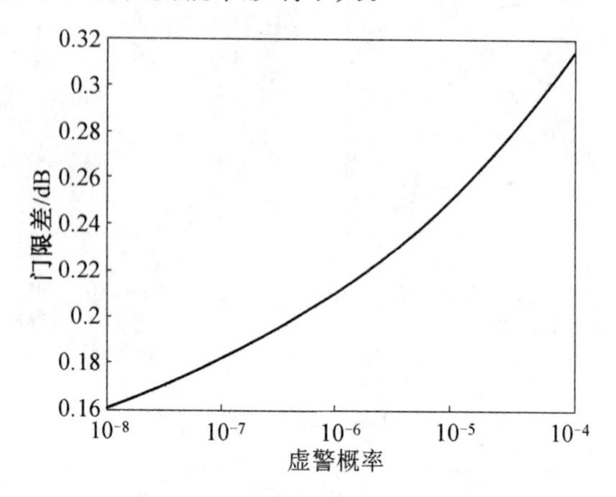

图 2.12　检测门限差与虚警概率的关系

2.5　MTD 滤波器组优化设计

雷达接收信号的 MTD 处理根据杂波与运动目标回波的多普勒频率不同而区分二者,从而提高了雷达在强杂波背景下检测运动目标的性能。MTD 处理通常采用 FFT 实现,此时各谱线即 MTD 滤波器组的输出。对信号直接进行 FFT(相当于采用矩形窗)时,非零速 MTD 滤波器在零频率处的响应为零,因此能有效地抑制窄带的固定地物杂波。但是,各个滤波器的副瓣电平都较高,当杂波谱有一定展宽时,MTD 的性能显著下降,并且大目标容易掩盖小目标。实际中,通常采用各种锥削窗函数降低副瓣电平,但是加窗后滤波器的零点产生偏移,不能保证非零速 MTD 滤波器在零频率处的响应为零,因此固定地物杂波剩余增加,系统改善因子下降。文献[13] 研究了 MTD 滤波器组的设计新方法,通过组合零频点零响应与低副瓣两个优点,改善因子相较于切比雪夫等波纹滤波器有显著提高,并且可以利用 FFT 实现。另外,可以省去常规 MTD 中前置的 MTI 对消器,因此多普勒通带更平坦,提高了雷达对低速目标的探测性能。

2.5.1　FFT 窗函数的优化设计

采用 FFT 实现的 MTD 滤波器的频率响应为

$$H_n(f_d)=\sum_{k=0}^{K-1} w(k)\mathrm{e}^{\mathrm{j}2\pi f_d k T_r}\mathrm{e}^{-\frac{\mathrm{j}2\pi kn}{K}},\quad n=0,1,\cdots,K-1 \tag{2.20}$$

式中,f_d 为目标信号的多普勒频率;K 为相参脉冲数;$w(k)$ 为窗函数;T_r 为脉冲

重复周期。

第 n 个滤波器的中心频率 $f_{dn}=\dfrac{n}{KT_r}$，其中零速滤波器的中心频率 $f_{d0}=0$，频率响应为

$$H_0(f_d)=\sum_{k=0}^{K-1}w(k)e^{j2\pi f_d kT_r}=\boldsymbol{w}^T\boldsymbol{a} \tag{2.21}$$

式中，有

$$\boldsymbol{w}=[w(0),w(1),\cdots,w(K-1)]^T$$
$$\boldsymbol{a}=[1,e^{j2\pi f_d T_r},\cdots,e^{j2\pi f_d (K-1)T_r}]^T$$

则零速滤波器的主瓣面积为

$$\begin{aligned}A(\boldsymbol{w})&=\int_{-\frac{\Delta f_d}{2}}^{\frac{\Delta f_d}{2}}|H_0(f_d)|^2\mathrm{d}f_d\\&=\sum_{k=0}^{K-1}\sum_{l=0}^{K-1}w(k)w(l)\mathrm{sinc}(\Delta f_d(k-l)T_r)=\boldsymbol{w}^T\boldsymbol{R}\boldsymbol{w}\end{aligned} \tag{2.22}$$

式中，Δf_d 为滤波器主瓣的宽度。

矩阵 $\boldsymbol{R}$ 的第(k,l) 个元素为

$$R(k,l)=\mathrm{sinc}(\Delta f_d(k-l)T_r)$$

令零速滤波器在 f_{dn} 处的频率响应为零，即

$$H_0(f_d)|_{f_d=f_{dn}}=0 \quad 或 \quad \boldsymbol{w}^T\boldsymbol{a}_n=0 \tag{2.23}$$

式中，有

$$\boldsymbol{a}_n=[1,e^{j2\pi f_{dn} T_r},\cdots,e^{j2\pi f_{dn} (k-1)T_r}]^T$$

这相当于第 n 个非零速滤波器在零频的响应为零，即

$$H_n(f_d)|_{f_d=0}=0 \tag{2.24}$$

由此可得到 FFT 窗函数的优化设计问题为

$$\max_{\boldsymbol{w}}\boldsymbol{w}^T\boldsymbol{R}\boldsymbol{w},\quad \text{s. t.}\ \ \boldsymbol{w}^T\boldsymbol{w}=1,\boldsymbol{w}^T\boldsymbol{a}_n=0,\quad n=1,2,\cdots,L \tag{2.25}$$

式中，L 为限制零点个数。

式(2.25) 的约束优化问题可以通过拉格朗日乘子法求解，即

$$g(\boldsymbol{w})=\boldsymbol{w}^T\boldsymbol{R}\boldsymbol{w}+u_0(\boldsymbol{w}^T\boldsymbol{w}-1)+\sum_{n=1}^{L}u_n\boldsymbol{w}^T\boldsymbol{a}_n \tag{2.26}$$

式中，$u_n(n=0,1,\cdots,L)$ 为拉格朗日乘子。

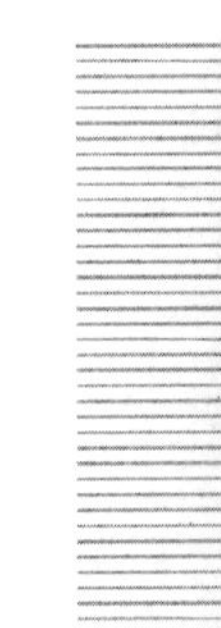

2.5.2　实例与分析

利用上一节的优化方法设计零速 MTD 滤波器(FFT 的窗函数)。参数设置：零点数 $L=14$，位置分别为 $f_{dn}=\dfrac{nf_r}{16}(n=\pm2,\pm3,\cdots,\pm8)$，$f_r=\dfrac{1}{T_r}$ 为脉冲重复频

率。作为比较，取 16 阶 -45 dB 切比雪夫等波纹低通滤波器为参考滤波器[14]。设计滤波器与参考滤波器的单位脉冲响应、幅频响应分别如图 2.13 和图 2.14 所示。

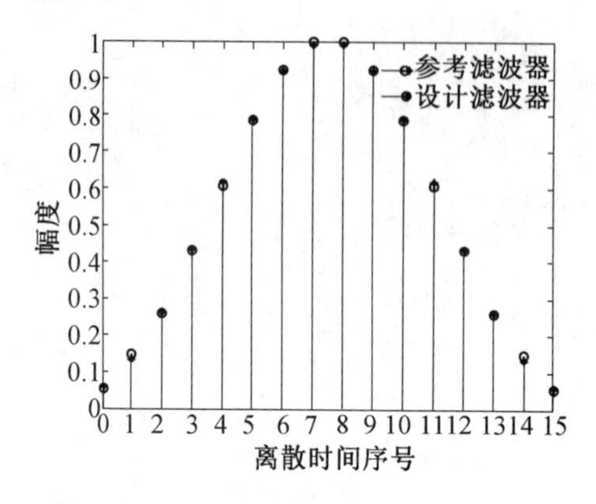

图 2.13　设计滤波器与参考滤波器的单位脉冲响应

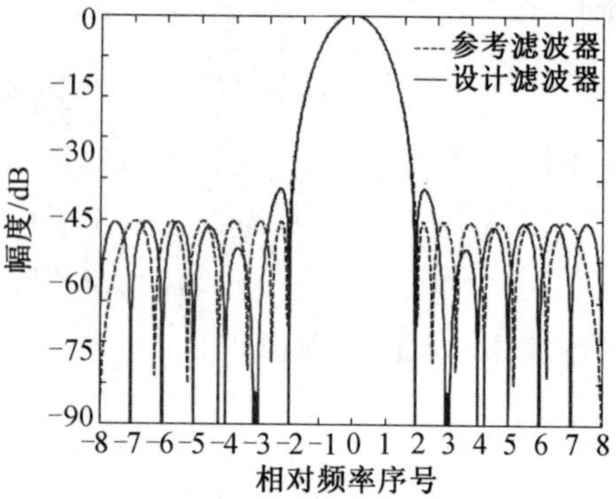

图 2.14　设计滤波器与参考滤波器的幅频响应

由图 2.13 和图 2.14 可知，尽管设计滤波器和参考滤波器的单位脉冲响应非常相近，但是在相对频率 $p=\pm 2,\pm 3,\cdots,\pm 8$ 共 14 个频点处，设计滤波器的频响为零，因此达到了设计要求。这些频点将是非零速 MTD 滤波器的零频点，因此各非零速 MTD 滤波器在零频点处的响应为零。作为比较，图中的切比雪夫等波纹滤波器在以上 14 个频点处的响应不一定为零。

总之，设计滤波器具有以下特点：各个非零速 MTD 滤波器在零频率处的响应为零，因此提高了 MTD 对地物杂波的改善因子；可以采用 FFT 实现 MTD 滤波器组，计算效率高；主瓣宽度相同，因此速度分辨率相同；除第一副瓣外，其余副瓣均不高于切比雪夫滤波器，减小了杂波泄露；有时可以省去常规 MTD 系统中前置的 MTI 对消器，因此提高了对低速目标的探测性能。

2.5.3　性能分析

1. 改善因子

杂波谱模型采用如下的 AR 模型，即

$$C(f_{\mathrm{d}})=(1-0.98\mathrm{e}^{-\mathrm{j}2\pi f_{\mathrm{d}}T_{\mathrm{r}}})^{-2} \tag{2.27}$$

AR 模型杂波谱如图 2.15 所示，对于 $f_{\mathrm{r}}=3$ kHz，其主瓣下降 3 dB 处的频率为 ± 6 Hz。将该杂波作为 MTD 系统的输入，计算设计滤波器组与参考滤波器组的改善因子(表 2.1)。作为比较，表 2.1 中还给出了 -90 dB 切比雪夫滤波器的改善因子。

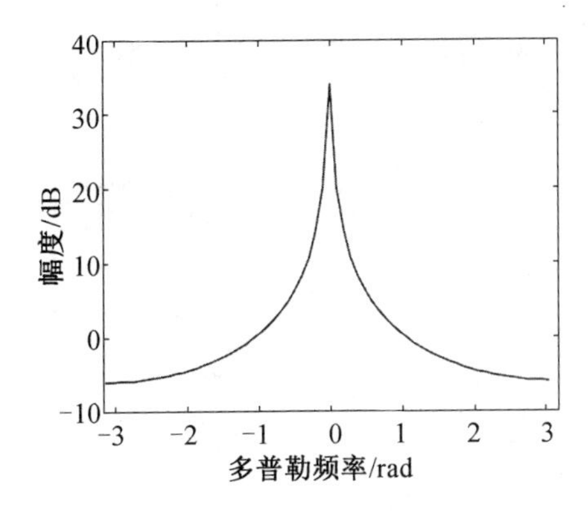

图 2.15　AR 模型杂波谱

表 2.1　三种 16 阶滤波器改善因子的计算值　　单位:dB

MTD 滤波器号	参考滤波器	设计滤波器	－90 dB 切比雪夫滤波器
－7	45.1	89.0	94.4
－6	46.2	90.3	90.2
－5	47.5	92.7	94.5
－4	47.2	99.3	90.6
－3	45.4	86.4	48.0
－2	44.0	63.0	—
2	44.0	63.0	—
3	45.4	86.4	48.0
4	47.2	99.3	90.6
5	47.5	92.7	94.5
6	46.2	90.3	90.2
7	45.1	89.0	94.4
平均	46.5	92.8	92.4

表 2.1 表明，设计滤波器组的平均改善因子比参考滤波器组提高了 46.3 dB，与－90 dB 切比雪夫滤波器组提高量基本相同(45.9 dB)。为与－90 dB 切比雪夫滤波器组进行比较，求平均时未考虑带下划线的数据。

2. SNR 损失

由于设计滤波器相对于矩形窗滤波器的 SNR 损失无法解析计算，因此此处采用仿真信号比较设计滤波器组与参考滤波器组的输出(后者的 SNR 损失是可以计算的)，仿真信号由一个单载频信号与高斯白噪声叠加构成。

仿真信号通过两个滤波器的输出比较如图 2.16 所示，可见设计滤波器组与参考滤波器组的输出基本相同，因此输出 SNR 也基本相同，从而二者对矩形窗滤波器组的 SNR 损失相等，设计滤波器组无额外的 SNR 损失。结合前面的讨论，在设计滤波器组与－90 dB 切比雪夫滤波器组具有相同改善因子的条件下，设计滤波器组的 SNR 损失减小了 4.3－1.5＝2.8(dB)。

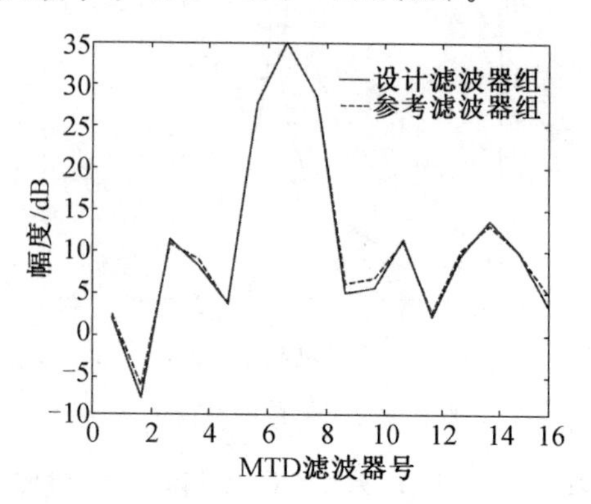

图 2.16　仿真信号通过两个滤波器的输出比较

3. 测试数据处理

数据中包含杂波和一个目标回波，分别采用参考滤波器和设计滤波器对数据进行相参积累处理，测试数据通过两个滤波器的输出比较如图 2.17 所示。可见，二者的主瓣杂波相同，但是参考滤波器的副瓣杂波泄露覆盖了弱目标，而设计滤波器的副瓣杂波泄露很小，因此目标凸显了出来。

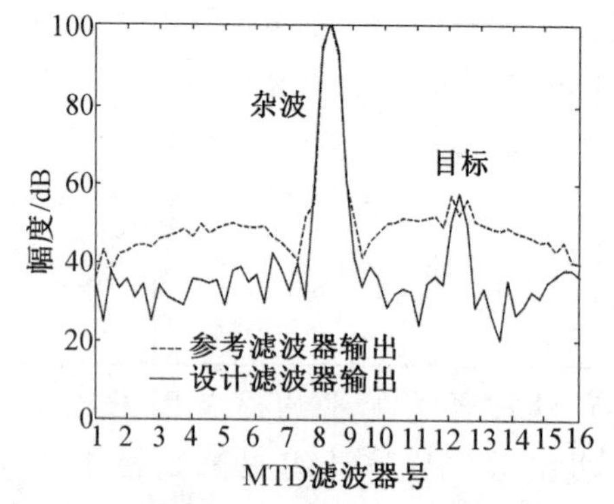

图 2.17　测试数据通过两个滤波器的输出比较

2.6　MTI 级联 MTD 的信噪比增益

雷达系统经常采用 MTI 级联 MTD 提高检测性能，即先利用 MTI 滤波器抑制地物杂波，再利用 MTD 滤波器处理剩余信号，实现对目标回波的相参积累和对背景噪声的非相参积累，从而提高信噪比。在 MTD 处理中还采用窗函数降低

滤波器的副瓣。文献[15]计算了矩形窗与海明窗下MTD处理的信噪比增益。本节推导MTI级联加窗MTD的信噪比增益计算公式[11]。另外，MTI滤波使背景噪声变得不平稳，不利于后续的CFAR检测[12]，可以采用MTI的频率响应加以校正。

2.6.1 MTD的信噪比增益

设运动目标回波为

$$\begin{aligned} s(k) &= \tilde{a}\mathrm{e}^{\mathrm{j}2\pi f_{\mathrm{d}} k T_{\mathrm{r}}} \\ &= \tilde{a}\mathrm{e}^{\mathrm{j}2\pi\beta k/K}, \quad k=0,1,\cdots,K-1 \end{aligned} \tag{2.28}$$

式中，$\tilde{a}$为幅度；f_{d}为目标多普勒频率；T_{r}为脉冲重复周期；β为归一化频率，$\beta=KT_{\mathrm{r}}f_{\mathrm{d}}$；$K$为相参脉冲数。

雷达接收信号为

$$x(k)=s(k)+n(k) \tag{2.29}$$

式中，$n(k)$为高斯白噪声，其均值为0，方差为σ^2。

设MTD采用加窗离散傅里叶变换(DFT)实现，有

$$X(m)=\sum_{k=0}^{K-1} w(k)x(k)\mathrm{e}^{-\frac{\mathrm{j}2\pi mk}{K}} \tag{2.30}$$

式中，$w(k)$为窗函数。

不难得到第m个MTD滤波器的SNR增益为

$$I_1(m)=\frac{\left|\sum\limits_{k=0}^{K-1} w(k)\mathrm{e}^{\frac{\mathrm{j}2\pi(\beta-m)k}{K}}\right|^2}{\sum\limits_{k=0}^{K-1} w^2(k)} \tag{2.31}$$

式(2.31)表明各个滤波器的增益相同，仅取决于窗函数形式和相参脉冲数。第m个滤波器的频率覆盖范围为$m-\frac{1}{2}\leqslant\beta\leqslant m+\frac{1}{2}$。对于同一窗函数，$\beta$不同，滤波器增益也不同。当$\beta=m$时，增益最大；当$\beta=m\pm\frac{1}{2}$时，增益最小。由于目标速度大小是随机的，因此可以取平均增益作为评价指标。对于同一β，窗函数不同，滤波器增益也不同。采用矩形窗且$\beta=m$时取得最大处理增益K，否则增益下降。设$K=128$，以它为标准，三种窗函数下MTD滤波器的增益损失见表2.2。

表2.2　三种窗函数下MTD滤波器的增益损失　　单位：dB

窗函数	最小增益损失	最大增益损失	平均增益损失
矩形窗	0	−3.9	−1.1
−45 dB切比雪夫窗	−1.2	−3.1	−1.8
−70 dB切比雪夫窗	−2.1	−3.4	−2.5

2.6.2 MTI 级联 MTD 的信噪比增益

接收信号的二项式系数 3 脉冲 MTI 为[7]

$$y(k)=x(k)-2x(k+1)+x(k+2) \tag{2.32}$$

对 MTI 输出进行加窗 DFT 处理，有

$$Y(m)=\sum_{k=0}^{K-1}w(k)y(k)\mathrm{e}^{-\frac{\mathrm{j}2\pi mk}{K}} \tag{2.33}$$

可以得到第 m 个 MTD 滤波器的 SNR 增益为

$$I_3(m)=\frac{\sin^4\frac{\pi\beta}{K}}{\sin^4\frac{\pi m}{K}}I_1(m) \tag{2.34}$$

同理，可以推导二项式系数 2 脉冲 MTI、4 脉冲 MTI 级联 MTD 的增益，最后总结出一般的 p 脉冲 MTI 级联 MTD 的增益为

$$\begin{aligned}I_p(m)&=\frac{\sin^{2(p-1)}\frac{\pi\beta}{K}}{\sin^{2(p-1)}\frac{\pi m}{K}}I_1(m)\\&=H(p,\beta)I_1(m)\end{aligned} \tag{2.35}$$

当 $p>1$ 时，为 MTI 级联 MTD；当 $p=1$ 时，相当于仅 MTD。

式(2.35)表明，在 MTI 通带上，MTI 级联 MTD 并不改变各个 MTD 滤波器的最大 SNR 增益，即 $\beta=m$ 时 $H(p,\beta)=1$，因此 $I_p(m)=I_1(m)$；β 的范围是 $m-\frac{1}{2}\leqslant\beta\leqslant m+\frac{1}{2}$，对于 $\beta\neq m$，$H(p,\beta)\neq 1$，因此 $I_p(m)\neq I_1(m)$。

以 $K=128$、$p=3$ 为例，图 2.18 所示为部分 MTD 滤波器对应的 $H(p,\beta)$。可见，级联 MTI 后，位于 MTI 通带中心处的 MTD 滤波器，其增益变化最小，可以忽略；越远离该中心的 MTD 滤波器，增益变化越大。级联 MTI 对 MTD 增益的影响与目标径向速度的大小和运动方向有关。

对于 $p=3$，图 2.19 所示为不同脉冲数 K、不同 MTD 滤波器最大增益损失的变化，表示在原 MTD 失配损失基础上的额外变化。例如，根据表 2.2，采用矩形窗时，MTD 最大增益损失为 −3.9 dB。对于 $K=16$，$m=4$，$\beta=3.5$，级联 3 脉冲 MTI 进一步带来 1.9 dB 损失；但是对于 $\beta=4.5$，则带来 1.6 dB 好处。

图 2.18 和图 2.19 表明，级联 MTI 对 MTD 滤波器主瓣上的目标或者增强，或者削弱，考虑到目标速度大小的随机性，在平均意义上，MTI 基本不改变原 MTD 增益。

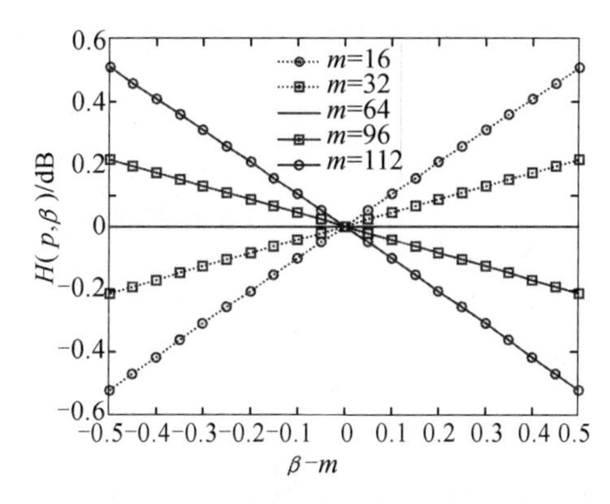

图 2.18　部分 MTD 滤波器对应的 $H(p,\beta)$

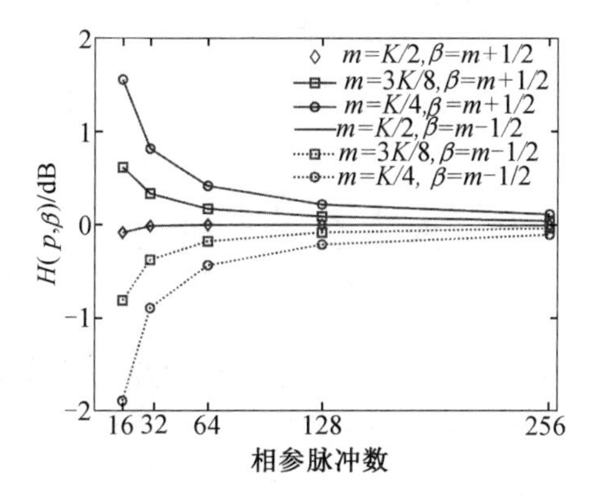

图 2.19　不同脉冲数 K、不同 MTD 滤波器最大增益损失的变化

2.6.3　非平稳性校正

MTI 滤波使背景噪声变得不平稳，不利于后续的 CFAR 检测。可以对 MTI 级联 MTD 后的处理信号利用 MTI 的频率响应 $H(f_d)$ 进行校正，即

$$\bar{Y}(f_d)=\frac{Y(f_d)}{H(f_d)} \tag{2.36}$$

因为

$$Y(f_d)=X(f_d)H(f_d) \tag{2.37}$$

所以

$$\bar{Y}(f_d)=X(f_d) \tag{2.38}$$

式(2.38)表明，利用 $H(f_d)$ 可以校正 MTI 通带上各 MTD 滤波器，恢复噪声的平稳性，而且不影响 SNR 增益。

图 2.20 所示为校正 MTI 级联 MTD 与仅 MTD 的比较。图中在白噪声背景中存在一个运动目标回波，采用二项式系数 3 脉冲 MTI，128 脉冲 MTD。可见，

除在 MTI 窄阻带上级联方式存在畸变外，在 MTI 通带上两种处理的 SNR 基本相同，验证了前面的推导。

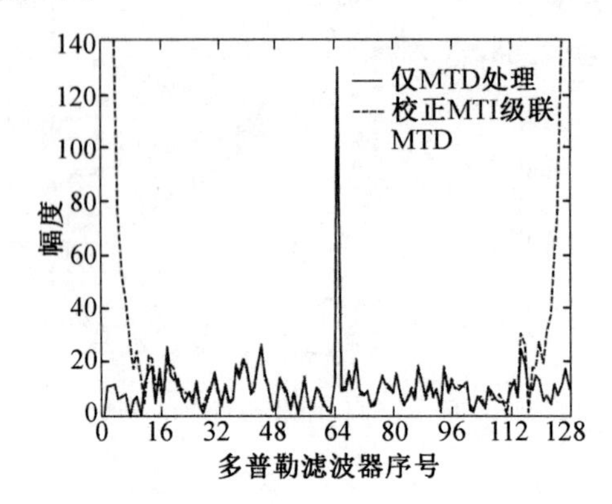

图 2.20　校正 MTI 级联 MTD 与仅 MTD 的比较

本章参考文献

[1] 马晓岩，向家彬. 雷达信号处理[M]. 长沙：湖南科学技术出版社，1998.

[2] TAO H H，LIAO G S，WANG L. A modified integer coded genetic algorithm design of time-variant staggered sampling MTI filter[J]. Chinese Journal of Electronics，2005，14(2)：365-369.

[3] HUANG Y，PENG Y N. Design of recursive MTI filter based on the genetic algorithm[J]. Journal of Electronics & Information Technology，2000，22(6)：1001-1006.

[4] 汪莉君，陶海红，罗丰. 一种新的基于遗传算法的滑动参差 MTI 滤波器设计[J]. 电波科学学报，2005，20(4)：517-521.

[5] COLORNI A，DORIGO M，MANIEZZO V. Distributed optimization by ant colonies[C]. Paris：Elsevier Publishing，1991.

[6] 陈希信，韩彦明，王峰. 基于蚁群算法的动目标显示参差码优化设计[J]. 电波科学学报，2012，27(6)：1256-1260.

[7] 吴顺君，梅晓春. 雷达信号处理与数据处理技术[M]. 北京：电子工业出版社，2008.

[8] 陶海红，廖桂生，王伶. 一种基于优化参差比的改进MTI滤波器[J]. 现代雷达，2004，26(6)：44-47.

[9] RICHARDS M A. Fundamentals of radar signal processing[M]. New

York：The McGraw-Hill Companies，Inc，2005.
[10] 陈希信，孙俊，龙伟军. 脉冲多普勒雷达中补零 FFT 与折叠 FFT 的性能比较[J]. 数据采集与处理，2013，28(4)：450-453.
[11] 尹成斌，陈希信. MTI 级联 MTD 的信噪比增益[J]. 现代雷达，2012，34(5)：23-25.
[12] 何友，关键. 雷达自动检测与恒虚警处理[M]. 北京：清华大学出版社，1999.
[13] 彭应宁，张文涵，王秀坛. 动目标检测(MTD) 滤波器组的优化设计新算法[J]. 电子学报，1992，20(3)：9-13.
[14] 胡广书. 数字信号处理：理论、算法与实现[M]. 北京：清华大学出版社，1997.
[15] LEVANON A. Radar principles[M]. New York：Wiley，1988.

第3章 雷达信号的数字波束形成

3.1 引　言

雷达天线阵列将经过其中的信号能量集中起来发射出去或接收进来，即进行波束形成，以增加雷达作用距离、实现目标分辨及测量目标角度等。波束形成的效果通过波束方向图呈现。波束方向图实际上是一个空间滤波器，其主瓣为滤波器通带，副瓣为阻带，因此实现了主瓣内信号的发射或接收，同时抑制了副瓣上的辐射能量及干扰信号。波束形成应保护方向图的主瓣，避免栅瓣，降低副瓣。在相控阵雷达中，窄波束通过对天线阵列中各阵元上的信号进行延迟、加权、求和等操作形成。

信号带宽对阵列波束形成的影响很大。对于窄带信号，孔径效应不明显，孔径渡越时间也不会引起阵元信号的跨距离门走动，因此波束形成不用复杂的延迟器件，只要对阵元信号进行移相、求和就能实现。当波束方向图的副瓣较高时，可以采用锥削窗（如泰勒窗、贝里斯窗）降低；当副瓣干扰过于强大时，可以采用自适应数字波束形成技术（ADBF）对其加以抑制；当阵列的规模很大、数字波束形成实现的复杂度过高时，可以进行子阵划分，子阵内信号模拟合成，子阵间进行数字波束形成。

对于宽带信号，由于孔径效应和孔径渡越时间不可忽略，因此波束形成无法仅通过移相与求和实现，需要利用实时延迟器或者实时延迟器与移相器的组合[1]，特别是在发射波束形成中。在接收波束形成中有一些数字方法可以用来

克服或缓解孔径问题[2]，因此接收波束形成要灵活一些。

在机载预警雷达中，由于雷达俯视工作，因此会面临很强的地面杂波，杂波与载机间存在相对运动，因此杂波的多普勒频谱会有较大展宽，特别是相控阵接收通道间的幅相误差不能校正得足够小，波束副瓣较高，导致副瓣强杂波覆盖主瓣弱目标回波。尽管副瓣杂波和目标回波的多普勒频率相同，但是角度不同，因此可以利用空时自适应处理技术(STAP)进行副瓣杂波抑制[3~7]，它本质上是一维空域 ADBF 技术向空域和慢时间域的二维联合域的扩展。

本章内容安排如下：3.2 节介绍常规数字波束形成的基本原理、波束方向图及阵列增益；3.3 节讨论自适应数字波束形成，包括经典的 Capon 波束形成器、通道幅相误差对 ADBF 的影响、干扰零陷拓宽问题、实现 ADBF 的矩阵求逆算法及基于等噪声功率的子阵划分方法；3.4 节介绍副瓣对消器，包括基本原理、自适应置零及一种适合高频雷达应用的副瓣对消器；3.5 节介绍 STAP 的原理和方法，讨论其降维问题，研究基于蚁群算法的子阵划分方法；3.6 节讨论宽带数字波束形成，分析相控阵波束形成的问题，介绍频率域数字波束形成方法。

3.2　常规数字波束形成

数字波束形成(DBF)对接收阵列中 A/D后输出的数字阵列信号进行波束形成，用数学运算代替移相器、衰减器、累加器等模拟器件实现波束形成，结构更简单、性能更优异、功能更强大，成为相控阵雷达的关键技术之一。本节将介绍常规数字波束形成原理并讨论与之相关的一些问题。

3.2.1　数字波束形成

根据实际需要，天线阵列有许多种排列方式。简单起见，本节以常见的均匀线阵为例讨论数字波束形成问题。设均匀线阵由 N 个间距为 d 的各向同性阵元构成。

雷达发射信号为

$$s_{\mathrm{t}}(t)=\widetilde{a}_{\mathrm{t}}\mathrm{rect}\left(\frac{t}{T}\right)u(t)\mathrm{e}^{\mathrm{j}2\pi f_{\mathrm{c}}t} \tag{3.1}$$

式中，$\widetilde{a}_{\mathrm{t}}$ 为复幅度；rect(•) 为矩形函数，即 $\mathrm{rect}(t)=1\left(-\frac{1}{2}\leqslant t\leqslant\frac{1}{2}\right)$；$T$ 为复包络的宽度；$u(t)$ 为复包络；f_{c} 为载波频率。

对于远处的一个静止点目标，设其偏离阵列法向的角度为 θ，则在第 n 个阵元上的回波信号为

$$s'_{rn}(t) = \widetilde{a}_r \text{rect}\left(\frac{t - t_0 - \tau_n}{T}\right) u(t - t_0 - \tau_n) e^{j2\pi f_c (t - t_0 - \tau_n)} \tag{3.2}$$

式中,$\widetilde{a}_r$ 为复幅度;$t_0 = \frac{2R_0}{c}$,R_0 为目标距离;$\tau_n = \frac{nd\sin\theta}{c}$,设第 0 号阵元为参考阵元,则 $\tau_0 = 0$。

回波信号混频后为

$$\begin{aligned} s_{rn}(t) &= s'_{rn}(t) \text{rect}\left(\frac{t}{T_r}\right) e^{-j2\pi f_c t} \\ &= \widetilde{a}_r \text{rect}\left(\frac{t - t_0 - \tau_n}{T}\right) u(t - t_0 - \tau_n) e^{-j2\pi f_c (t_0 + \tau_n)} \end{aligned} \tag{3.3}$$

式中,T_r 为脉冲重复周期。

设复包络 $u(t)$ 的带宽为 B,对于孔径渡越时间 $\tau_{N-1} = \frac{(N-1)d\sin\theta}{c}$,$\theta$ 为目标方向,若满足条件 $\tau_{N-1} < \frac{1}{B}$,则脉压后各阵元上的回波信号位于同一个距离单元内。若 $u(t)$ 采用式(1.11) 的 LFM 信号,则代入式(3.3) 得到

$$s_{rn}(t) = \widetilde{a}_r e^{-j2\pi f_c t_0} \text{rect}\left(\frac{t - t_0 - \tau_n}{T}\right) u(t - t_0) e^{-j2\pi (f_c + f)\tau_n} e^{j\pi\gamma\tau_n^2} \tag{3.4a}$$

式中,f 为瞬时频率,$f = \gamma(t - t_0)$;$\pi\gamma\tau_n^2 < \frac{\pi\gamma}{B^2} = \frac{\pi}{BT}$,通常 BT 积很大,因此有$\pi\gamma\tau_n^2 \approx 0$。

在以上假设条件下,式(3.4a) 近似为

$$s_{rn}(t) \approx \widetilde{a}_r e^{-j2\pi f_c t_0} \text{rect}\left(\frac{t - t_0}{T}\right) u(t - t_0) e^{-j2\pi (f_c + f)\tau_n} \tag{3.4b}$$

则阵列回波信号为

$$\boldsymbol{s}_r(t) \approx \boldsymbol{a}\widetilde{a}_r e^{-j2\pi f_c t_0} \text{rect}\left(\frac{t - t_0}{T}\right) u(t - t_0) \tag{3.5}$$

式中,$\boldsymbol{a}$ 为目标信号的导向向量,$\boldsymbol{a} = [1, e^{-j\varphi}, \cdots, e^{-j(N-1)\varphi}]^T$;$\varphi = 2\pi\left(\frac{f_c + f}{c}\right)d\sin\theta$。

设接收阵列的导向向量为

$$\boldsymbol{a}_w = \boldsymbol{a}_0 \odot \boldsymbol{\omega} \tag{3.6}$$

式中,$\boldsymbol{a}_0 = [1, e^{-j\varphi_0}, \cdots, e^{-j(N-1)\varphi_0}]^T$,$\varphi_0 = 2\pi \frac{f_c}{c} d\sin\theta_0$,$\theta_0$ 为波束指向;$\boldsymbol{\omega}$ 为窗函数;$\odot$ 表示 Hadamard 积。

则阵列接收信号的数字波束形成为

$$s(t) = \boldsymbol{a}_w^H \boldsymbol{s}_r(t) \approx (\boldsymbol{a}_w^H \boldsymbol{a})\widetilde{a}_r e^{-j2\pi f_c t_0} \text{rect}\left(\frac{t - t_0}{T}\right) u(t - t_0) \tag{3.7}$$

在式(3.7) 中,阵列输出信号 $s(t)$ 的大小取决于响应 $\boldsymbol{a}_w^H\boldsymbol{a}$。$F(\theta)$ 称为阵列的

波束方向图，是确定阵列性能的关键要素，$F(\theta)=|\boldsymbol{a}_{\mathrm{w}}^{\mathrm{H}}\boldsymbol{a}|$。对于方向图 $F(\theta)$，存在某个 θ_1，使得 $(f_{\mathrm{c}}+f)\sin\theta_1=f_{\mathrm{c}}\sin\theta_0$，即 θ_1 为实际的波束指向。当 $f=0$ 时，有 $\theta_1=\theta_0$；当 $f\neq 0$ 时，令 $\theta_1=\theta_0-\delta\theta$，即实际波束指向 θ_1 偏离了期望波束指向 θ_0，偏离量为 $\delta\theta$，不难得到 $\delta\theta\approx\dfrac{f}{f_{\mathrm{c}}}\tan\theta_0$，即阵列天线的"孔径效应"。波束指向为阵列法向时，波束宽度为 $\Delta\theta=\dfrac{c}{f_{\mathrm{c}}(N-1)d}$；波束指向为 θ_0 时，波束宽度为 $\dfrac{\Delta\theta}{\cos\theta_0}$。若要求偏离量 $\delta\theta$ 不超过波束宽度的 $\dfrac{1}{2}$，则有 $\dfrac{f}{f_{\mathrm{c}}}\leqslant\dfrac{\Delta\theta}{2\sin\theta_0}=\dfrac{c}{2f_{\mathrm{c}}(N-1)d\sin\theta_0}$，即 $f\leqslant\dfrac{c}{2(N-1)d\sin\theta_0}$。令 $f=\dfrac{B}{2}$，则 $B\leqslant\dfrac{c}{(N-1)d\sin\theta_0}\approx\dfrac{1}{\tau_{N-1}}$，可见孔径效应与前面孔径渡越时间对雷达信号带宽的限制近似相同。

3.2.2　波束方向图

对于前面的均匀线阵，若窗函数为均匀窗，即 $\boldsymbol{\omega}=\dfrac{[1,1,\cdots,1]^{\mathrm{T}}}{N}$，则波束方向图为

$$F(\theta)=\left|\frac{\sin\left[\frac{\pi}{\lambda}Nd(\sin\theta_0-\sin\theta)\right]}{N\sin\left[\frac{\pi}{\lambda}d(\sin\theta_0-\sin\theta)\right]}\right| \tag{3.8a}$$

此方向图是一个 sinc 函数，常用分贝表示，即

$$F(\theta)\triangleq 20\lg F(\theta) \tag{3.8b}$$

设 $N=50$，$d=\dfrac{\lambda}{2}$，$\theta_0=0^{\circ}$，$\boldsymbol{\omega}$ 为均匀窗，均匀线阵的理想波束方向图如图 3.1 所示。

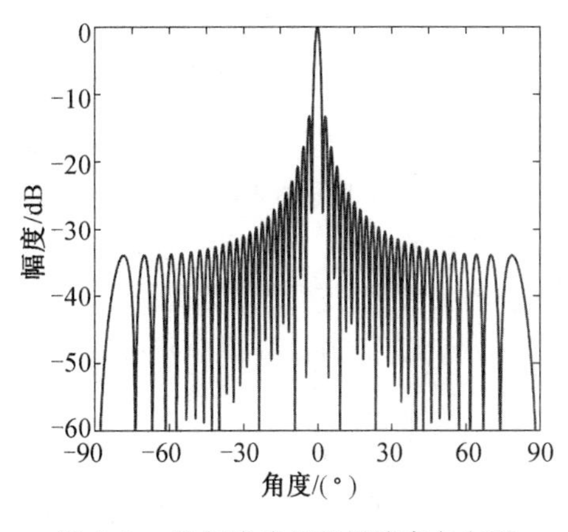

图 3.1　均匀线阵的理想波束方向图

在图 3.1 中，sinc 函数的峰值下降 3 dB 处的主瓣宽度为 $\Delta\theta \approx \frac{0.886\lambda}{Nd} \approx 2°$，它刻画了阵列的角度分辨能力，主瓣越窄，雷达越容易分辨两个邻近目标，阵列天线的增益也越高。易知，可以通过减小波长或增大阵列孔径即增大以波长归一化的阵列孔径而使主瓣变窄。

主瓣比第一副瓣高 13.3 dB，即主副比为 13.3 dB。副瓣太高，不能大幅度地衰减从此副瓣区域入射进来的干扰或杂波，从而覆盖从主瓣进来的弱小目标信号。副瓣电平可以通过锥削窗函数来降低(代价是主瓣展宽和信噪比损失)，同时应修正各阵元通道之间的幅相误差。

假设 $\boldsymbol{\omega}$ 采用 -35 dB 的泰勒窗函数，阵元通道间幅度误差、相位误差都服从均匀分布，标准差分别为 0.5 dB、5°，其他参数同图 3.1。在有、无通道误差的情况下，图 3.2 所示为加窗函数和通道误差的波束方向图。可见，泰勒窗降低了副瓣电平，但是幅相误差又使其抬高，因此必须尽量控制这些误差。同时，主瓣被展宽，此处展宽 1.33 倍，因此降低了天线的角度分辨率和增益。

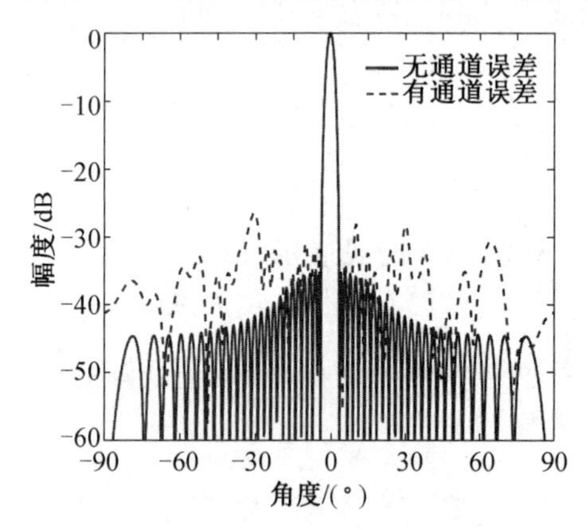

图 3.2　加窗函数和通道误差的波束方向图

阵列天线雷达通常都配置通道修正分系统，用来修正各发射通道间的相位误差和各接收通道间的幅相误差，但是这种修正只能达到一定的程度，因此会有残余误差，成为降低方向图副瓣的限制因素。通常，方向图最大副瓣电平小于 -30 dB 的天线称为低副瓣天线，小于 -40 dB 的天线称为超低副瓣天线。

由式(3.5)可知，第 n 个阵元通道的导向向量分量为 $a_n = \mathrm{e}^{-\mathrm{j}n\varphi}$，但实际上它是带有残余幅相误差的，可以表示为

$$a'_n = a_n(1+\Delta a_n)\mathrm{e}^{\mathrm{j}\Delta\varphi_n} = (1+\Delta a_n)\mathrm{e}^{-\mathrm{j}n\varphi+\mathrm{j}\Delta\varphi_n} \tag{3.9}$$

式中，Δa_n 和 $\Delta\varphi_n$ 分别为第 n 个通道的幅度误差和相位误差。

由于幅相误差是随机变量，因此方向图副瓣的变化也是随机的。文献[8]研究了幅相误差、阵元失效等因素对方向图的影响，得到了均方副瓣电平的表达

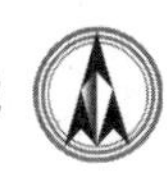

式，即

$$\sigma_{\mathrm{R}}^{2} \approx \frac{1}{2} \frac{f(\theta)}{f(\theta_0)} \frac{(1-p)+\sigma_{\mathrm{a}}^{2}(\theta)+p\sigma_{\varphi}^{2}(\theta)}{p\eta N} \tag{3.10}$$

式中，$f(\theta)$ 为各阵元的平均方向图；p 为阵元的完好率；σ_{a}^{2}、σ_{φ}^{2} 分别为幅度、相位误差的方差；η 为天线效率。

式(3.10) 表明，减小幅相误差、避免阵元损坏、提高天线效率、增加阵元数量都利于降低方向图的均方副瓣电平。

对于式(3.8)，当 $\frac{d}{\lambda}(\sin\theta_0-\sin\theta)$ 为整数时，方向图取得最大值 1 dB 或 0 dB。其中，$\frac{d}{\lambda}(\sin\theta_0-\sin\theta)=0$，即 $\theta_0=\theta$ 是主瓣位置，其他都是栅瓣位置(图 3.3)。此处，$d=2\lambda$，其他参数设置同图 3.1。在阵列天线设计中，应尽量避免出现栅瓣，条件是 $\left|\frac{d}{\lambda}(\sin\theta_0-\sin\theta)\right| \leqslant \frac{d}{\lambda}(1+|\sin\theta_0|)<1$，即

$$d<\frac{\lambda}{1+|\sin\theta_0|} \tag{3.11}$$

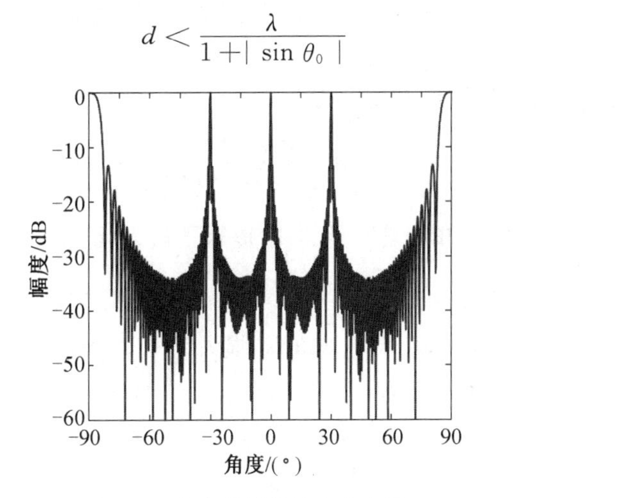

图 3.3　存在栅瓣的波束方向图

式(3.11) 表明，为避免出现栅瓣，需要选择适当的阵元间距 d，d 与波长 λ 及波束扫描角 θ_0 相关，极端情况下当波束扫描逼近阵列轴向($\theta_0 \to \pm 90°$)时，要求 d 不超过半波长。实际上，侧扫阵列的扫描角一般不超过 $\pm 60°$，因此间距 d 可以取得大一些，以提高天线的角分辨率和增益。

前面假设各阵元都是各向同性的，实际上一般并非如此，而是有方向性的。假设各阵元的波束方向图为 $f(\theta)$，则阵列方向图是一个合成方向图，有 $F'(\theta)=F(\theta)f(\theta)$，即二者的乘积。由于这个乘积关系，因此有时 d 可以取得更大一些，因为 $f(\theta)$ 对 $F(\theta)$ 中出现的栅瓣有抑制作用。

当式(3.1) 中复包络 $u(t)$ 的带宽 B 与载频 f_c 相比不是很小时，波长不再近

似为常数 $\lambda=\frac{c}{f_c}$，而是变化的，从抑制全频带栅瓣的角度考虑，应取 $\lambda=\frac{c}{f_c+\frac{B}{2}}$。

3.2.3 阵列增益

在 N 个各向同性阵元构成的均匀线阵中，第 n 个阵元接收的目标回波信号如式(3.2)所示，其功率为 $p_s=|\tilde{a}_r|^2$，而噪声功率为 $p_n=kT_sB$。其中，k 为玻尔兹曼常数；T_s 为式(1.6)所示的系统输入噪声温度；B 约等于复包络的带宽。则第 n 个阵元上接收信号的信噪比为

$$\gamma_{SNR}=\frac{p_s}{p_n}$$

经过式(3.7)的波束形成处理后，信号功率变为

$$P_s=|(\boldsymbol{a}_w^H\boldsymbol{a})\tilde{a}_r|^2=|\boldsymbol{a}_w^H\boldsymbol{a}|^2p_s$$

通常各接收通道上的噪声是相互独立的，则噪声功率变为

$$P_n=|\boldsymbol{a}_w^H\boldsymbol{a}_w|p_n$$

因此，数字波束形成后信噪比变为

$$\Gamma_{SNR}=\frac{P_s}{P_n}=\frac{|\boldsymbol{a}_w^H\boldsymbol{a}|^2}{|\boldsymbol{a}_w^H\boldsymbol{a}_w|}\gamma_{SNR} \tag{3.12}$$

数字波束形成的好处是明显的，它取得了信噪比增益 $G_{SNR}=\frac{|\boldsymbol{a}_w^H\boldsymbol{a}|^2}{|\boldsymbol{a}_w^H\boldsymbol{a}_w|}$。若目标在波束指向上，即 $\theta=\theta_0$，则当式(3.6)中 $\boldsymbol{\omega}$ 采用均匀窗时，$G_{SNR}=N$，当 $\boldsymbol{\omega}$ 采用 -35 dB 的泰勒窗时，$G_{SNR}\approx 0.813$ N，损失约 0.9 dB。

自由空间中雷达方程为[9]

$$R_{max}^4=\frac{P_tG_tG_r\sigma\lambda^2}{(4\pi)^3kT_sBD_0L_s}=\frac{P_tG_tG_r\sigma\lambda^2}{(4\pi)^3p_nD_0L_s} \tag{3.13}$$

式中，G_t 和 G_r 为天线在最大增益方向上的功率增益，等于天线最大方向性增益 D 与辐射效率的乘积；D_0 为式(3.12)中阵列输出的信噪比 Γ_{SNR}。

对于均匀线阵，其最大方向性增益定义为

$$D=\frac{2F^2(\theta_0)}{\int_{-\frac{\pi}{2}}^{\frac{\pi}{2}}F^2(\theta)\cos\theta\mathrm{d}\theta}=\frac{2F^2(u_0)}{\int_{-1}^{1}F^2(u)\mathrm{d}u} \tag{3.14}$$

式中，有

$$u=\cos\theta$$

$$u_0=\cos\theta_0$$

若目标在波束指向上，则将 $F(\theta)=|\boldsymbol{a}_w^H\boldsymbol{a}|$ 代入式(3.14)中得到

$$D=\frac{\left|\sum_{n=0}^{N-1}\omega_n\right|^2}{\sum_{n=0}^{N-1}\sum_{m=0}^{N-1}\omega_n\omega_m e^{j\frac{2\pi d}{\lambda}(n-m)u_0}\operatorname{sinc}\left(\frac{2d}{\lambda}(n-m)\right)} \tag{3.15}$$

当 $d=\frac{\lambda}{2}$ 时，利用 sinc 函数的性质，式(3.15)简化为 $D=\frac{\left|\sum_{n=0}^{N-1}\omega_n\right|^2}{\sum_{n=0}^{N-1}\omega_n^2}=G_{SNR}$，即天线的最大方向性增益等于其信噪比增益。

若天线阵列在区间[$-60°$，$60°$]上扫描，则可以取 $d=0.535\lambda$。设阵元数 $N=50$，窗函数 $\boldsymbol{\omega}$ 采用均匀窗或者 -35 dB 的泰勒窗，分别代入式(3.15)中，得到方向性增益随扫描角的变化曲线，如图 3.4 所示。

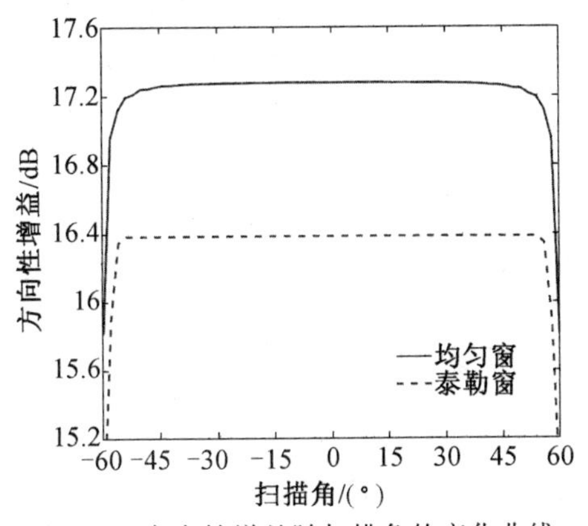

图 3.4　方向性增益随扫描角的变化曲线

图 3.4 表明，增大阵元间距 d 后增益 D 增加了约 0.3 dB，即 $10\lg\frac{0.535}{0.5}\approx 0.3$。若天线辐射效率为 93%，即 $10\lg 0.93\approx -0.3$，那么有 $G_r=G_{SNR}$。

由于天线的辐射效率通常较高，且雷达系统设计都有一定的冗余，因此实际中一般可认为 $G_r\approx G_{SNR}$。

3.3　自适应数字波束形成

3.2 节中常规波束方向图的低副瓣作为阻带起到了抑制副瓣干扰的作用，但是当副瓣干扰过于强大时，由于方向图副瓣不可能足够低，因此干扰抑制效果受到限制。自适应数字波束形成基于某个优化准则可以在副瓣干扰的方向上形成很深的零陷，从而抑制了强干扰，成为一种常用的干扰抑制技术。本节讨论最常见的 Capon 波束形成器,它以最小方差无畸变响应(MVDR) 为优化准则。

3.3.1 Capon 波束形成器

设天线阵列为 N 元均匀线阵,有 K 个副瓣干扰入射进来,目标位于波束指向 θ_0 上,则阵列接收信号为

$$\boldsymbol{x}=b_0\boldsymbol{a}(\theta_0)+\boldsymbol{x}_{\mathrm{u}} \tag{3.16a}$$

$$\boldsymbol{x}_{\mathrm{u}}=\sum_{k=1}^{K}b_k\boldsymbol{a}(\theta_k)+\boldsymbol{n} \tag{3.16b}$$

式中,b_0 为目标信号的幅度;$\boldsymbol{a}(\theta_0)$ 为目标信号的导向向量;$\boldsymbol{x}_{\mathrm{u}}$ 为副瓣干扰加噪声;$b_k(k=1,2,\cdots,K)$ 为第 k 个干扰的幅度;$\boldsymbol{a}(\theta_k)$ 为第 k 个干扰的导向向量;$\boldsymbol{n}$ 为阵列高斯白噪声向量。假设干扰间相互统计独立,干扰与噪声间也是独立的。

自适应波束形成的准则有多个,相互间具有等价关系[10],因此本节以 Capon 波束形成器为例,要求自适应权向量 $\boldsymbol{w}$ 满足 MVDR 准则,即

$$\min\ \boldsymbol{w}^{\mathrm{H}}\boldsymbol{R}\boldsymbol{w},\quad \mathrm{s.\,t.}\ \boldsymbol{w}^{\mathrm{H}}\boldsymbol{a}_0=1 \tag{3.17}$$

式中,$\boldsymbol{a}_0$ 为信号导向向量,$\boldsymbol{a}_0=\boldsymbol{a}(\theta_0)$;$\boldsymbol{R}$ 为干扰加噪声的协方差矩阵,即

$$\boldsymbol{R}=E(\boldsymbol{x}_{\mathrm{u}}\boldsymbol{x}_{\mathrm{u}}^{\mathrm{H}})=\boldsymbol{APA}^{\mathrm{H}}+\sigma^2\boldsymbol{I} \tag{3.18}$$

其中,$\boldsymbol{A}=[\boldsymbol{a}_1,\boldsymbol{a}_2,\cdots,\boldsymbol{a}_K]$,$\boldsymbol{a}_k=\boldsymbol{a}(\theta_k)$;$\boldsymbol{P}=\mathrm{diag}(p_1,p_2,\cdots,p_K)$,$p_k$ 为第 k 个干扰的功率;σ^2 为噪声功率。

利用拉格朗日乘子法求解式(3.17),得到

$$\boldsymbol{w}=\mu\boldsymbol{R}^{-1}\boldsymbol{a}_0 \tag{3.19}$$

式中,系数 $\mu=\dfrac{1}{\boldsymbol{a}_0^{\mathrm{H}}\boldsymbol{R}^{-1}\boldsymbol{a}_0}$,由于不影响下面的分析,因此将其置为 1。

自适应波束形成器的输出为

$$z=\boldsymbol{w}^{\mathrm{H}}\boldsymbol{x}=b_0\boldsymbol{w}^{\mathrm{H}}\boldsymbol{a}(\theta_0)+\boldsymbol{w}^{\mathrm{H}}\boldsymbol{x}_{\mathrm{u}} \tag{3.20}$$

首先考查自适应波束形成器的信干噪比(SINR) 增益[11]。

输出的信干噪比为

$$\Gamma_{\mathrm{SINR}}=\frac{|b_0\boldsymbol{w}^{\mathrm{H}}\boldsymbol{a}_0|^2}{E(|\boldsymbol{w}^{\mathrm{H}}\boldsymbol{x}_{\mathrm{u}}|^2)}=\sigma^2\zeta_{\mathrm{ele}}\boldsymbol{a}_0^{\mathrm{H}}\boldsymbol{R}^{-1}\boldsymbol{a}_0 \tag{3.21}$$

式中,ζ_{ele} 为阵元上的信噪比,$\zeta_{\mathrm{ele}}=\dfrac{|b_0|^2}{\sigma^2}$。

对 $\boldsymbol{R}$ 进行特征分解,有

$$\boldsymbol{R}=\sum_{k=1}^{K}\lambda_k\boldsymbol{u}_k\boldsymbol{u}_k^{\mathrm{H}}+\sigma^2\sum_{k=K+1}^{N}\boldsymbol{u}_k\boldsymbol{u}_k^{\mathrm{H}} \tag{3.22}$$

式中,$\lambda_k(k=1,2,\cdots,K)$ 是 $\boldsymbol{R}$ 的 K 个大特征值,为正实数,其他 $N-K$ 个小特征值等于噪声功率 σ^2;$\boldsymbol{u}_k$ 为第 k 个特征值对应的特征向量。K 个大特征值对应的特征向量构成干扰子空间,$N-K$ 个小特征值对应的特征向量构成噪声子空间。干扰

子空间与 K 个干扰导向向量张成的空间相同，而与噪声子空间正交。

矩阵 $\boldsymbol{R}^{-1}$ 的特征分解为

$$\boldsymbol{R}^{-1}=\sum_{k=1}^{K}\frac{1}{\lambda_k}\boldsymbol{u}_k\boldsymbol{u}_k^{\mathrm{H}}+\frac{1}{\sigma^2}\sum_{k=K+1}^{N}\boldsymbol{u}_k\boldsymbol{u}_k^{\mathrm{H}} \tag{3.23}$$

易知信号导向向量 $\boldsymbol{a}_0$ 位于噪声子空间中，其线性表示为

$$\boldsymbol{a}_0=\sum_{k=K+1}^{N}c_k\boldsymbol{u}_k \tag{3.24}$$

式中，c_k 为系数，不同时为零。

利用式(3.23) 和式(3.24) 得到

$$\begin{aligned}\boldsymbol{a}_0^{\mathrm{H}}\boldsymbol{R}^{-1}\boldsymbol{a}_0&=\boldsymbol{c}^{\mathrm{H}}\overline{\boldsymbol{U}}^{\mathrm{H}}\boldsymbol{U}\boldsymbol{\lambda}^{-1}\boldsymbol{U}^{\mathrm{H}}\overline{\boldsymbol{U}}\boldsymbol{c}=\frac{1}{\sigma^2}\sum_{k=K+1}^{N}|c_k|^2\\&=\frac{\boldsymbol{a}_0^{\mathrm{H}}\boldsymbol{a}_0}{\sigma^2}=\frac{N}{\sigma^2}\end{aligned} \tag{3.25}$$

式中，有

$$\boldsymbol{c}=[c_{K+1},\cdots,c_N]^{\mathrm{H}}$$

$$\overline{\boldsymbol{U}}=[\boldsymbol{u}_{K+1},\cdots,\boldsymbol{u}_N]$$

$$\boldsymbol{U}=[\boldsymbol{u}_1,\cdots,\boldsymbol{u}_N]$$

$$\boldsymbol{\lambda}=\begin{bmatrix}\lambda_1 & & 0\\ & \ddots & \\ 0 & & \sigma^2\end{bmatrix}$$

将式(3.25) 代入式(3.21) 中得到

$$\Gamma_{\mathrm{SINR}}=N\zeta_{\mathrm{ele}} \tag{3.26}$$

式(3.26) 表明，自适应数字波束形成器输出的信干噪比是阵元信噪比的 N 倍，与白噪声背景下常规数字波束形成器的输出信噪比相同(式(3.12))。因此，自适应波束形成有两个作用：一是抑制副瓣干扰，二是提高信噪比。

假设干扰与噪声独立，则阵元信干噪比为

$$\gamma_{\mathrm{SINR}}=\frac{|b_0|^2}{\sigma^2+\sum_{k=1}^{K}p_k}=\frac{\zeta_{\mathrm{ele}}}{1+\xi_{\mathrm{ele}}} \tag{3.27}$$

式中，ξ_{ele} 为阵元上的干噪比，$\xi_{\mathrm{ele}}=\dfrac{\sum_{k=1}^{K}p_k}{\sigma^2}$。

因此，自适应数字波束形成器的 SINR 增益为

$$G_{\mathrm{SINR}}=\frac{\Gamma_{\mathrm{SINR}}}{\gamma_{\mathrm{SINR}}}=N(1+\xi_{\mathrm{ele}})\approx N\xi_{\mathrm{ele}} \tag{3.28}$$

可见，此增益约等于阵元数与阵元上干噪比的乘积。

下面考查自适应波束方向图，有

$$F(\theta)=\boldsymbol{w}^{\mathrm{H}}\boldsymbol{a}(\theta) \tag{3.29}$$

利用式(3.23)将自适应权向量表示为

$$\boldsymbol{w}=\frac{1}{\sigma^2}\boldsymbol{a}_0-\sum_{k=1}^{K}\alpha_k\boldsymbol{u}_k \tag{3.30a}$$

$$\alpha_k=\left(\frac{1}{\sigma^2}-\frac{1}{\lambda_k}\right)\boldsymbol{u}_k^{\mathrm{H}}\boldsymbol{a}_0 \tag{3.30b}$$

当干噪比较高且干扰方向充分分开时，有 $\lambda_k \gg \sigma^2$，则式(3.30)简化为

$$\boldsymbol{w}\approx\frac{1}{\sigma^2}\sum_{k=K+1}^{N}\boldsymbol{u}_k\boldsymbol{u}_k^{\mathrm{H}}\boldsymbol{a}_0=\frac{1}{\sigma^2}\overline{\boldsymbol{U}}\,\overline{\boldsymbol{U}}^{\mathrm{H}}\boldsymbol{a}_0 \tag{3.31}$$

将式(3.31)代入式(3.29)中得到

$$F(\theta)=\frac{1}{\sigma^2}\boldsymbol{a}_0^{\mathrm{H}}\overline{\boldsymbol{U}}\,\overline{\boldsymbol{U}}^{\mathrm{H}}\boldsymbol{a}(\theta)=\frac{1}{\sigma^2}\boldsymbol{a}_0^{\mathrm{H}}\boldsymbol{P}_{\mathrm{I}}^{\perp}\boldsymbol{a}(\theta) \tag{3.32}$$

式中，$\boldsymbol{P}_{\mathrm{I}}^{\perp}$ 是向信号与噪声子空间(正交于干扰子空间)的投影矩阵，$\boldsymbol{P}_{\mathrm{I}}^{\perp}\triangleq\overline{\boldsymbol{U}}\,\overline{\boldsymbol{U}}^{\mathrm{H}}$。

当 θ 为干扰方向时，$\boldsymbol{a}(\theta)$ 位于干扰子空间中，因此 $F(\theta)=0$，即自适应方向图在干扰方向上置零；当 θ 不是干扰方向时，有 $F(\theta)=\dfrac{\boldsymbol{a}_0^{\mathrm{H}}\boldsymbol{a}(\theta)}{\sigma^2}$，也就是除系数 $\dfrac{1}{\sigma^2}$ 外，自适应方向图与常规波束形成方向图相同。

基于上述讨论，可以得到以下结论和说明：与白噪声背景下的常规数字波束形成相比，自适应波束形成增加了抗副瓣干扰能力，除此之外，二者性能相同；上述分析未考虑锥削窗函数，阵列导向向量中增加锥削窗并不影响分析结论；协方差矩阵 $\boldsymbol{R}$ 不能预知，因此自适应权向量通常需要通过采样矩阵求逆(SMI)方法得到，即

$$\hat{\boldsymbol{w}}=\hat{\boldsymbol{R}}^{-1}\boldsymbol{a}_0,\ \hat{\boldsymbol{R}}=\frac{1}{L}\sum_{l=1}^{L}\boldsymbol{x}_{\mathrm{u}l}\boldsymbol{x}_{\mathrm{u}l}^{\mathrm{H}} \tag{3.33}$$

均匀线阵有50个阵元，阵元间距为半波长，波束指向为0°，两个干扰分别位于45°和－36°方向上，干噪比都是30 dB，采用－35 dB的泰勒窗。图3.5所示为常规与自适应波束方向图的比较。可见，除自适应波束形成在干扰方向置零外，二者几乎相同。

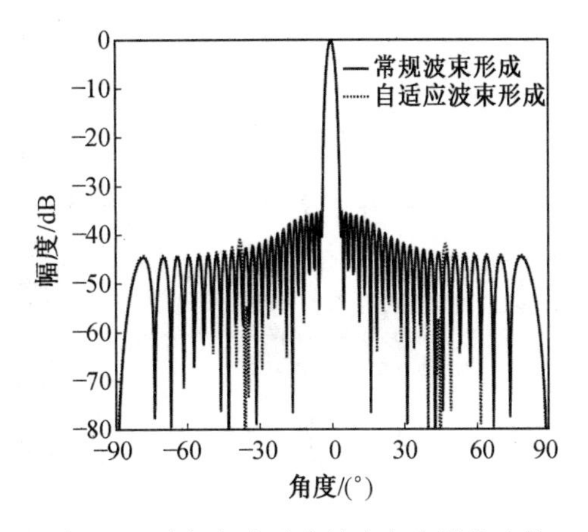

图 3.5　常规与自适应波束方向图的比较

3.3.2　幅相误差的影响

如前所述,阵元通道间的残余幅相误差会抬高常规波束方向图的副瓣电平。本节将仍以 N 元均匀线阵为例,研究它对自适应波束形成的影响。

N 个通道间的幅相误差表示为

$$\boldsymbol{\Delta}=[(1+\Delta a_1)\mathrm{e}^{\mathrm{j}\Delta\varphi_1},(1+\Delta a_2)\mathrm{e}^{\mathrm{j}\Delta\varphi_2},\cdots,(1+\Delta a_N)\mathrm{e}^{\mathrm{j}\Delta\varphi_N}]^{\mathrm{T}} \tag{3.34}$$

若存在一个副瓣干扰,方向为 θ_1,功率为 p_1,则干扰加噪声的协方差矩阵为

$$\begin{aligned}\bar{\boldsymbol{R}}&=E(\boldsymbol{x}_{\mathrm{u}}\,\boldsymbol{x}_{\mathrm{u}}^{\mathrm{H}})\\&=p_1(\boldsymbol{\Delta}\odot\boldsymbol{a}_1)(\boldsymbol{\Delta}\odot\boldsymbol{a}_1)^{\mathrm{H}}+\sigma^2\boldsymbol{I}\\&=p_1\,\bar{\boldsymbol{a}}_1\bar{\boldsymbol{a}}_1^{\mathrm{H}}+\sigma^2\boldsymbol{I}\end{aligned} \tag{3.35}$$

式中,$\boldsymbol{a}_1$ 为理想的干扰导向向量,$\boldsymbol{a}_1=\boldsymbol{a}(\theta_1)$;$\bar{\boldsymbol{a}}_1$ 为实际的干扰导向向量,$\bar{\boldsymbol{a}}_1=\boldsymbol{\Delta}\odot\boldsymbol{a}_1$;$\sigma^2$ 为阵元上的噪声功率;$\boldsymbol{I}$ 为 N 阶单位矩阵。

利用矩阵反演公式,即

$$(\boldsymbol{A}_{11}\mp\boldsymbol{A}_{12}\,\boldsymbol{A}_{22}^{-1}\,\boldsymbol{A}_{21})^{-1}=\boldsymbol{A}_{11}^{-1}\pm\boldsymbol{A}_{11}^{-1}\,\boldsymbol{A}_{12}\,(\boldsymbol{A}_{22}\mp\boldsymbol{A}_{21}\,\boldsymbol{A}_{11}^{-1}\,\boldsymbol{A}_{12})^{-1}\,\boldsymbol{A}_{21}\,\boldsymbol{A}_{11}^{-1}$$

得到

$$\bar{\boldsymbol{R}}^{-1}=\frac{1}{\sigma^2}[\boldsymbol{I}-\xi_{\mathrm{ele}}\,\bar{\boldsymbol{a}}_1\,(\boldsymbol{I}+\xi_{\mathrm{ele}}\,\bar{\boldsymbol{a}}_1^{\mathrm{H}}\,\bar{\boldsymbol{a}}_1)^{-1}\,\bar{\boldsymbol{a}}_1^{\mathrm{H}}] \tag{3.36}$$

式中,ξ_{ele} 为阵元上的干噪比,$\xi_{\mathrm{ele}}=\dfrac{p_1}{\sigma^2}$。

如果干噪比 ξ_{ele} 较大,则式(3.36) 近似为

$$\bar{\boldsymbol{R}}^{-1}\approx\frac{1}{\sigma^2}[\boldsymbol{I}-\bar{\boldsymbol{a}}_1(\bar{\boldsymbol{a}}_1^{\mathrm{H}}\,\bar{\boldsymbol{a}}_1)^{-1}\,\bar{\boldsymbol{a}}_1^{\mathrm{H}}]=\frac{1}{\sigma^2}\boldsymbol{P}_{\mathrm{I}}^{\perp} \tag{3.37a}$$

式中,$\boldsymbol{P}_{\mathrm{I}}^{\perp}$ 是向信号与噪声子空间(正交于干扰子空间) 的投影矩阵,$\boldsymbol{P}_{\mathrm{I}}^{\perp}=\boldsymbol{I}-\bar{\boldsymbol{a}}_1\,(\bar{\boldsymbol{a}}_1^{\mathrm{H}}\,\bar{\boldsymbol{a}}_1)^{-1}\,\bar{\boldsymbol{a}}_1^{\mathrm{H}}$。因此,干扰加噪声协方差矩阵的逆矩阵也是这样的一个投影

矩阵。

对于有多个副瓣干扰的情况，其方向为$\theta_k(k=1,\cdots,K)$，K为干扰数量，干扰信号的实际导向向量为$\bar{\boldsymbol{a}}_k=\boldsymbol{\Delta}\odot\boldsymbol{a}_k=\boldsymbol{\Delta}\odot\boldsymbol{a}(\theta_k)$，构成了导向矩阵$\bar{\boldsymbol{A}}=[\bar{\boldsymbol{a}}_1,\bar{\boldsymbol{a}}_2,\cdots,\bar{\boldsymbol{a}}_K]$。当干扰信号统计独立且干噪比都较大时，同样得到协方差矩阵的逆矩阵近似为

$$\bar{\boldsymbol{R}}^{-1}\approx\frac{1}{\sigma^2}[\boldsymbol{I}-\bar{\boldsymbol{A}}(\bar{\boldsymbol{A}}^{\mathrm{H}}\bar{\boldsymbol{A}})^{-1}\bar{\boldsymbol{A}}^{\mathrm{H}}]=\frac{1}{\sigma^2}\boldsymbol{P}_{\mathrm{I}}^{\perp} \tag{3.37b}$$

将式(3.37)代入式(3.19)中得到自适应权向量$\boldsymbol{w}$，然后代入式(3.29)中得到自适应方向图，即

$$\bar{F}(\theta)=\boldsymbol{w}^{\mathrm{H}}\bar{\boldsymbol{a}}(\theta)=\boldsymbol{a}_0^{\mathrm{H}}\bar{\boldsymbol{R}}^{-1}\bar{\boldsymbol{a}}(\theta)=\frac{1}{\sigma^2}\boldsymbol{a}_0^{\mathrm{H}}\boldsymbol{P}_{\mathrm{I}}^{\perp}\bar{\boldsymbol{a}}(\theta) \tag{3.38}$$

由式(3.38)可见，当θ表示干扰方向时，$\bar{\boldsymbol{a}}(\theta)$位于干扰子空间中，则$\boldsymbol{P}_{\mathrm{I}}^{\perp}\bar{\boldsymbol{a}}(\theta)=0$。因此，$\bar{F}(\theta)=0$，即自适应方向图在干扰方向上设置了零点；否则，$\bar{F}(\theta)=\frac{\boldsymbol{a}_0^{\mathrm{H}}\bar{\boldsymbol{a}}(\theta)}{\sigma^2}$，即常规波束方向图。可见，通道误差对自适应干扰置零的影响并不大。此外，与常规数字波束形成相比，二者性能相同，通道误差也会使副瓣抬高。

实际上，在采用SMI算法实现的自适应波束形成中，方向图副瓣较高。其原因有以下两点：一是通道幅相误差的影响；二是有限个快拍的统计特性不够理想，使得协方差矩阵估计有偏差。通过对角加载技术可以缓解协方差矩阵估计不理想的问题[12]，但是过量的对角加载是不必要的，因为通道误差是副瓣电平的最终限制因素。

图3.6所示为有、无通道误差时自适应方向图的比较。图中阵元通道间幅度误差、相位误差都服从均匀分布，标准差分别为0.5 dB、5°，其他参数设置与图3.5相同。可以看到，无论有、无通道误差，自适应方向图都在干扰方向上形成了很深的零陷，只是有通道误差时方向图的副瓣抬高了。

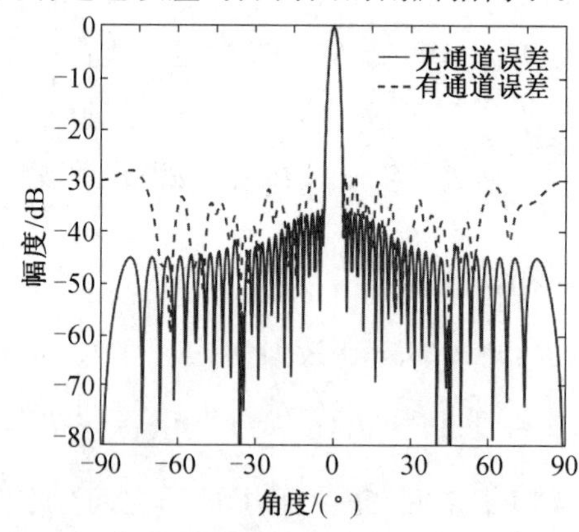

图3.6　有、无通道误差时自适应方向图的比较

3.3.3　干扰零陷的拓宽

在前面 Capon 波束形成器的讨论中，假设干扰方向固定，则波束形成器在干扰方向形成窄零陷以抑制干扰。实际中，有时干扰方向与雷达阵面间存在相对运动。例如，在机扫雷达中，干扰方向可能不变，但是阵面是转动的；在高频超视距雷达中，虽然阵面固定，但是受电离层扰动的影响干扰方向通常是变化的[13]。干扰零陷拓宽是解决此问题的一个有效途径。

零陷拓宽问题最初的研究成果可以参见文献[14,15]，尽管两篇论文研究的出发点不同，但是结论都是将协方差矩阵构造为此矩阵与一个拓宽矩阵的积。协方差矩阵的这种变化并未影响阵元通道间的幅相误差，因此会真实地拓宽干扰零陷。

在式(3.18)中，令 $u_k=\sin\theta_k(k=1,\cdots,K)$，$u_k$ 不再是固定不变的，而是在 $\left[u_k-\dfrac{\Delta}{2},\ u_k+\dfrac{\Delta}{2}\right]$ 上按照均匀分布随机变化。对干扰项的第 (p,q) 个分量求统计平均，得到

$$\sum_{k=1}^{K}p_k\int_{u_k-\frac{\Delta}{2}}^{u_k+\frac{\Delta}{2}}\frac{1}{\Delta}\mathrm{e}^{\mathrm{j}\frac{2\pi}{\lambda}d(p-q)u}\mathrm{d}u=\sum_{k=1}^{K}p_k\mathrm{e}^{\mathrm{j}\frac{2\pi}{\lambda}d(p-q)u_k}\operatorname{sinc}\left(\frac{d(p-q)\Delta}{\lambda}\right)\tag{3.39}$$

记 $T_{p,q}=\operatorname{sinc}\left(\dfrac{d(p-q)\Delta}{\lambda}\right)$，即 $\boldsymbol{T}$ 为一个 sinc 函数拓宽矩阵，其对角线上的元素都为 1，因此干扰方向均匀变化情况下的协方差矩阵为

$$\bar{\boldsymbol{R}}=\boldsymbol{R}\odot\boldsymbol{T}\tag{3.40}$$

干扰方向变化范围 Δ 可以根据天线转速、相参积累时间等雷达参数或一些先验知识来确定。

仿真中一个干扰位于45°，零陷宽度为 1°，约为主瓣宽度的 30%，其他参数设置同图 3.6。图 3.7 所示为无通道误差时零陷拓宽前后方向图的比较，图 3.8 所示为有通达误差时零陷拓宽前后方向图的比较。可见，无论是否存在通道误差，零陷都被拓宽了，但也变浅了一些。

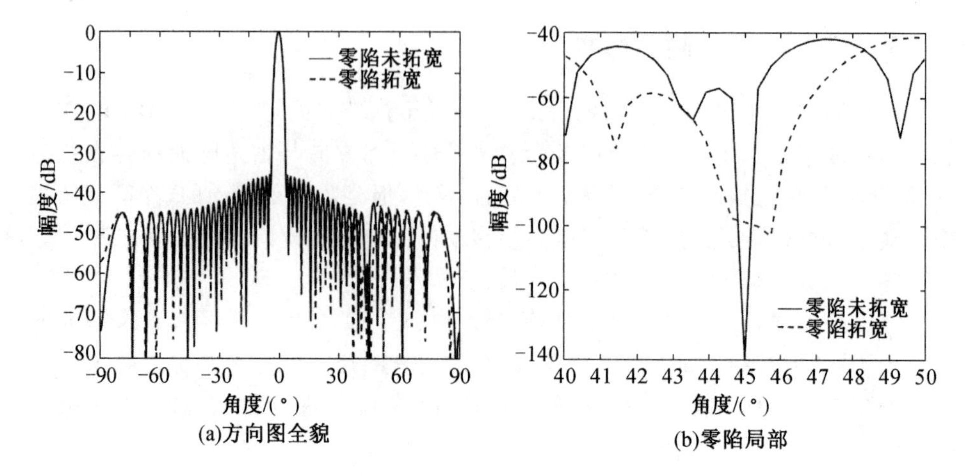

图 3.7 无通道误差时零陷拓宽前后方向图的比较

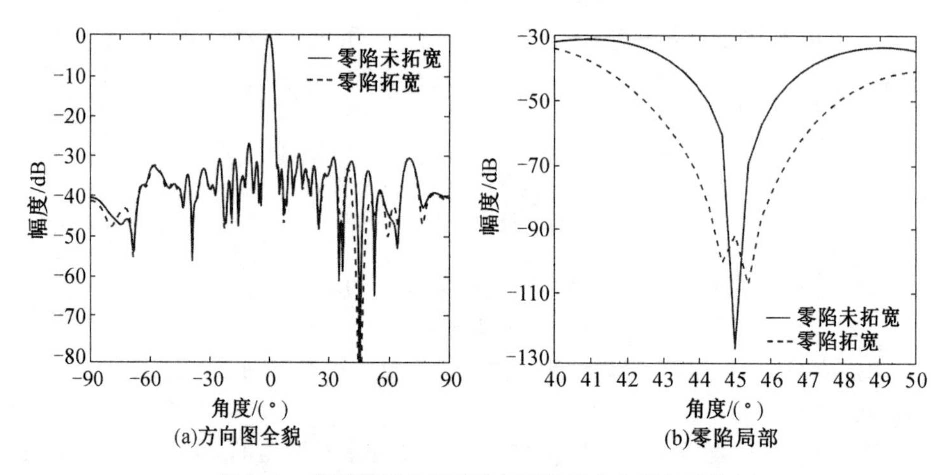

图 3.8 有通道误差时零陷拓宽前后方向图的比较

3.3.4 采样矩阵求逆

在计算 Capon 波束形成器的权向量 $\boldsymbol{w}=\mu\boldsymbol{R}^{-1}\boldsymbol{a}_0$ 时，要求协方差矩阵 $\boldsymbol{R}$ 已知，这在实际中是不可能的，通常只能获得若干个 N 维快拍：$\boldsymbol{x}_1,\boldsymbol{x}_2,\cdots,\boldsymbol{x}_L$。假设这些快拍是独立同分布的复高斯随机向量，那么可以证明 $\boldsymbol{R}$ 的最大似然估计为

$$\hat{\boldsymbol{R}}=\frac{1}{L}\sum_{l=1}^{L}\boldsymbol{x}_l\boldsymbol{x}_l^{\mathrm{H}}=\frac{1}{L}(\boldsymbol{X}\boldsymbol{X}^{\mathrm{H}}) \tag{3.41}$$

式中，L 为快拍数；$\boldsymbol{X}$ 为快拍矩阵，$\boldsymbol{X}=[\boldsymbol{x}_1,\boldsymbol{x}_2,\cdots,\boldsymbol{x}_L]$。

估计量 $\hat{\boldsymbol{R}}$ 用时间平均代替了统计平均。实际上，对于遍历过程来说，只要快拍足够多，那么二者是等价的。

用 $\hat{\boldsymbol{R}}$ 代替式(3.19) 中的 $\boldsymbol{R}$ 得到

$$\hat{\boldsymbol{w}} = \mu \hat{\boldsymbol{R}}^{-1} \boldsymbol{a}_0 \tag{3.42}$$

式中,有

$$\mu = \frac{1}{\boldsymbol{a}_0^{\mathrm{H}} \hat{\boldsymbol{R}}^{-1} \boldsymbol{a}_0}$$

由于权向量计算中使用了$\hat{\boldsymbol{R}}^{-1}$,因此称这种方法为采样矩阵求逆(SMI)。

定义以下两个信干噪比,即

$$\mathrm{SINR}_{\mathrm{mvdr}} \triangleq \frac{p_s \mid \boldsymbol{w}^{\mathrm{H}} \boldsymbol{a}_0 \mid^2}{\boldsymbol{w}^{\mathrm{H}} \boldsymbol{R} \boldsymbol{w}}, \mathrm{SINR}_{\mathrm{smi}} \triangleq \frac{p_s \mid \hat{\boldsymbol{w}}^{\mathrm{H}} \boldsymbol{a}_0 \mid^2}{\hat{\boldsymbol{w}}^{\mathrm{H}} \boldsymbol{R} \hat{\boldsymbol{w}}} \tag{3.43}$$

可以证明[16]

$$E(\mathrm{SINR}_{\mathrm{smi}}) = \frac{L+2-N}{L+1} \mathrm{SINR}_{\mathrm{mvdr}} \tag{3.44}$$

可见,当 $L=2N-3 \approx 2N$ 时,$E(\mathrm{SINR}_{\mathrm{smi}}) \approx \frac{\mathrm{SINR}_{\mathrm{mvdr}}}{2}$,即当快拍数是阵元数的 2 倍时,SMI 算法的输出 SINR 会损失 3 dB,独立快拍越多则损失越小。因此,实际中一般要求快拍数量不少于 2 倍阵元数。

当快拍数量不是足够多时,尽管 SINR 损失可以接受,但是由于协方差矩阵估计 $\hat{\boldsymbol{R}}$ 不准确,因此自适应方向图的主瓣会变形,副瓣会抬高,变得难以承受。

对角加载技术可以缓解 $\hat{\boldsymbol{R}}$ 估计不准的问题[12],即

$$\hat{\boldsymbol{R}}_{\mathrm{L}} = \hat{\boldsymbol{R}} + \sigma_{\mathrm{L}}^2 \boldsymbol{I} \tag{3.45}$$

式中,σ_{L}^2 为加载量。

用$\hat{\boldsymbol{R}}_{\mathrm{L}}$ 代替式(3.42) 中的 $\hat{\boldsymbol{R}}$,从而得到新的自适应权向量。对角加载会显著改善 SMI 算法的性能,特别是在快拍数较少时,它可以使主瓣保形并降低副瓣电平。

设 $N=50, L=2N$,阵元间距为半波长,波束指向为0°,两个干扰分别位于45°和 $-36°$,INR $=30$ dB,采用 -35 dB 的泰勒窗,加载量 σ_{L}^2 与噪声功率 σ^2 的比 LNR $=10$ dB。图 3.9 和图 3.10 所示分别为对角加载前后的自适应方向图。可见,在干扰方向都形成了很深的零陷,但是加载前主瓣有变形,副瓣也较高,加载后主瓣形状恢复,副瓣下降了约 20 dB。

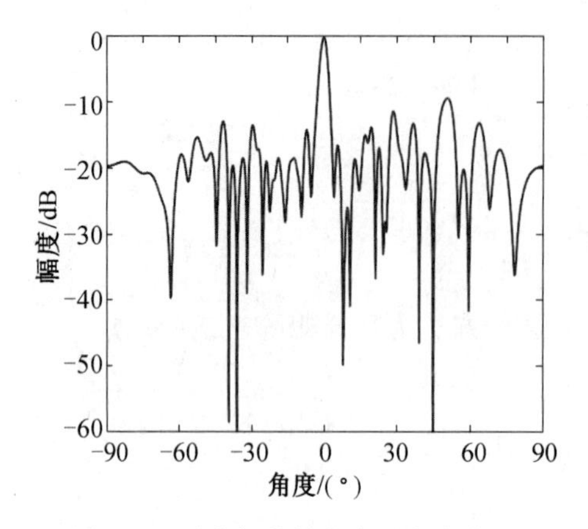

图 3.9　对角加载前的自适应方向图

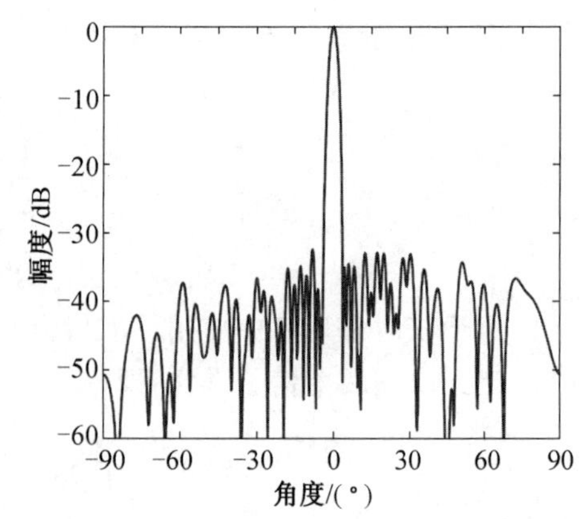

图 3.10　对角加载后的自适应方向图

实际上，自适应方向图畸变的原因是各通道间的噪声不是独立同分布的高斯随机过程，因此噪声协方差矩阵不是理论上元素值相等的对角阵，而对角加载技术使得噪声协方差矩阵更接近于理论的对角阵，因此改善了方向图的特征。

对角加载技术的问题是不能解析地解算加载量 σ_{L}^2。图 3.11 和图 3.12 所示分别为最高副瓣和阵列增益损失与加载量的关系曲线，参数设置同前。可见，随着加载量增大，最高副瓣降低，而阵列增益损失变大，但是当加载量增大到某个值(此处 LNR＝10 dB) 后，这两个指标趋于稳定。同时应该看到，增加训练快拍的好处是明显的。

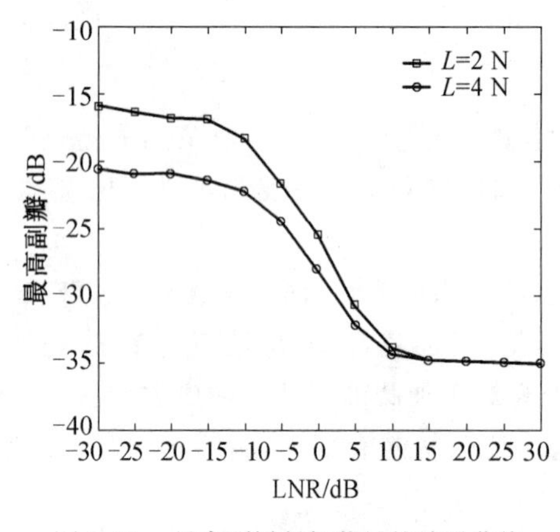

图 3.11　最高副瓣与加载量的关系曲线

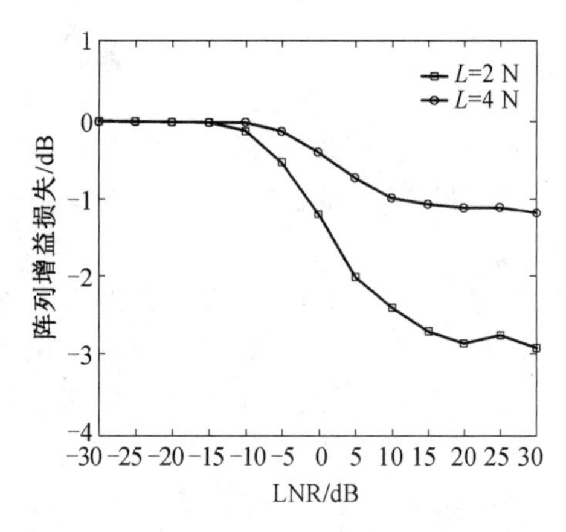

图 3.12　阵列增益损失与加载量的关系曲线

由于方向图的副瓣电平还受到通道幅相误差的限制，因此实际中可以根据阵列结构通过仿真来综合确定加载量。若幅相误差分别为 0.5 dB、5°，其他参数保持不变，则加载量 LNR＝10 dB 时的自适应方向图如图 3.13 所示。比较

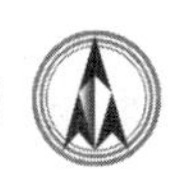

图 3.10 和图 3.13 可见，当存在幅相误差时，尽管加载量相同，但是方向图的副瓣有所抬高。

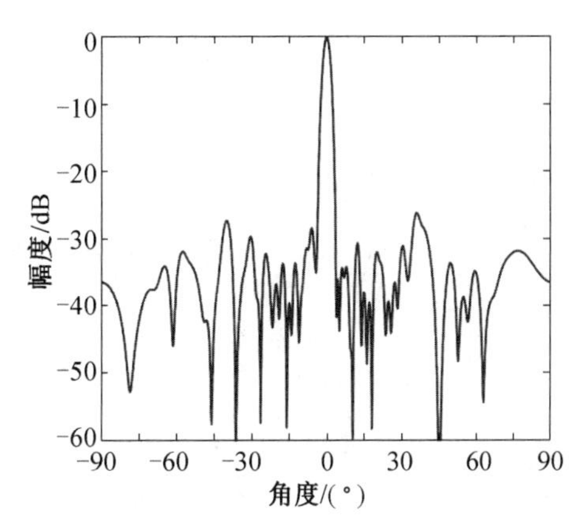

图 3.13　加载量 LNR = 10 dB 时的自适应方向图

3.3.5　基于等噪声功率的子阵划分

对于大型阵列天线而言，子阵技术是不可或缺的技术，它可以减小雷达馈线系统的规模、减少数据传输量、降低阵列信号处理的负担等。特别是在自适应阵列处理中，子阵技术减少了自适应维数，从而减少了计算复杂度和对训练快拍的需求。本节将介绍基于等噪声功率法的 ADBF 子阵划分方式[17]。

子阵划分方式与具体的雷达应用场合密切相关，因为不同的应用场合对阵列雷达的性能要求不同，所以最优子阵划分的评价函数也不同。但是，无论子阵如何划分，通常要求达到这样的目的：子阵级方向图的主瓣无明显畸变、无栅瓣和栅零、保持较低的副瓣电平等。对于所划分子阵的数量，实际中需要根据阵列性能和实现复杂度之间的折中来确定。

对于一个 N 元均匀接收线阵，其每个阵元后面都接有锥削衰减器和移相器，其作用同式(3.6)，用于控制接收波束的指向和副瓣电平。将 N 个阵元非均匀地划分成相互邻接的 M 个子阵，第 m 个子阵的阵元数为 N_m，满足 $N = N_1 + \cdots + N_M$，M 根据计算复杂度与干扰抑制性能之间的折中预先确定。阵列接收信号首先在 M 个子阵中进行模拟合成，然后 M 个子阵的输出进行自适应数字处理(图 3.14)。

阵列接收信号与式(3.16) 相同，定义变换矩阵 $\boldsymbol{T}$，得到子阵级信号向量为

$$\tilde{\boldsymbol{x}} = \boldsymbol{T}^{\mathrm{H}} \boldsymbol{x} \tag{3.46}$$

式中，有

$$\boldsymbol{T} = \boldsymbol{T}_1 \boldsymbol{T}_2 \tag{3.47a}$$

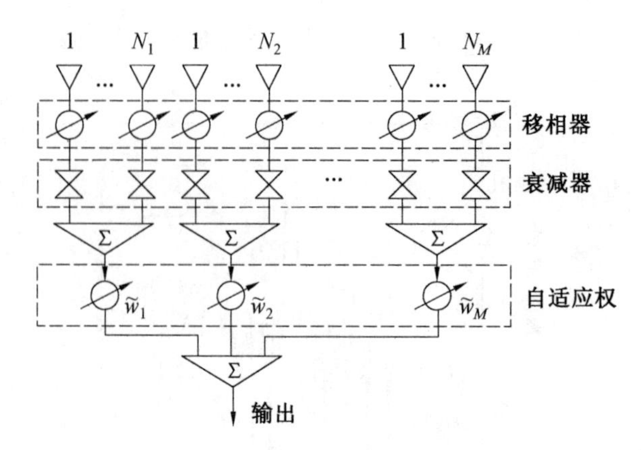

图 3.14 子阵级自适应数字波束形成的原理图

$$\boldsymbol{T}_1=\begin{bmatrix} a_{\mathrm{w}1} & & & \mathbf{0} \\ & a_{\mathrm{w}2} & & \\ & & \ddots & \\ \mathbf{0} & & & a_{\mathrm{w}N} \end{bmatrix} \tag{3.47b}$$

$$\boldsymbol{T}_2=\begin{bmatrix} 1 & & & \mathbf{0} \\ \vdots & & & \\ 1 & & & \\ & 1 & & \\ & \vdots & & \\ & 1 & & \\ & & \ddots & \\ & & & 1 \\ & & & \vdots \\ \mathbf{0} & & & 1 \end{bmatrix} \tag{3.47c}$$

式中，$\boldsymbol{T}_2$ 为 $N\times M$ 维矩阵，第 m 列中有 N_m 个 1，此矩阵刻画了阵面的子阵划分方式，即每列中 N_m 取何值。

设式(3.16)中 $\boldsymbol{x}_{\mathrm{u}}$ 由 K 个独立干扰和白噪声构成，第 k 个干扰的方向为 θ_k，功率为 $p_k(k=1,\cdots,K)$，噪声功率为 σ^2，则阵元级干扰加噪声的协方差矩阵如式(3.18)所示，而子阵级干扰加噪声的协方差矩阵为

$$\widetilde{\boldsymbol{R}}=E[(\boldsymbol{T}^{\mathrm{H}}\boldsymbol{x})(\boldsymbol{T}^{\mathrm{H}}\boldsymbol{x})^{\mathrm{H}}]=\boldsymbol{T}^{\mathrm{H}}\boldsymbol{R}\boldsymbol{T}=\sum_{k=1}^{K}p_k\,\tilde{\boldsymbol{a}}_k\,\tilde{\boldsymbol{a}}_k^{\mathrm{H}}+\sigma^2\boldsymbol{W} \tag{3.48}$$

式中，$\tilde{\boldsymbol{a}}_k=\boldsymbol{T}^{\mathrm{H}}\boldsymbol{a}_k$；$\boldsymbol{a}_k=\boldsymbol{a}(\theta_k)$；$\boldsymbol{W}=\boldsymbol{T}^{\mathrm{H}}\boldsymbol{T}=\mathrm{diag}(W_1,W_2,\cdots,W_M)$。

W_m 为第 m 个子阵中锥削窗的平方和，即

$$W_m = \sum_{p=N'_m+1}^{N'_m+N_m} |a_{wp}|^2, N'_m = \sum_{q=0}^{m-1} N_q, N_0 = 0 \tag{3.49}$$

在 MVDR 准则下，子阵级自适应权向量为

$$\tilde{\boldsymbol{w}} = \mu \tilde{\boldsymbol{R}}^{-1} \tilde{\boldsymbol{a}}_0 \tag{3.50}$$

式中，μ 为常数；$\tilde{\boldsymbol{a}}_0 = \boldsymbol{T}^{\mathrm{H}} \boldsymbol{a}_0$，$\boldsymbol{a}_0$ 为阵列导向向量。

自适应方向图和自适应波束形成器输出的 SINR 是评价子阵级 ADBF 性能的两个重要指标，分别表示为

$$\tilde{F}(\theta) = |\tilde{\boldsymbol{w}}^{\mathrm{H}}(\boldsymbol{T}^{\mathrm{H}}\boldsymbol{a}(\theta))| \tag{3.51}$$

$$\tilde{\Gamma}_{\mathrm{SINR}} = \frac{|b\tilde{\boldsymbol{w}}^{\mathrm{H}}(\boldsymbol{T}^{\mathrm{H}}\boldsymbol{a}_0)|^2}{E(|\tilde{\boldsymbol{w}}^{\mathrm{H}}(\boldsymbol{T}^{\mathrm{H}}\boldsymbol{x}_{\mathrm{u}})|^2)} = \frac{|b\tilde{\boldsymbol{w}}^{\mathrm{H}}\tilde{\boldsymbol{a}}_0|^2}{\tilde{\boldsymbol{w}}^{\mathrm{H}}\tilde{\boldsymbol{R}}\tilde{\boldsymbol{w}}} \tag{3.52}$$

式(3.52) 中假设目标在波束指向上，因此目标和阵列的导向向量相同。

在基于协方差矩阵特征分解的阵元级自适应权向量 $\boldsymbol{w}$，即式(3.30) 的求解中，要求特征值满足关系 $\lambda_1 > \cdots > \lambda_K \gg \lambda_{K+1} = \cdots = \lambda_N = \sigma^2$，此时 $\boldsymbol{w}$ 是阵列导向向量在噪声子空间上的投影，噪声子空间与干扰子空间正交，干扰导向向量位于干扰子空间中，因此 $\boldsymbol{w}$ 与干扰导向向量正交。若有更多的特征值大于 σ^2，则对应的噪声特征向量也加入干扰子空间中，导致自适应方向图发生畸变(图 3.15)。

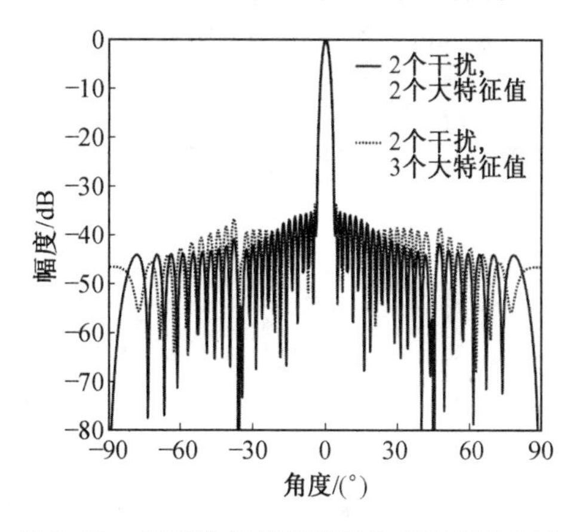

图 3.15　噪声特征值突变时的自适应方向图

为避免上述问题，在子阵划分时应使各子阵输出的噪声功率相同，从而给出一种基于等噪声功率的子阵划分方式。如式(3.48) 和式(3.49) 所示，各子阵输出的噪声功率正比于其中各阵元锥削值的平方和。在幅度锥削阵中，中间阵元的幅度大，往两端逐渐变小，因此中间子阵由较少阵元组成，越往两端，子阵所包含的阵元越多。这种子阵构造方式的过程如下。

(1) 求出窗函数 $\boldsymbol{\omega}$ 中一半幅值的平方累积分布函数，有

$$D(0) = 0, D(n) = D(n-1) + \omega_n^2, \quad n = 1, 2, \cdots, N/2 \tag{3.53}$$

(2) 将区间$[D(0),D(N/2)]$平均分成$M/2$个子区间,落入同一个子区间中的阵元构成一个子阵。

(3) 根据窗函数的对称性,将另一半阵元也对称地划分为$M/2$个子阵。

由于窗函数$\boldsymbol{\omega}$是离散的,无法保证所有子阵输出的噪声功率都相等,因此用等噪声功率法得到的子阵划分方案可能不唯一。即便如此,采用等噪声功率法仍可以快速方便地得到各子阵噪声功率值波动不大的某个子阵划分方案,虽然不一定是最优方案,但是由于自适应处理还会受到通道幅相误差、有限快拍统计特性不理想等问题的影响,因此次优方案的性能下降可能不显著。

当然,若要求各子阵输出的噪声功率相同,可对子阵合成进行归一化,定义对角矩阵为

$$\boldsymbol{T}_3=\begin{bmatrix} W_1^{-\frac{1}{2}} & & & \boldsymbol{0} \\ & W_2^{-\frac{1}{2}} & & \\ & & \ddots & \\ \boldsymbol{0} & & & W_{M^2}^{-\frac{1}{}} \end{bmatrix} \tag{3.54}$$

重新定义式(3.47a),即$\boldsymbol{T}=\boldsymbol{T}_1\boldsymbol{T}_2\boldsymbol{T}_3$,此时有

$$\widetilde{\boldsymbol{R}}=\sum_{k=1}^{K}p_k\,\tilde{\boldsymbol{a}}_k\tilde{\boldsymbol{a}}_k^{\mathrm{H}}+\sigma^2\boldsymbol{I}_M \tag{3.55}$$

式中,$\tilde{\boldsymbol{a}}_k=\boldsymbol{T}^{\mathrm{H}}\boldsymbol{a}_k=\boldsymbol{T}^{\mathrm{H}}\boldsymbol{a}(\theta_k)$;$\boldsymbol{I}_M$为$M$阶单位矩阵。

上述归一化处理破坏了阵元幅度锥削窗的连续性,会引起轻微的栅瓣效应。

设均匀线阵阵元数$N=40$,阵元间距为半波长,采用-35 dB切比雪夫窗,子阵数$M=20$,等噪声功率法得到的子阵划分方案为[8,3,2,1,1,1,1,1,1,1,1,1,1,1,1,1,1,2,3,8]。设有一个确知的窄带干扰信号,角度为45°,干噪比为30 dB,信噪比为0 dB。子阵级和阵元级自适应方向图和自适应输出SINR的比较分别如图3.16和图3.17所示。

由图3.16和图3.17可见,与阵元级自适应处理相比,子阵级自适应方向图的主瓣无显著变化,副瓣稍微抬高,特别是在干扰附近;子阵级自适应输出SINR在干扰附近损失更大,而在其他角度上的损失不超过1.5 dB。

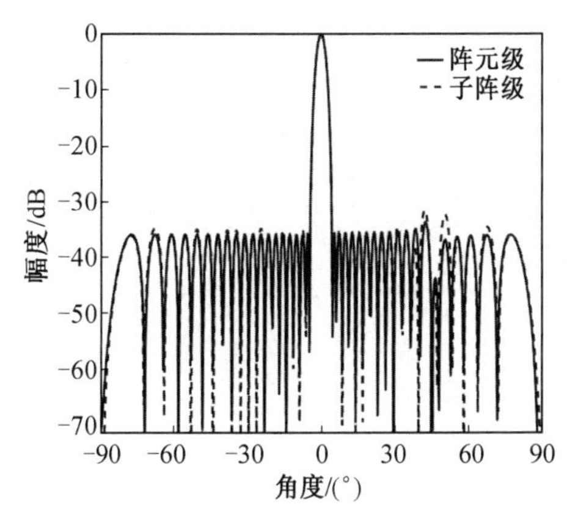

图 3.16　子阵级和阵元级自适应方向图的比较

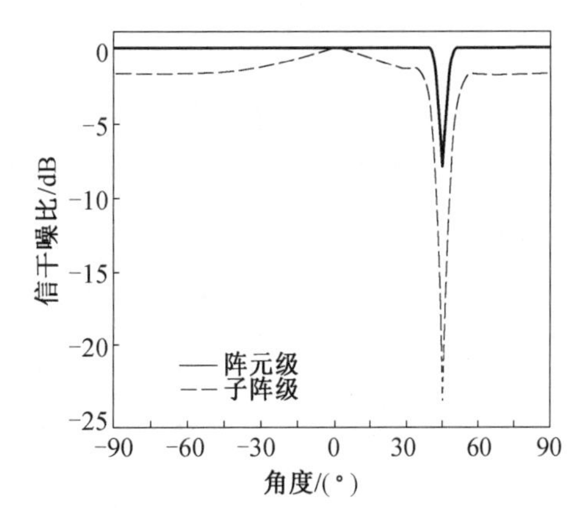

图 3.17　子阵级和阵元级自适应输出 SINR 的比较

3.4　自适应副瓣对消

对于副瓣上的强连续性干扰，可以采用 ADBF 加以抑制，并且 ADBF 在抑制干扰的同时还提高了信噪比。实际上，副瓣干扰的数量通常不是很多，除可以采用子阵级 ADBF 外，自适应副瓣对消也是一种经常采用的副瓣干扰抑制技术，它的自适应维数只要不少于干扰数即可，且性能也近似相同。

3.4.1　副瓣对消器

相控阵雷达中副瓣对消器的工作原理如图 3.18 所示，图中天线主阵列由 N 个阵元组成，辅助阵列由 M 个阵元组成。首先对主阵列接收信号进行常规数字波束形成，然后计算自适应权向量，并对辅助阵列接收信号进行自适应波束形成，最后将两个波束形成器的输出相减，从而实现副瓣干扰对消。

在图 3.18 中，设主阵列波束主瓣内有 D 个目标，波束副瓣内有 K 个压制性支援干扰，则主阵列接收信号为

$$\boldsymbol{s}_{\mathrm{r}}(t)=\sum_{k=1}^{D}\boldsymbol{a}_k s_k(t)+\sum_{k=D+1}^{D+K}\boldsymbol{a}_k v_k(t)+\boldsymbol{n}(t) \tag{3.56}$$

式中，$s_k(t)$ 为第 k 个目标的回波信号，$k=1,2,\cdots,D$；$v_k(t)$ 为第 k 个副瓣干扰，$k=D+1,\cdots,D+K$；$\boldsymbol{a}_k$ 为目标回波信号、副瓣干扰的导向向量，$k=1,2,\cdots,D+K$；$\boldsymbol{n}(t)$ 为主阵列噪声向量，$\boldsymbol{n}(t)=[n_1(t),\cdots,n_N(t)]^{\mathrm{T}}$；$t$ 表示离散时间。

设主阵列的权向量为 $\boldsymbol{a}_0$，利用它对主阵列接收信号进行波束形成，得到

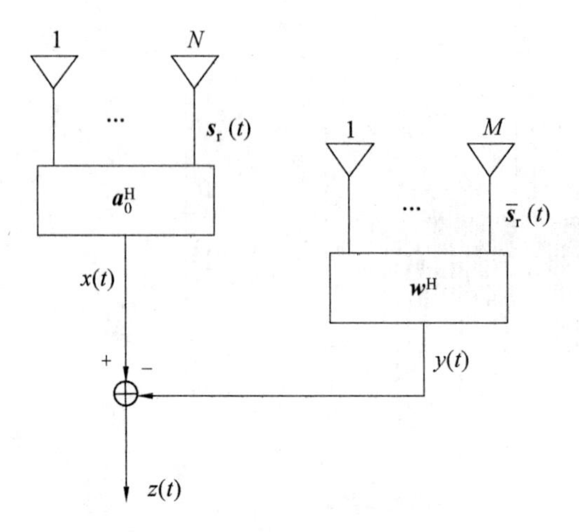

图 3.18　副瓣对消器的工作原理

$$\begin{aligned} x(t) &= \boldsymbol{a}_0^{\mathrm{H}} \boldsymbol{s}_{\mathrm{r}}(t) \\ &= \sum_{k=1}^{D} \alpha_k s_k(t) + \sum_{k=D+1}^{D+K} \alpha_k v_k(t) + \gamma(t) \\ &= \sum_{k=1}^{D} \alpha_k s_k(t) + u(t) \end{aligned} \tag{3.57}$$

式中，有

$$\alpha_k = \boldsymbol{a}_0^{\mathrm{H}} \boldsymbol{a}_k$$

$$\gamma(t) = \boldsymbol{a}_0^{\mathrm{H}} \boldsymbol{n}(t)$$

$$u(t) = \sum_{k=D+1}^{D+K} \alpha_k v_k(t) + \gamma(t)$$

辅助阵列接收信号为

$$\bar{\boldsymbol{s}}_{\mathrm{r}}(t) = \sum_{k=1}^{D} \boldsymbol{b}_k s_k(t) + \sum_{k=D+1}^{D+K} \boldsymbol{b}_k v_k(t) + \bar{\boldsymbol{n}}(t) = \sum_{k=1}^{D} \boldsymbol{b}_k s_k(t) + \bar{\boldsymbol{u}}(t) \tag{3.58}$$

式中，$\boldsymbol{b}_k$ 为辅助阵列上目标回波信号、副瓣干扰的导向向量，$k=1,2,\cdots,D+K$；$\bar{\boldsymbol{n}}(t)$ 为辅助阵列噪声向量，$\bar{\boldsymbol{n}}(t)=[\bar{n}_1(t),\cdots,\bar{n}_M(t)]^{\mathrm{T}}$；$\bar{\boldsymbol{u}}(t)$ 为干扰加噪声向量，$\bar{\boldsymbol{u}}(t) = \sum_{k=D+1}^{D+K} \boldsymbol{b}_k v_k(t) + \bar{\boldsymbol{n}}(t)$。

设副瓣对消器的自适应权向量为 $\boldsymbol{w}$，利用它对辅助阵列接收信号进行波束形成，得到

$$y(t) = \boldsymbol{w}^{\mathrm{H}} \bar{\boldsymbol{s}}_{\mathrm{r}}(t) = \sum_{k=1}^{D} \beta_k s_k(t) + \sum_{k=D+1}^{D+K} \beta_k v_k(t) + \bar{\gamma}(t) \tag{3.59}$$

式中，有

$$\beta_k = \boldsymbol{w}^{\mathrm{H}} \boldsymbol{b}_k$$

$$\bar{y}(t)=\boldsymbol{w}^{\mathrm{H}}\bar{\boldsymbol{n}}(t)$$

在图 3.18 中，副瓣对消器的输出为

$$z(t)=x(t)-y(t) \tag{3.60}$$

假设主、辅阵列中的干扰和噪声都是平稳的，则自适应权向量 $\boldsymbol{w}$ 可以根据维纳滤波原理得到[18]，即

$$\boldsymbol{w}=\boldsymbol{R}^{-1}\boldsymbol{r} \tag{3.61}$$

式中，$\boldsymbol{R}$ 为辅助阵列中干扰加噪声的协方差矩阵，$\boldsymbol{R}=E[\bar{\boldsymbol{u}}(t)\bar{\boldsymbol{u}}(t)^{\mathrm{H}}]=\boldsymbol{BPB}^{\mathrm{H}}+\bar{\sigma}^2\boldsymbol{I}_M$，$E[\cdot]$ 表示求数学期望，$\boldsymbol{B}=[\boldsymbol{b}_{D+1},\cdots,\boldsymbol{b}_{D+K}]$，$\boldsymbol{P}=\mathrm{diag}[p_1,p_2,\cdots,p_K]$，$p_k$ 为第 k 个副瓣干扰的功率($k=1,2,\cdots,K$)，$\mathrm{diag}[\cdot]$ 表示对角化，$\bar{\sigma}^2$ 为各辅助阵元上独立同分布噪声的功率，$\boldsymbol{I}_M$ 为 M 阶单位矩阵；$\boldsymbol{r}$ 为辅助阵列中干扰加噪声与主阵列输出中干扰加噪声的相关向量，$\boldsymbol{r}=E[\bar{\boldsymbol{u}}(t)u(t)^*]=\boldsymbol{BPA}^{\mathrm{H}}\boldsymbol{a}_0=\boldsymbol{BP\alpha}^{\mathrm{H}}$，$\boldsymbol{A}=[\boldsymbol{a}_{D+1},\cdots,\boldsymbol{a}_{D+K}]$，$\boldsymbol{\alpha}=[\alpha_{D+1},\alpha_{D+2},\cdots,\alpha_{D+K}]$。

将矩阵 $\boldsymbol{R}^{-1}$ 和向量 $\boldsymbol{r}$ 代入式(3.61) 得到

$$\begin{aligned}\boldsymbol{w}&=\frac{1}{\bar{\sigma}^2}\left[\boldsymbol{I}_M-\boldsymbol{B}\left(\boldsymbol{P}^{-1}+\frac{1}{\bar{\sigma}^2}\boldsymbol{B}^{\mathrm{H}}\boldsymbol{B}\right)^{-1}\frac{1}{\bar{\sigma}^2}\boldsymbol{B}^{\mathrm{H}}\right]\boldsymbol{BP\alpha}^{\mathrm{H}}\\&=\boldsymbol{B}(\bar{\sigma}^2\boldsymbol{P}^{-1}+\boldsymbol{B}^{\mathrm{H}}\boldsymbol{B})^{-1}\boldsymbol{\alpha}^{\mathrm{H}}\\&\approx\boldsymbol{B}(\boldsymbol{B}^{\mathrm{H}}\boldsymbol{B})^{-1}\boldsymbol{\alpha}^{\mathrm{H}}\end{aligned} \tag{3.62}$$

在式(3.62) 的推导过程中，由于干噪比通常较大，因此最后一步的近似是成立的。

3.4.2　自适应方向图

副瓣对消器的自适应方向图为

$$\begin{aligned}F(\theta)&=\boldsymbol{a}_0^{\mathrm{H}}\boldsymbol{a}(\theta)-\boldsymbol{w}^{\mathrm{H}}\boldsymbol{b}(\theta)\\&=\boldsymbol{a}_0^{\mathrm{H}}\boldsymbol{a}(\theta)-\boldsymbol{\alpha}(\boldsymbol{B}^{\mathrm{H}}\boldsymbol{B})^{-1}\boldsymbol{B}^{\mathrm{H}}\boldsymbol{b}(\theta)\end{aligned} \tag{3.63}$$

式中，θ 为角度变量。

设 K 个副瓣干扰的角度分别为 $\theta_1,\theta_2,\cdots,\theta_K$，则在这些角度上，自适应方向图的数值为

$$[F(\theta_1),F(\theta_2),\cdots,F(\theta_K)]=\boldsymbol{\alpha}-\boldsymbol{\alpha}(\boldsymbol{B}^{\mathrm{H}}\boldsymbol{B})^{-1}\boldsymbol{B}^{\mathrm{H}}\boldsymbol{B}=\boldsymbol{0} \tag{3.64}$$

式(3.64) 表明，副瓣对消器的自适应方向图会在 K 个副瓣干扰角度上形成零点，因此可以抑制这些副瓣干扰。

设天线阵列是由 53 个阵元组成的均匀线阵，阵元间距为半波长，其中前面 50 个阵元组成主阵列，后面 3 个阵元组成辅助阵列。主阵列采用主副比为 35 dB 的泰勒窗进行波束形成，波束指向为阵列法向。此处进行两次仿真处理：第一次假设有两个副瓣干扰，方向分别为45°、−36°，干噪比都是 40 dB，对消两个干扰的自适应方向图如图 3.19 所示；第二次假设有三个副瓣干扰，方向分别为45°、

－36°、－60°，干噪比都是 40 dB，对消三个干扰的自适应方向图如图 3.20 所示。

由图 3.19 和图 3.20 可见，采用三个辅助阵元对消两个或者三个副瓣干扰时，自适应方向图的主瓣形状保持不变，在干扰方向上都形成了很深的零点，只是干扰数与辅助阵元数相等时，副瓣有所抬高。因此，利用副瓣对消器进行副瓣干扰抑制时，辅助阵元数最好稍大于干扰数，这样可以在不过多增加运算量的同时保持副瓣电平。

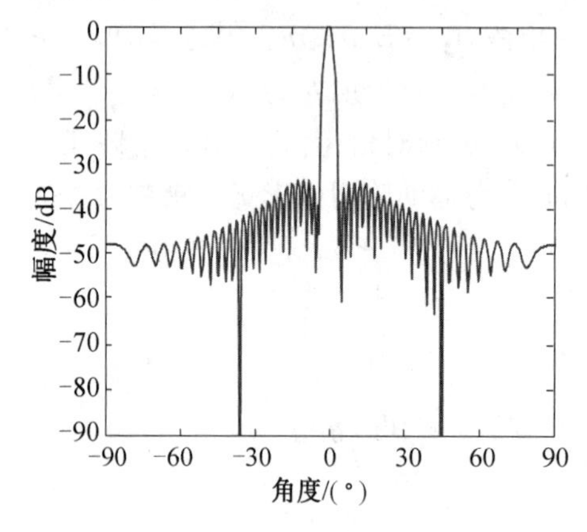

图 3.19　对消两个干扰的自适应方向图

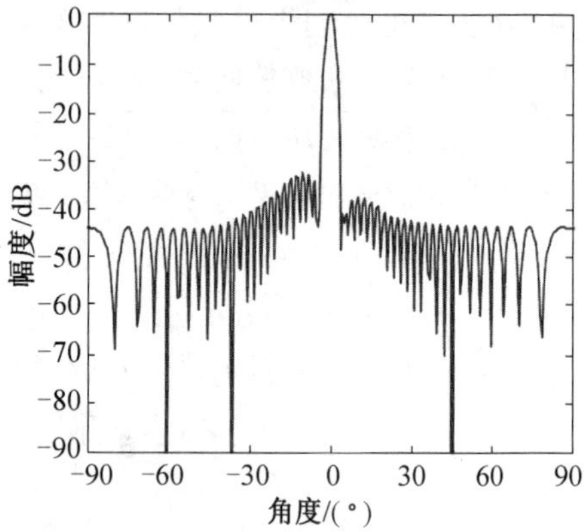

图 3.20　对消三个干扰的自适应方向图

3.4.3　信干噪比增益

将式(3.57) 和式(3.59) 代入式(3.60) 得到副瓣对消器的输出为

$$z(t)=\sum_{k=1}^{D}(\alpha_k-\beta_k)s_k(t)+\sum_{k=D+1}^{D+K}(\alpha_k-\beta_k)v_k(t)+(\gamma(t)-\bar{\gamma}(t))$$
$$\approx\sum_{k=1}^{D}\alpha_k s_k(t)+(\gamma(t)-\bar{\gamma}(t)) \tag{3.65}$$

式(3.65) 表明，在副瓣对消器的输出中，主瓣目标信号基本保持不变化，副瓣干扰被抑制，背景噪声有所增加，增加量为 $\boldsymbol{\alpha}\,(\boldsymbol{B}^{\mathrm{H}}\boldsymbol{B})^{-1}\,\boldsymbol{\alpha}^{\mathrm{H}}\bar{\sigma}^2$。但是由于向量 $\boldsymbol{\alpha}$ 通常很小，因此该增加量可以忽略不计。

当目标位于波束指向上时，副瓣对消器的 SINR 增益为

$$G_{\mathrm{SINR}}=N(1+\xi_{\mathrm{ele}})\approx N\xi_{\mathrm{ele}} \tag{3.66}$$

式中，ξ_{ele} 为主阵列各阵元上的干噪比。

可见，该增益约等于主阵列的阵元数与阵元上干噪比的乘积。当目标偏离波束指向时，增益会减小，减小为原来的 $1/\mid F(\theta)\mid^2$。

3.4.4　干扰零陷的拓宽

零陷拓宽的思路与 3.3.3 节类似。不失一般性，设主阵列在辅助阵列的一

边，主阵列的第一个阵元编号为 1，最后一个阵元编号为 N，辅助阵列的第一个阵元编号为 $N+1$，最后一个阵元编号为 $N+M$。记 $T_{m,n}=\mathrm{sinc}(d(m-n)\Delta/\lambda)$，取 $m,n=N+1,\cdots,N+M$，代入函数 $T_{m,n}$，得到 $M\times M$ 维拓宽矩阵 $\boldsymbol{T}$，取 $m=N+1,\cdots,N+M$ 和 $n=1,\cdots,N$，代入函数 $T_{m,n}$，得到 $M\times N$ 维拓宽矩阵 $\overline{\boldsymbol{T}}$，对矩阵 $\boldsymbol{R}$ 和向量 $\boldsymbol{r}$ 进行处理，即

$$\begin{cases}\overline{\boldsymbol{R}}=\boldsymbol{R}\odot\boldsymbol{T}\\ \overline{\boldsymbol{r}}=(\boldsymbol{BPA}^{\mathrm{H}})\odot\overline{\boldsymbol{T}}\boldsymbol{a}_0\end{cases}\tag{3.67}$$

在式(3.61)中，分别用 $\overline{\boldsymbol{R}}$ 代替 $\boldsymbol{R}$、用 $\overline{\boldsymbol{r}}$ 代替 $\boldsymbol{r}$，然后重新计算新的自适应权向量 $\overline{\boldsymbol{w}}=\overline{\boldsymbol{R}}^{-1}\overline{\boldsymbol{r}}$。需要指出的是，式(3.67)中的 $\boldsymbol{BPA}^{\mathrm{H}}$ 是主、辅阵列接收信号中干扰加噪声的互相关矩阵。

设天线阵列是由 54 个或 56 个阵元组成的均匀线阵，阵元间距为半波长，其中前面 50 个阵元组成主阵列，后面 4 个或 6 个阵元组成辅助阵列。设在60°方向上有一个副瓣干扰，干噪比为 40 dB。分别在 4 个、6 个辅助阵元的情况下将干扰零陷宽度拓为 1°，零陷拓宽的自适应方向图分别如图 3.21 和图 3.22 所示。可见，在干扰方向上形成了较宽的零陷，只是深度有所变浅。另外，增加辅助阵元数量会降低副瓣电平。

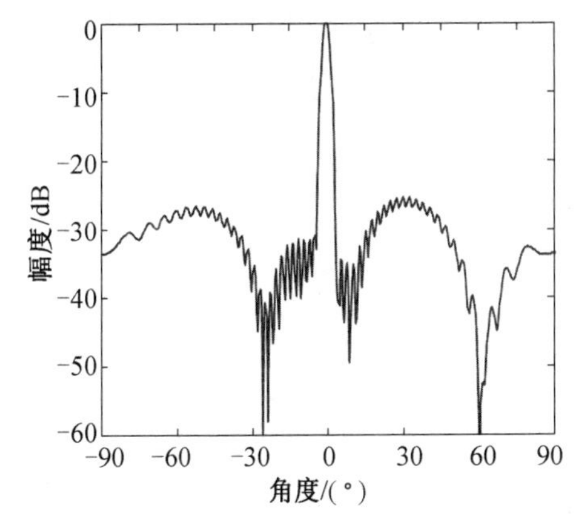

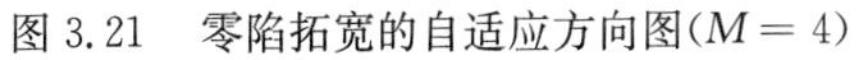
图 3.21 零陷拓宽的自适应方向图($M=4$)

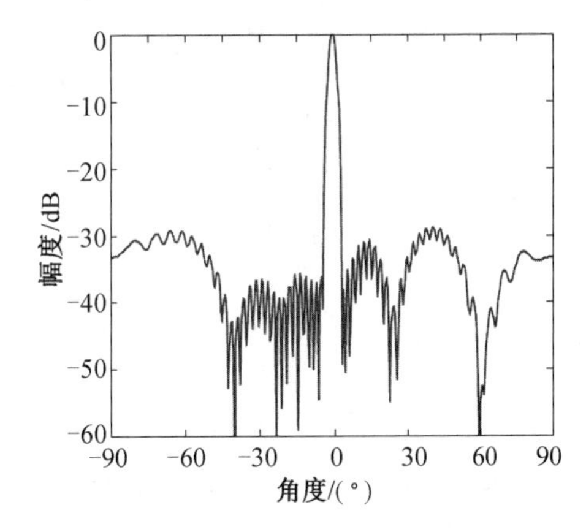

图 3.22 零陷拓宽的自适应方向图($M=6$)

3.4.5 带杂波约束的广义副瓣对消器

高频雷达工作时，远处的短波干扰经电离层反射后伴随着目标回波和杂波一起进入接收机。短波干扰具有明显的方向性，因此可以通过 ADBF 加以抑制。但是，电离层是运动的反射媒介，短波干扰在相参积累时间(CIT)内通常呈现出空间非平稳性。为适应这种非平稳性，要求在 CIT 内阵列 ADBF 权向量应是时变的，并且时变权向量不能破坏杂波的相参性；否则，当进行后续相参积累

处理时，强杂波的多普勒副瓣会抬高，从而降低雷达的探测性能[19,20]。

文献[20]提出了一种带杂波约束的广义副瓣对消器（CC－GSC），可以在保持杂波相参性的同时有效地抑制干扰，并且具有较高的计算效率，下面予以介绍。

设CIT内有K个相参脉冲，现将K个脉冲平均分为K_1段，每段包含K_2个脉冲，即$K=K_1\times K_2$。尽管干扰在CIT内非平稳，但是可以合理地假设它在每一段上是平稳的。

高频雷达的杂波主要由零多普勒频率的陆地杂波与一阶Bragg海洋杂波构成，对每个分段上的接收信号，定义如下向量，即

$$\bar{z}_p=\frac{1}{K_2}\sum_{q=(p-1)K_2+1}^{pK_2}\boldsymbol{z}(q),\quad p=1,2,\cdots,K_1 \tag{3.68}$$

可见，$\bar{z}_p$是第p段上接收信号的零多普勒滤波器输出。由于多普勒分辨率不高，因此陆/海杂波都可能落入该滤波器中。$\bar{z}_p$具有更高的杂干噪比，能更好地表征第p段杂波。

为保持段间杂波的相参性，可以对段间自适应权向量施加约束，即

$$\boldsymbol{w}_0^{\mathrm{H}}(p)\,\bar{\boldsymbol{z}}_p=\boldsymbol{w}_0^{\mathrm{H}}(p-1)\,\bar{\boldsymbol{z}}_p,\quad p=2,3,\cdots,K_1 \tag{3.69}$$

因此，带杂波约束的广义副瓣对消器为如下优化问题，即

$$\begin{cases}\min\limits_{\boldsymbol{w}_0(p)} E\{|\,y(k)-\boldsymbol{w}_0^{\mathrm{H}}(p)\boldsymbol{z}(k)\,|^2\},\\ \qquad k=(p-1)K_2+1,\cdots,pK_2;p=2,\cdots,K_1\\ \text{s. t. }\boldsymbol{w}_0^{\mathrm{H}}(p)\,\bar{\boldsymbol{z}}_p=\boldsymbol{w}_0^{\mathrm{H}}(p-1)\,\bar{\boldsymbol{z}}_p\end{cases} \tag{3.70}$$

式中，$y(k)$为DBF通道的输出，$y(k)=\boldsymbol{a}_0^{\mathrm{H}}\boldsymbol{z}(k)$。

式(3.70)的解为

$$\begin{aligned}\boldsymbol{w}_0(p)=&\boldsymbol{R}^{-1}(p)\boldsymbol{r}(p)-\boldsymbol{R}^{-1}(p)\,\bar{\boldsymbol{z}}_p\,[\bar{\boldsymbol{z}}_p^{\mathrm{H}}\boldsymbol{R}^{-1}(p)\,\bar{\boldsymbol{z}}_p]^{-1}\,\bar{\boldsymbol{z}}_p^{\mathrm{H}}\times\\&[\boldsymbol{R}^{-1}(p)\boldsymbol{r}(p)-\boldsymbol{w}_0(p-1)]\end{aligned} \tag{3.71}$$

式中，$\boldsymbol{R}(p)$和$\boldsymbol{r}(p)$由第p段上仅包含干扰和噪声的训练样本估计得到，初始权向量为

$$\boldsymbol{w}_0(1)=\boldsymbol{R}^{-1}(1)\boldsymbol{r}(1)$$

第p段的对消器权向量为

$$\boldsymbol{w}(p)=\boldsymbol{a}_0-\overline{\boldsymbol{B}}\boldsymbol{w}_0(p) \tag{3.72}$$

式中，$\overline{\boldsymbol{B}}$为阻塞矩阵，满足条件$\overline{\boldsymbol{B}}^{\mathrm{H}}\boldsymbol{a}_0=0$且$\overline{\boldsymbol{B}}^{\mathrm{H}}\overline{\boldsymbol{B}}=I$，有

$$\overline{\boldsymbol{B}}=\frac{1}{\sqrt{2}}\begin{bmatrix}1 & 0 & 0 & \cdots & 0 & 0\\ -b & 1 & \cdots & \cdots & \vdots & \vdots\\ 0 & -b & & & 0 & 0\\ 0 & 0 & & & 1 & 0\\ \vdots & \vdots & \cdots & \cdots & -b & 1\\ 0 & 0 & \cdots & \cdots & 0 & -b\end{bmatrix}$$

其中，$b=\mathrm{e}^{\mathrm{j}\frac{2\pi d}{\lambda}\sin\theta_0}$，$\theta_0$ 为波束指向。

在均匀接收线阵情况下，此处给出一个两阵元差波束形成矩阵，其每一列的输出都是一个差波束，能在很大程度上抑制目标信号，可以从中随机地取一些列向量组成阻塞矩阵，列向量数应不少于副瓣干扰数。

测试数据由杂波、目标回波、两个副瓣正弦波干扰及背景噪声构成，它们在多普勒域上的分布如图 3.23 的处理结果图所示。所有接收阵元的数据都输入 *DBF* 通道，从 $\overline{\boldsymbol{B}}$ 中随机取 4 个两阵元差波束形成列向量作为辅助通道，$K=512$，$K_1=16$，$K_2=32$，在计算各段的自适应权时首先用 FIR 滤波器消除杂波分量。图 3.23 和图 3.24 所示分别为常规 DBF 和 CC－GSC 的多普勒谱，比较可见干扰被有效抑制，同时目标信号、杂波谱基本保持不变。

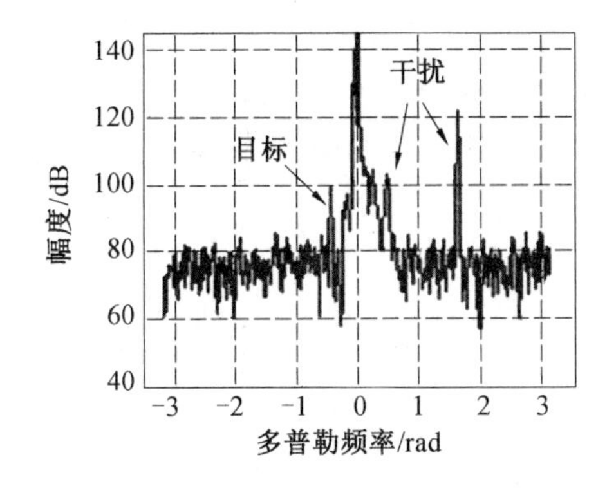

图 3.23　常规 DBF 多普勒谱

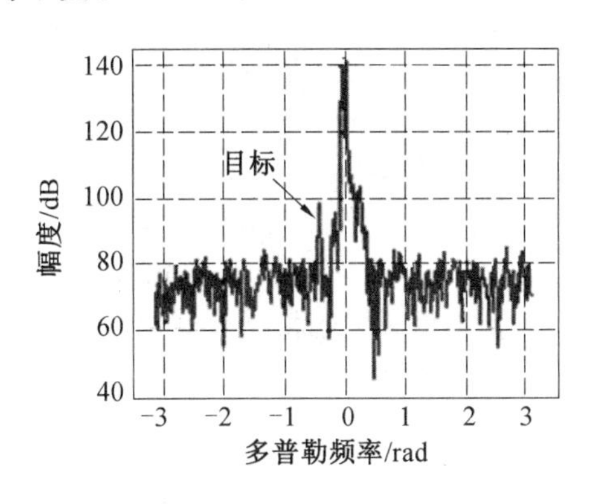

图 3.24　CC－GSC 的多普勒谱

3.5　空时自适应处理

Brennan 首先提出了空时二维自适应处理思想并应用于机载雷达中，其实际上是将一维空域滤波推广到空域和慢时间域的联合域中，并在高斯杂波背景加确知信号（即目标的空间方向与多普勒频率已知）模型下，根据似然比检测理论推导出的一种空时二维联合自适应处理器[3,4]。目前，空时自适应处理已成为数字阵机载预警雷达中不可或缺的一项技术，用来抑制强大的副瓣地物杂波及有源干扰。

3.5.1 全自适应处理器

以 N 元均匀线阵为例，图 3.25 所示为空时二维自适应处理原理图。图中，$\{w_{nk}\}(n=1,2,\cdots,N;k=1,2,\cdots,K)$ 为空时自适应权系数；K 为相参积累脉冲数；T_r 为脉冲重复周期。

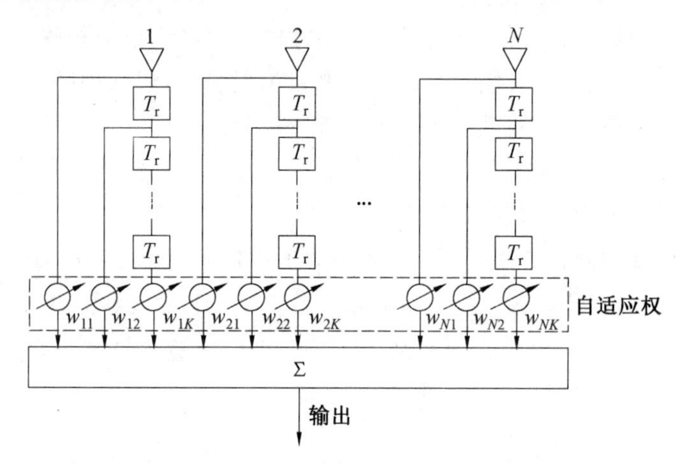

图 3.25 空时二维自适应处理原理图

记 $\boldsymbol{w}=\{w_{nk}\mid n=1,2,\cdots,N;k=1,2,\cdots,K\}$，与 3.3.1 节中 ADBF 权向量的求解一样，空时二维自适应权向量 $\boldsymbol{w}$ 满足 MVDR 准则，即

$$\min\ \boldsymbol{w}^{\mathrm{H}}\boldsymbol{R}\boldsymbol{w},\quad \text{s. t. } \boldsymbol{w}^{\mathrm{H}}\boldsymbol{a}_0=1 \tag{3.73}$$

式中，$\boldsymbol{R}$ 为杂波加噪声的空时二维协方差矩阵；$\boldsymbol{a}_0$ 为空时二维导向向量，即

$$\boldsymbol{a}_0=\boldsymbol{a}_{\mathrm{s}}\otimes\boldsymbol{a}_{\mathrm{t}} \tag{3.74a}$$

$$\boldsymbol{a}_{\mathrm{s}}=[1,\mathrm{e}^{\mathrm{j}\alpha},\cdots,\mathrm{e}^{\mathrm{j}(N-1)\alpha}]^{\mathrm{T}} \tag{3.74b}$$

$$\boldsymbol{a}_{\mathrm{t}}=[1,\mathrm{e}^{\mathrm{j}\beta},\cdots,\mathrm{e}^{\mathrm{j}(K-1)\beta}]^{\mathrm{T}} \tag{3.74c}$$

式中，α 为空域归一化频率，对于均匀线阵有 $\alpha=\dfrac{2\pi}{\lambda}d\sin\theta_0$，$d$ 为阵元间距，θ_0 为波束指向；β 为时域归一化频率，$\beta=2\pi f_{\mathrm{d0}}T_{\mathrm{r}}$，$f_{\mathrm{d0}}$ 为目标多普勒频率；$\otimes$ 表示 Kronecher 积。

利用拉格朗日乘子法求解式(3.73)，得到

$$\boldsymbol{w}=\mu\boldsymbol{R}^{-1}\boldsymbol{a}_0 \tag{3.75}$$

式中，系数 $\mu=\dfrac{1}{\boldsymbol{a}_0^{\mathrm{H}}\boldsymbol{R}^{-1}\boldsymbol{a}_0}$。

由于 Capon 谱具有较高的分辨能力，因此通常通过其考查空时二维杂波的

谱结构，将式(3.75)代入式(3.73)并令二维导向向量随空时频率变化，得到

$$P(\theta, f_{\mathrm{d}})=\frac{1}{\boldsymbol{a}^{\mathrm{H}}(\theta, f_{\mathrm{d}})\boldsymbol{R}^{-1}\boldsymbol{a}(\theta, f_{\mathrm{d}})} \tag{3.76}$$

实际中，由于空时二维协方差矩阵 $\boldsymbol{R}$ 未知，因此式(3.75)通常通过SMI算法来实现。如果在估计 $\boldsymbol{R}$ 时，有 L 个距离单元的数据可以作为训练样本，其中第 l 个单元的样本表示为

$$\boldsymbol{x}_{\mathrm{u}l}=[\boldsymbol{x}_{\mathrm{u}l,1}^{\mathrm{T}}, \boldsymbol{x}_{\mathrm{u}l,2}^{\mathrm{T}}, \cdots, \boldsymbol{x}_{\mathrm{u}l,K}^{\mathrm{T}}]^{\mathrm{T}} \tag{3.77}$$

那么估计量 $\hat{\boldsymbol{R}}$ 为

$$\hat{\boldsymbol{R}}=\frac{1}{L}\sum_{l=1}^{L}\boldsymbol{x}_{\mathrm{u}l}\boldsymbol{x}_{\mathrm{u}l}^{\mathrm{H}} \tag{3.78}$$

式(3.77)中，$\boldsymbol{x}_{\mathrm{u}l,k}=[x_{\mathrm{u}l,1,k}, x_{\mathrm{u}l,2,k}, \cdots, x_{\mathrm{u}l,N,k}]^{\mathrm{T}}$ 为 N 个阵元上的杂波加噪声。

若空时二维接收信号为

$$\boldsymbol{x}=b_0\boldsymbol{a}_0+\boldsymbol{x}_{\mathrm{u}} \tag{3.79}$$

则空时二维处理器的输出为

$$z=\boldsymbol{w}^{\mathrm{H}}\boldsymbol{x}=b_0\boldsymbol{w}^{\mathrm{H}}\boldsymbol{a}_0+\boldsymbol{w}^{\mathrm{H}}\boldsymbol{x}_{\mathrm{u}} \tag{3.80}$$

式(3.79)中，b_0 为目标信号的幅度；$\boldsymbol{a}_0$ 为目标信号的导向向量，见式(3.74)；$\boldsymbol{x}_{\mathrm{u}}$ 为杂波加噪声。

式(3.80)为抑制杂波后空时处理器的输出，据此可以进行门限检测，做出接收信号中有无目标的判决。

类似于式(3.26)和式(3.28)，可以推导出空时二维自适应处理器的输出信杂噪比和改善因子，分别表示为

$$\Gamma_{\mathrm{SCNR}}=\frac{|b_0\boldsymbol{w}^{\mathrm{H}}\boldsymbol{a}_0|^2}{\boldsymbol{w}^{\mathrm{H}}\boldsymbol{R}\boldsymbol{w}}=NK\zeta_{\mathrm{ele}} \tag{3.81}$$

$$\boldsymbol{I}_{\mathrm{SCNR}}=NK(1+\xi_{\mathrm{ele}}) \tag{3.82}$$

式中，ζ_{ele} 为阵元信噪比；ξ_{ele} 为阵元杂噪比。

下面对全自适应空时二维处理器的性能进行仿真，仿真参数设置见表 3.1，仿真结果如图 3.26 ～ 3.29 所示。

表 3.1　仿真参数设置

参数	取值	参数	取值
载机速度	50 m/s	工作频率	450 MHz
载机高度	9 000 m	峰值功率	200 kW
布阵方式	正侧	系统损耗	4 dB
均匀线阵阵元数	16 个	噪声温度	2 000 K
阵元间距	半波长	脉冲宽度	200 μs
发射方位角	30°	脉冲重复频率	300 Hz

续表3.1

参数	取值	参数	取值
阵元波瓣图	cos	相参脉冲数	16 个
背瓣衰减	−30 dB	脉冲锥削窗	−35 dB 切比雪夫
接收锥削窗	−35 dB 切比雪夫	瞬时带宽	4 MHz
杂波距离	130 km		

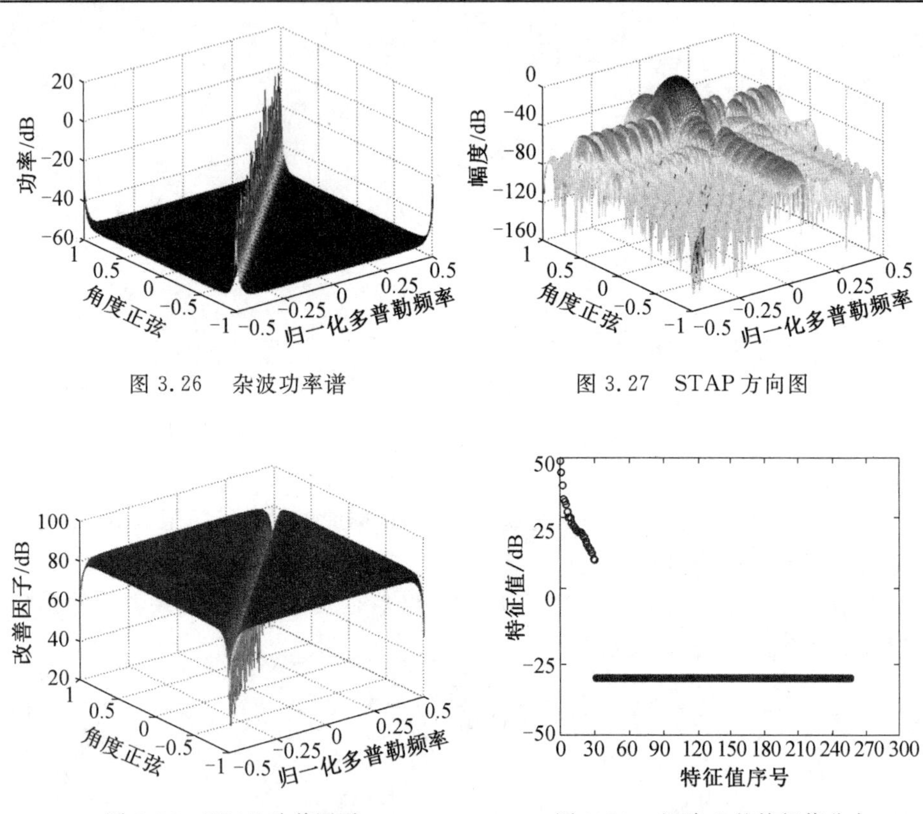

图 3.26　杂波功率谱

图 3.27　STAP 方向图

图 3.28　STAP 改善因子

图 3.29　矩阵 $\boldsymbol{R}$ 的特征值分布

由以上各图可见，正侧线阵的空时二维杂波谱呈直线刀背状分布；二维自适应方向图沿杂波分布带形成了零陷，因此能够抑制杂波；单阵元通道的杂噪比为 56.5 dB，因此 STAP 改善因子为 $10\lg(16\times16)+56.5\approx80.5(\text{dB})$；矩阵 $\boldsymbol{R}$ 有 $N+K-1=31$ 个大特征值，其他的小特征值都等于噪声功率 −29.6 dB，即杂波信号中仅含有 31 个强杂波分量，因此不必采用 256 阶全自适应处理器来抑制这些杂波。根据自适应信号处理理论，自适应处理器的阶数不小于 31 即可，这是接下来要介绍的降维空时自适应处理的基础。

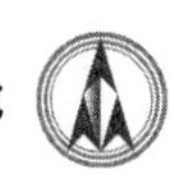

3.5.2 降维自适应处理器

上一节介绍的全自适应处理器阶数高，因此计算自适应权向量的运算量大，这增加了系统实现的复杂度，而且在估计协方差矩阵 $\hat{\boldsymbol{R}}$ 时需要较多的训练样本，这在非平稳杂波环境中可能难以得到。根据前面的讨论，实际上杂波分量只有有限的数个，因此采用降维空时自适应处理不影响处理器的性能，也更容易实现。

定义一个 $NK\times D$ 维($NK>D$)变换矩阵 $\boldsymbol{T}$，将式(3.79)中 NK 维空时接收信号降为 D 维信号，然后对此 D 维信号进行自适应处理，以抑制杂波。

降维后各信号处理量表示为

$$\tilde{\boldsymbol{a}}_0=\boldsymbol{T}^{\mathrm{H}}\boldsymbol{a}_0 \tag{3.83a}$$

$$\tilde{\boldsymbol{x}}=\boldsymbol{T}^{\mathrm{H}}\boldsymbol{x}=b_0\boldsymbol{T}^{\mathrm{H}}\boldsymbol{a}_0+\boldsymbol{T}^{\mathrm{H}}\boldsymbol{x}_{\mathrm{u}}=b_0\tilde{\boldsymbol{a}}_0+\tilde{\boldsymbol{x}}_{\mathrm{u}} \tag{3.83b}$$

$$\tilde{\boldsymbol{R}}=E(\tilde{\boldsymbol{x}}_{\mathrm{u}}\tilde{\boldsymbol{x}}_{\mathrm{u}}^{\mathrm{H}})=\boldsymbol{T}^{\mathrm{H}}\boldsymbol{R}\boldsymbol{T} \tag{3.83c}$$

自适应处理器的权向量为

$$\tilde{\boldsymbol{w}}=\mu\tilde{\boldsymbol{R}}^{-1}\tilde{\boldsymbol{a}}_0 \tag{3.84}$$

式中，系数 $\mu=\dfrac{1}{\tilde{\boldsymbol{a}}_0^{\mathrm{H}}\tilde{\boldsymbol{R}}^{-1}\tilde{\boldsymbol{a}}_0}$。

自适应处理器的输出为

$$\tilde{z}=\tilde{\boldsymbol{w}}^{\mathrm{H}}\bar{\boldsymbol{x}} \tag{3.85}$$

首先将各阵元接收的相参脉冲串信号变换到多普勒频率域上，然后在阵元－多普勒二维域上进行自适应处理是一种有效的降维方式[21]，当采用下面的时域变换矩阵时，会得到3DT处理算法，即

$$\boldsymbol{Q}(k)=[\boldsymbol{\omega}\odot\boldsymbol{q}(k-1),\boldsymbol{\omega}\odot\boldsymbol{q}(k),\boldsymbol{\omega}\odot\boldsymbol{q}(k+1)],\quad k=2,3,\cdots,K-1 \tag{3.86}$$

式中，$\boldsymbol{\omega}$ 为切比雪夫窗函数；$\boldsymbol{q}(k)$ 为第 k 个离散傅里叶变换基，即

$$\boldsymbol{q}(k)=[1,\mathrm{e}^{\frac{\mathrm{j}2\pi k}{K}},\cdots,\mathrm{e}^{\frac{\mathrm{j}2\pi(K-1)k}{K}}]^{\mathrm{T}} \tag{3.87}$$

于是得到第 k 个频率的变换矩阵，即

$$\boldsymbol{T}(k)=\boldsymbol{1}_{N\times1}\otimes\boldsymbol{Q}(k) \tag{3.88}$$

式中，$\boldsymbol{1}_{N\times1}$ 为 $N\times1$ 维1矩阵。

当 $k=1,K$ 时，置 $\boldsymbol{Q}(1)=\boldsymbol{\omega}\odot\boldsymbol{q}(1)$，$\boldsymbol{Q}(K)=\boldsymbol{\omega}\odot\boldsymbol{q}(K)$，分别代入式(3.88)中得到变换矩阵。

仿真参数设置：带宽2 MHz，脉冲重复频率2 000 Hz，脉冲数128个。脉冲域变换到多普勒域采用－70 dB切比雪夫窗。添加两个目标：一个位于清晰区；另一个位于副瓣杂波区。其他参数设置与表3.1相同。在杂波区采用降维3DT－

STAP 抑制杂波，3DT－STAP 与 DBF 的比较如图 3.30 所示。作为比较，图中还给出了 DBF 处理结果。

由图 3.30 可见，对接收信号进行 DBF 处理时，副瓣杂波较强，掩盖了一个目标。但是，经过降维空时自适应处理后，副瓣杂波被抑制，该目标凸显出来。

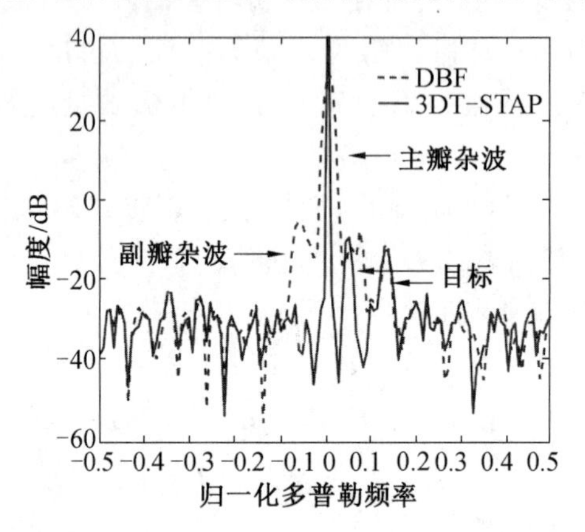

图 3.30　3DT－STAP 与 DBF 的比较

3.5.3　基于蚁群算法的子阵划分

降维 STAP 既可以在时域进行，也可以在空域进行。上一节介绍了一种常用的时域降维方式，将整个雷达阵面划分成若干非均匀邻接子阵并在子阵级进行自适应是一种常用的空域降维方式。但是，子阵级 STAP 性能与阵面的子阵划分方式有关。在子阵数给定的情况下，本节以最大化子阵级 STAP 的改善因子为优化准则，利用蚁群算法搜索子阵间的分割点，从而获得最优的子阵划分方式[22]。

设机载预警雷达的阵面为 N 元均匀线阵，阵元间距为半波长，在一个相参处理间隔内发射 K 个脉冲，脉冲重复周期为 T_r。为执行子阵级 STAP，需要进行子阵划分，子阵数量根据计算复杂度与杂波抑制性能之间的折中确定。设阵面划分为 M 个非均匀邻接子阵，第 m 个子阵的阵元数为 N_m，满足 $N=N_1+\cdots+N_M$。经过阵面划分，STAP 的空域维数由阵元级的 N 维降到子阵级的 M 维。子阵级 STAP 的处理流程如图 3.31 所示，图中衰减器用于降低接收波束的副瓣，移相器使波束指向目标方向。

设阵元级接收的空时信号向量为 $\boldsymbol{x}$，表示为

$$\boldsymbol{x}=\boldsymbol{s}_t+\boldsymbol{x}_u \tag{3.89}$$

式中，$\boldsymbol{s}_t$ 为目标信号；$\boldsymbol{x}_u$ 为杂波、干扰和噪声等分量。

利用空间变换矩阵 $\boldsymbol{T}$ 得到子阵级信号向量为

$$\bar{\boldsymbol{x}}=\boldsymbol{T}^{\mathrm{H}}\boldsymbol{x} \tag{3.90}$$

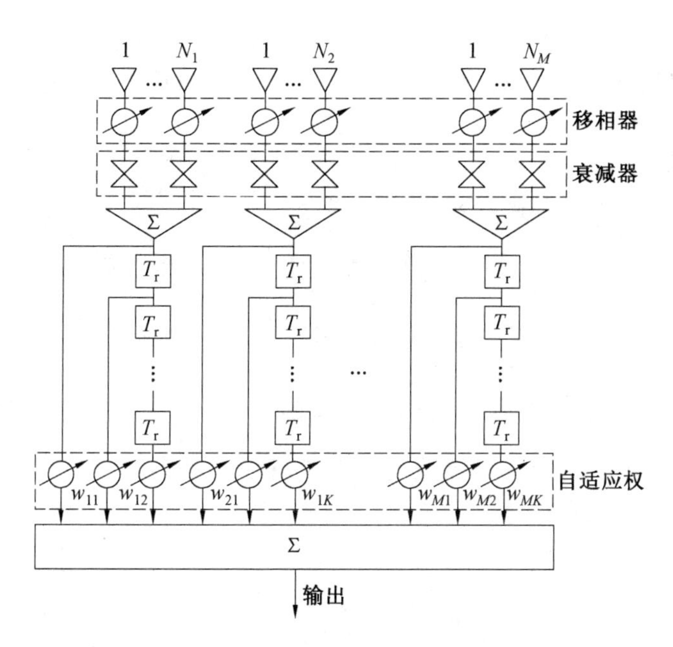

图 3.31　子阵级 STAP 的处理流程

$$\boldsymbol{T}=\boldsymbol{I}_K \otimes \boldsymbol{T}_0 \tag{3.91a}$$

$$\boldsymbol{T}_0=\boldsymbol{T}_1\boldsymbol{T}_2\boldsymbol{T}_3 \tag{3.91b}$$

式中，$\boldsymbol{T}_1$、$\boldsymbol{T}_2$ 和$\boldsymbol{T}_3$ 分别如式(3.47b)、式(3.47c) 和式(3.54) 所示。

子阵级上杂波、干扰和噪声等分量的协方差矩阵为

$$\widetilde{\boldsymbol{R}}=\boldsymbol{T}^{\mathrm{H}}\boldsymbol{R}\boldsymbol{T} \tag{3.92}$$

式中，$\boldsymbol{R}$ 为阵元级上的协方差矩阵，$\boldsymbol{R}=E(\boldsymbol{x}_{\mathrm{u}}\boldsymbol{x}_{\mathrm{u}}^{\mathrm{H}})$。

设阵元级空时导向向量为 $\boldsymbol{a}(\theta_0,f_{\mathrm{d0}})$，其子阵级形式为 $\tilde{\boldsymbol{a}}(\theta_0,f_{\mathrm{d0}})=\boldsymbol{T}^{\mathrm{H}}\boldsymbol{a}(\theta_0,f_{\mathrm{d0}})$，在 MVDR 准则下得到子阵级 STAP 权向量为

$$\tilde{\boldsymbol{w}}=\widetilde{\boldsymbol{R}}^{-1}\boldsymbol{T}_4\tilde{\boldsymbol{a}}(\theta_0,f_{\mathrm{d0}}) \tag{3.93}$$

式中，有

$$\boldsymbol{T}_4=\boldsymbol{I}_K \otimes \boldsymbol{T}_3^{-1} \tag{3.94}$$

式(3.93) 的子阵级 STAP 权向量是矩阵$\boldsymbol{T}_2$ 和$\boldsymbol{T}_3$ 的函数，即与子阵划分方式有关，通过优化子阵划分，可以改善子阵级 STAP 的性能。如前所述，本节采用改善因子作为性能评价指标，子阵级 STAP 的改善因子为

$$\widetilde{I}_{\mathrm{SCNR}}=\frac{\tilde{\boldsymbol{w}}^{\mathrm{H}}\ \tilde{\boldsymbol{s}}_{\mathrm{t}}\ \tilde{\boldsymbol{s}}_{\mathrm{t}}^{\mathrm{H}}\tilde{\boldsymbol{w}}}{\tilde{\boldsymbol{w}}^{\mathrm{H}}\widetilde{\boldsymbol{R}}\tilde{\boldsymbol{w}}}\ \frac{\mathrm{tr}(\boldsymbol{R})}{\boldsymbol{s}_{\mathrm{t}}^{\mathrm{H}}\boldsymbol{s}_{\mathrm{t}}} \tag{3.95}$$

式中，$\tilde{\boldsymbol{s}}_{\mathrm{t}}=\boldsymbol{T}^{\mathrm{H}}\boldsymbol{s}_{\mathrm{t}}$；$\mathrm{tr}(\cdot)$ 表示矩阵的迹。

子阵级 STAP 的性能还需要通过空时自适应方向图衡量，通常要求方向图无栅瓣，低副瓣，干扰方向形成深凹陷。子阵级 STAP 的自适应方向图为

$$\widetilde{\boldsymbol{F}}(\theta,f_{\mathrm{d}})=|\ \widetilde{\boldsymbol{w}}^{\mathrm{H}}\widetilde{\boldsymbol{a}}(\theta,f_{\mathrm{d}})\ | \tag{3.96}$$

蚁群算法非常适合解决组合优化问题，前面的讨论表明相控阵雷达阵面的子阵划分属于组合优化问题，因此此处用蚁群算法搜索最优的子阵划分方式。为保持子阵级阵面的对称性，要求所有子阵关于阵面中心两两对称，因此只需利用蚁群算法对一半阵面进行划分，另一半保持对称即可。

假设对标号为 $1,2,\cdots,\frac{N}{2}$ 的阵元构成的半个阵面进行划分，阵元间的间隔位置记为 $1,2,\cdots,\frac{N}{2}-1$，是可能的子阵分隔点，将其排列成图 3.32 所示的可行解空间，即 $\frac{N}{2}-1$ 个备选位置重复排成 $\frac{M}{2}$ 列，每一列称为一级，从每一级中取一个分隔点（对应一个节点）组合成空间的一个解，利用蚁群算法可以搜索出其中一个最优解。此处，假设 N 和 M 都是偶数。

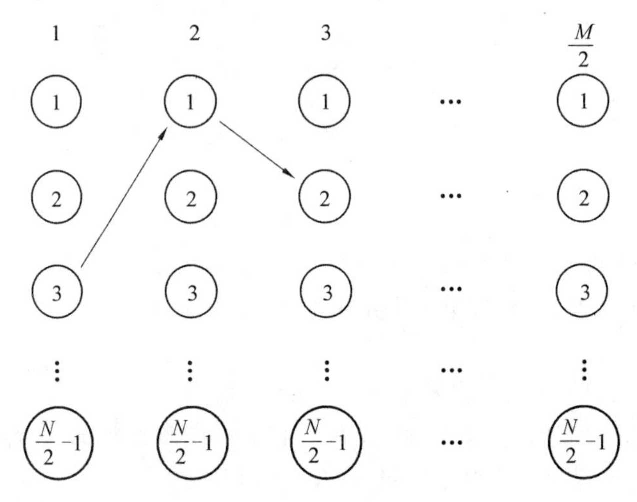

图 3.32　可行解空间

利用蚁群算法划分子阵的过程如下。

(1) $nc \leftarrow 0$（nc 为循环次数），各参数初始化，包括雷达参数和蚁群算法参数。

(2) 将全部的蚂蚁随机置于第 1 级的 $\frac{N}{2}-1$ 个节点上。

(3) 对每个蚂蚁，按转移概率 P_{nm} 选择该级中一个节点，每个蚂蚁走遍 $\frac{M}{2}$ 个节点。蚂蚁在第 m 级中选择第 n 个节点的转移概率定义为

$$P_{nm}=\frac{\tau_{nm}}{\sum_{n=1}^{\frac{N}{2}-1}\tau_{nm}} \tag{3.97}$$

式中，τ_{nm} 为第 m 级中第 n 个节点的吸引强度。

(4) 每个蚂蚁走过的 $\frac{M}{2}$ 个节点构成一种子阵划分方式，在此方式下按式(3.95)计算对应的子阵级 STAP 改善因子，获得可用多普勒空间上的最小改善因子 D_0。对于 D_0 小于给定值的路径，按照更新方程修改吸引强度，更新方程为

$$\tau_{nm}^{\text{new}}=\rho\cdot\tau_{nm}^{\text{old}}+\frac{Q}{D_0} \tag{3.98}$$

式中，ρ 为信息素蒸发系数；Q 为信息素增加强度系数。

(5) $nc \leftarrow nc+1$。

(6) 若 nc 大于最大循环次数，则停止循环运行，按 τ_{nm} 选择节点；否则，转步骤(2)。

利用仿真杂波来考查子阵级 STAP 的改善因子，仿真参数设置见表 3.2。在蚁群算法中，蚂蚁数为 50，最大循环次数为 20，信息素蒸发系数为 0.7，信息素增加强度系数为 1。利用蚁群算法在改善因子最大化准则下搜索子阵划分方式，得到的结果为[4,9,11,12,14,15,16, 18,19,20,21,22,24,25,26,28,29,31,36]，图 3.33 ~ 3.38 给出了此划分方案对应的子阵级 STAP 改善因子和方向图，作为比较，还给出了阵元级 STAP 的改善因子和方向图，以及等噪声功率法阵面划分的子阵级 STAP 的改善因子和方向图（采用等噪声功率法得到的子阵划分结果为[8,11,13,14,15,16,17,18,19,20,21,22,23,24,25,26,27, 29,32]）。

表 3.2 仿真参数设置

参数	取值	参数	取值
载机速度	50 m/s	峰值功率	200 kW
载机高度	9 000 m	系统损耗	4 dB
布阵方式	正侧	噪声温度	2 000 K
阵元数	40 个	脉冲宽度	200 μs
子阵数	20 个	脉冲重复频率	300 Hz
阵元间距	半波长	相参脉冲数	16 个
发射方位角	0°	脉冲锥削窗	−35 dB 切比雪夫
接收锥削窗	−35 dB 切比雪夫	瞬时带宽	4 MHz
工作频率	450 MHz	杂波距离	130 km

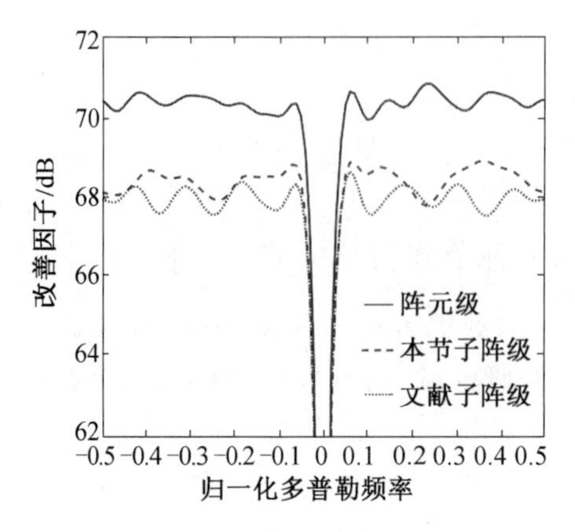

图 3.33 STAP 的改善因子

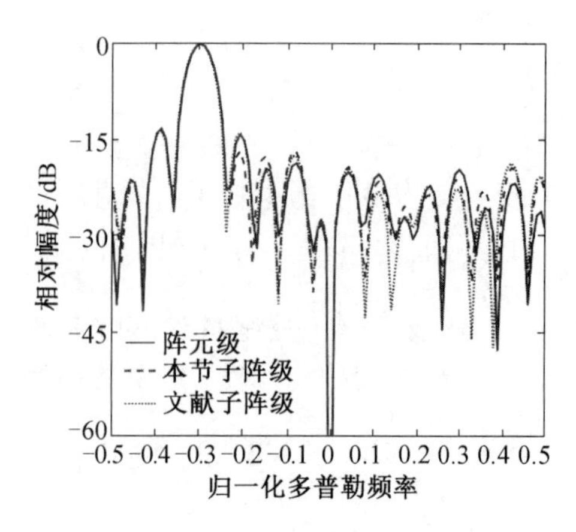

图 3.34 多普勒维方向图

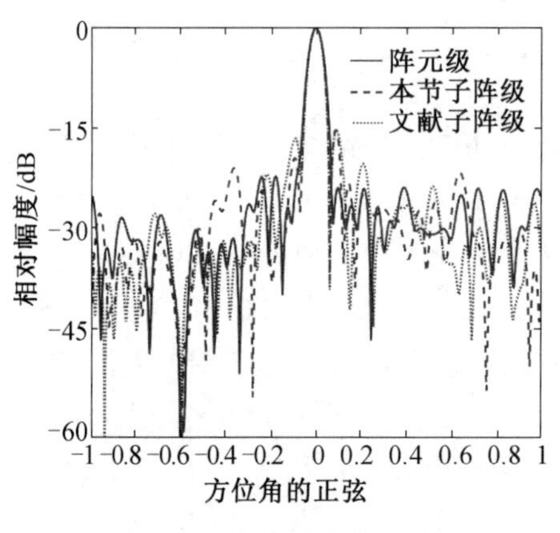

图 3.35 方位维方向图

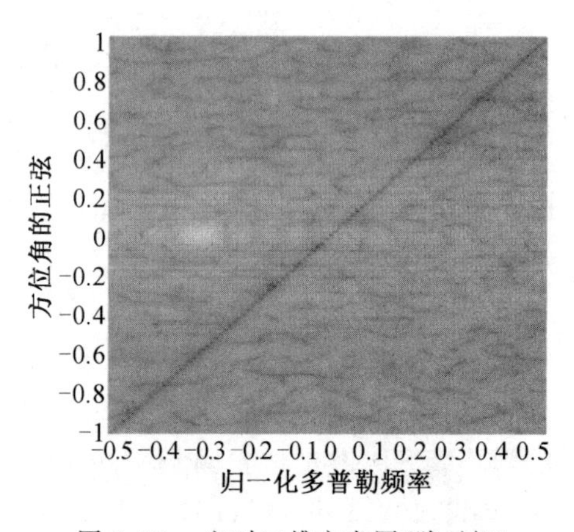

图 3.36 空时二维方向图(阵元级)

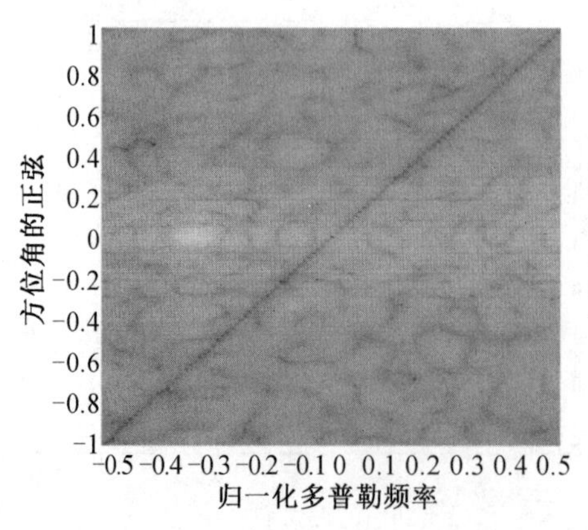

图 3.37 空时二维方向图(本节子阵级)

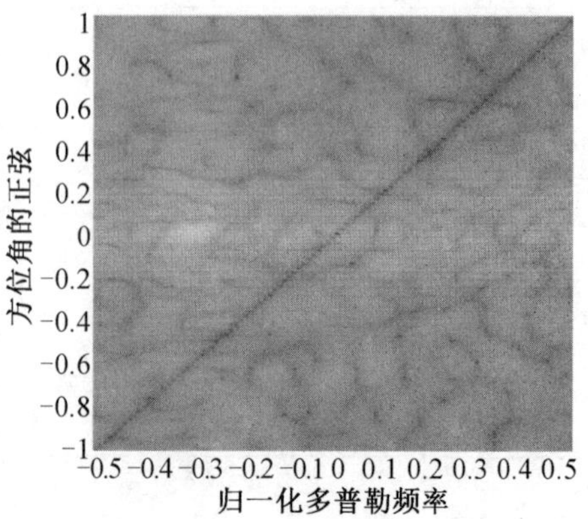

图 3.38 空时二维方向图(文献子阵级)

由图3.33可见，在大部分的可用多普勒空间上，本节的子阵级STAP改善因子大于等噪声功率法子阵划分(文献[17])的改善因子，最大超过1 dB，而且两种子阵级STAP改善因子在可用多普勒空间上均无深凹陷(都低于阵元级STAP的改善因子，平均低约2 dB)。由图3.34～3.38可见，两种子阵级STAP方向图均无栅瓣，在杂波位置形成了深凹陷，平均副瓣高度约为－35.5 dB，而阵元级STAP方向图的平均副瓣约为－29.5 dB，相差6 dB。

3.6 宽带数字波束形成

3.6.1 相控阵波束形成的问题

以接收波束形成为例。为便于讨论，将式(3.3)变换到频域，即

$$S_{rn}(f)=\tilde{a}_r e^{-j2\pi f_c t_0}U(f)e^{-j2\pi f t_0}e^{-j2\pi(f_c+f)\tau_n} \tag{3.99}$$

式中，有

$$U(f)=\int u(t)e^{-j2\pi ft}dt$$

$$\tau_n=\frac{nd\sin\theta}{c},\quad n=0,1,\cdots,N-1$$

相控阵波束形成就是消除各阵元上载波产生的相位差，然后求和，即

$$S_r(f)=\tilde{a}_r e^{-j2\pi f_c t_0}U(f)e^{-j2\pi f t_0}\sum_{n=0}^{N-1}e^{-j2\pi f\tau_n}e^{j2\pi f_c(\tau_n'-\tau_n)} \tag{3.100}$$

式中，$2\pi f_c\tau_n'$为阵内补偿相位，使波束指向角度θ_0，$2\pi f_c\tau_n'=\dfrac{2\pi f_c nd\sin\theta_0}{c}$。

设$u(t)$为LFM信号，则式(3.100)脉压后为

$$z_r(t)=\tilde{a}_r Be^{-j2\pi f_c t_0}\sum_{n=0}^{N-1}\mathrm{sinc}(B[t-(t_0+\tau_n)])e^{j2\pi f_c(\tau_n'-\tau_n)} \tag{3.101}$$

由于每个sinc函数的主瓣宽度为$\dfrac{1}{B}$，峰值位于$t=t_0+\tau_n$，因此只有当$\tau_{N-1}<\dfrac{1}{B}$，即各阵元回波信号位于同一个距离单元内时，上述波束形成才有意义。

设$\tau_{N-1}<\dfrac{1}{B}$，则式(3.100)的求和项即波束方向图，有

$$F(\theta)=\frac{\sin\left\{\dfrac{\pi Nd}{c}[f_c\sin\theta_0-(f_c+f)\sin\theta]\right\}}{N\sin\left\{\dfrac{\pi d}{c}[f_c\sin\theta_0-(f_c+f)\sin\theta]\right\}} \tag{3.102}$$

由式(3.102)可以得到频率变化带来的方向图指向偏移，即

$$\delta\theta = -\frac{f}{f_c}\tan\theta_0 \tag{3.103}$$

文献[1]根据方向图指向偏移 $\delta\theta$ 不超过方向图主瓣宽度一半而对频率 f 进行约束，从而得到了带宽约束条件 $B < \frac{1}{\tau_{N-1}}$。

在式(3.102)中，令 $\theta=\theta_0$，得到波束指向上的信号增益为

$$F(\theta_0) = \frac{\sin\left[\frac{\pi Nd}{c}(f\sin\theta_0)\right]}{N\sin\left[\frac{\pi d}{c}(f\sin\theta_0)\right]} = \frac{\sin\pi fN\tau'_1}{N\sin\pi f\tau'_1} \tag{3.104}$$

因此，若雷达信号不是窄带的，则会出现各阵元上回波信号距离走动及波束方向图畸变等问题。但是，为克服以上问题，对信号带宽的约束条件是基本相同的。

为增加信号带宽，必须减小孔径渡越时间 τ_{N-1}。将阵面划分为若干个子阵，子阵间使用实时延迟器，子阵内使用移相器，这是一种普遍采用的方式，特别是在发射阵列中。

在工程实际中，实时延迟器的位数计算为[23]

$$P = -[-\log_2(f_c\tau_{N-1})] \tag{3.105}$$

式中，[·]表示取整。

式(3.105)表明，孔径渡越时间和载频较高的阵列天线要求延迟器的位数更高，但是位数过高会带来插损大、可靠性差及费用高等问题。实际上，不同位置的子阵对延迟器位数的需求自阵列边缘向中心是渐降的，因此中心部位的延迟器可以简化设计。

3.6.2 频率域数字波束形成

如前所述，宽带发射波束和接收波束可以通过带延迟器和移相器的阵列实现。但是，对于宽带接收波束形成，还可以在频域中实现。

以 N 元均匀线阵为例，其阵列接收信号如式(3.3)所示，频域形式如式(3.99)所示，基于该频域阵列接收信号，波束形成可以在每个频点上分别进行，即

$$\begin{aligned} S_r(f) &= \tilde{a}_r e^{-j2\pi f_c t_0} U(f) e^{-j2\pi f t_0} \sum_{n=0}^{N-1} e^{j2\pi(f_c+f)(\tau'_n-\tau_n)} \\ &= \tilde{a}_r e^{-j2\pi f_c t_0} U(f) e^{-j2\pi f t_0} \frac{\sin\frac{\pi(f_c+f)Nd(\sin\theta_0-\sin\theta)}{c}}{\sin\frac{\pi(f_c+f)d(\sin\theta_0-\sin\theta)}{c}} \end{aligned} \tag{3.106}$$

这种实现方式有以下特点：要求先频域波束形成，后脉冲压缩，脉压峰值位于 t_0 处；不需要实时延迟器或其他距离对齐处理；波束形成的副瓣可以通过泰勒窗函数降低；主瓣宽度变化与相对带宽成正比，一般影响不大。

设雷达信号载频 $f_c = 1$ GHz，LFM 信号的带宽 $B = 100$ MHz，时宽 $T = 10\ \mu s$，采样频率 $f_s = 400$ MHz，均匀线阵有 50 个阵元，阵元间距 $d = \frac{c}{2f_c + B} = 0.142\ 9$ m，波束指向为45°，脉压采用海明窗，波束形成采用 −35 dB 泰勒窗。图 3.39 所示为高频端和低频端频率对应的方向图，宽度相差 10%，其他频点对应的方向图都介于二者之间，指标与理论计算相同。图 3.40 所示为宽带信号的匹配滤波脉压，可见波束形成后的脉压指标与理论计算相同。

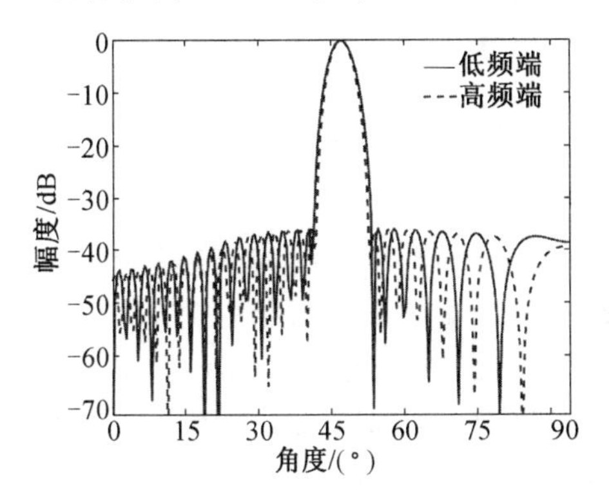

图 3.39　高频端和低频端频率对应的方向图

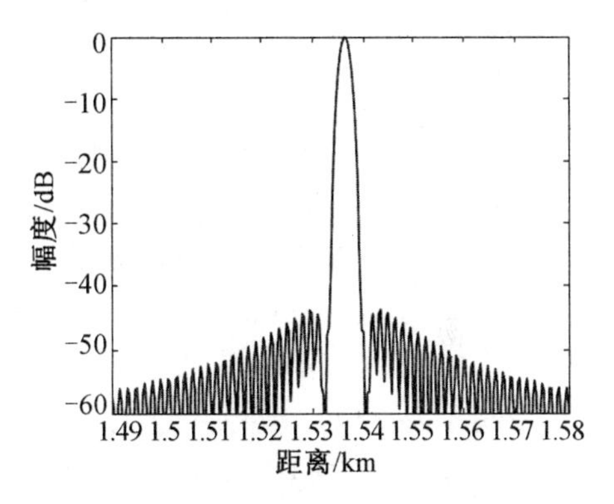

图 3.40　宽带信号的匹配滤波脉压

本章参考文献

[1] 张光义. 相控阵雷达系统[M]. 北京：国防工业出版社，2006.

[2] VAN TREES H L. 最优阵列处理技术[M]. 汤俊，等译. 北京：清华大学出版社，2008.

[3] BRENNAN L E, REED I S. Theory of adaptive radar[J]. IEEE Trans. on AES, 1973, 9(2): 237-252.

[4] BRENNAN L E, MALLET J D, REED I S. Adaptive arrays in airborne MTI radar[J]. IEEE Trans. on AP, 1976, 24(5): 607-615.

[5] WARD J. Space-time adaptive processing for airborne radar[DB]. Technical Report 1015, MIT Lincoln Laboratory, 1994.

[6] 王永良，彭应宁. 空时自适应处理[M]. 北京：清华大学出版社，2000.

[7] KLEMM R. Principles of space-time adaptive processing[M]. London: The Institution of Engineering and Technology, 2006.

[8] ALLEN L L. The theory of array antennas[DB]. Rept. 323, MIT Lincoln Laboratory, 1963.

[9] SKOLNIK M I. 雷达手册[M]. 2 版. 王军, 等译. 北京: 电子工业出版社, 2003.

[10] 吴顺君, 梅晓春. 雷达信号处理与数据处理技术[M]. 北京: 电子工业出版社, 2008.

[11] 陈希信, 韩彦明. 自适应和差波束形成与单脉冲测角研究[J]. 现代雷达, 2010, 32(12): 44-47.

[12] CARLSON B D. Covariance matrix estimation errors and diagonal loading in adaptive arrays[J]. IEEE Trans. on AES, 1988, 24: 397-401.

[13] 陈希信, 韩彦明, 于景兰. 高频雷达自适应波束形成抗干扰研究[J]. 电波科学学报, 2010, 25(6): 1169-1174.

[14] MAILLOUX R J. Covariance matrix augmentation to produce adaptive array pattern troughs[J]. Electronics Letters, 1995, 31(10): 771-772.

[15] ZATMAN M. Production of adaptive array troughs by dispersion synthesis[J]. Electronics Letters, 1995, 31(25): 2141-2142.

[16] REED I S, MALLET J D, BRENNAN L E. Rapid convergence rate in adaptive arrays[J]. IEEE Trans. on AES, 1974, 10: 853-863.

[17] 许志勇, 保铮, 廖桂生. 一种非均匀邻接子阵结构及其部分自适应处理性能分析[J]. 电子学报, 1997, 25(9): 20-24.

[18] 赵树杰. 统计信号处理[M]. 西安: 西北电讯工程学院出版社, 1986.

[19] 陈希信. 天波雷达后多普勒自适应波束形成[J]. 雷达学报, 2016, 5(4): 373-377.

[20] SU H T, LIU H, SHUI P. Adaptive HF interference cancellation for sky wave over-the-horizon radar[J]. Electronics Letters, 2011, 47(1): 50-52.

[21] 廖桂生, 保铮, 张玉洪. 机载雷达时一空二维部分联合自适应处理[J]. 电子科学学刊, 1993, 15(6): 575-580.

[22] 陈希信, 尹成斌, 王峰. 一种降维空时自适应处理子阵划分方法[J]. 雷达科学与技术, 2014, 12(5): 465-469.

[23] 卫健, 束咸荣, 李建新. 宽带相控阵天线波束指向频响分析和实时延迟器应用[J]. 微波学报, 2006, 22(1): 23-26.

第 4 章

雷达信号的检测

4.1 引 言

在雷达信号经过了波束形成、脉冲压缩、MTI/MTD 等处理后，就可以对其中的目标信号进行检测和参数估计了，本章讨论目标检测问题。目标信号检测是在奈曼－皮尔逊准则下进行的，即在虚警概率一定的条件下使检测概率最大。提高检测概率需要提高目标信号的信噪比。其中，波束形成、脉冲压缩、MTD 等处理对不同域上的目标信号进行分辨，同时提高了目标的信噪比；而 MTI 通过提高信杂比从而提高了对杂波中目标信号的检测能力。实际上，雷达信号处理领域的大量研究都涉及目标信号的增强和各种有源／无源干扰的抑制，以期改善雷达的检测性能。

本章主要讨论噪声中目标信号非相参积累后的检测问题，内容概括如下：4.2 节介绍经典的窄带信号检测问题，包括奈曼－皮尔逊检测和恒虚警率处理；4.3 节讨论非相参积累的基本原理，给出检验统计量，推导虚警概率和检测概率计算公式，以及相关的计算和分析；4.4 节研究宽带信号检测的问题，建立目标距离像模型，在不同的参量条件下给出检验统计量，推导虚警概率和检测概率计算公式；4.5 节介绍基于动态规划的检测前跟踪技术，并进行必要的性能分析。

4.2 窄带信号检测

4.2.1 奈曼－皮尔逊检测

雷达目标检测基于以下的二元假设检验，即

$$\begin{cases} H_0: x = w \\ H_1: x = s + w \end{cases} \tag{4.1}$$

式中，假设 H_0 表示接收信号 x 中不存在目标信号 s；假设 H_1 表示存在目标信号 s；x 为在经过各种处理后来自某个空间分辨单元(距离、方位、俯仰角)、运动分辨单元(速度、加速度) 上的信号；s 为目标回波信号，是一个复数，通常假设其幅度服从某个斯威林起伏模型，相位服从 $0 \sim 2\pi$ 上的均匀分布；w 为背景噪声，包括各种有源 / 无源干扰，通常假设其服从复高斯分布。

目标检测就是利用 x 构造检验统计量并进行门限判决的过程。因为存在两种假设，所以可以做出两种判决：D_0 表示选择假设 H_0；D_1 表示选择假设 H_1。用 $P(D_i \mid H_j)$ 表示当 H_j 为真时做出判决 D_i 的条件概率。判决与假设之间的关系见表 4.1，存在四种可能。

表 4.1　判决与假设之间的关系

判决	假设	
	H_0	H_1
D_0	$P(D_0 \mid H_0)$	$P(D_0 \mid H_1)$
D_1	$P(D_1 \mid H_0)$	$P(D_1 \mid H_1)$

在雷达目标检测中，$P(D_1 \mid H_0)$ 称为虚警概率，常用 P_f 表示；$P(D_1 \mid H_1)$ 称为检测概率，常用 P_d 表示。由于假设 H_1 成立的机会很少，而假设 H_0 成立的机会要多得多，并且雷达的处理能力有限，无法接受太多的虚警，因此希望在 P_f 保持一个很小定值的前提下尽量提高 P_d，这就是奈曼－皮尔逊准则[1]。

设函数 $f_0(x)$ 和 $f_1(x)$ 分别是假设 H_0 为真和假设 H_1 为真的条件概率密度函数，Λ_T 是奈曼－皮尔逊准则的似然比门限。根据似然比判决规则，当

$$\Lambda(x) = \frac{f_1(x)}{f_0(x)} \geqslant \Lambda_T \tag{4.2}$$

时，判决 D_1 成立；否则，D_0 成立。

实际中，按照检验统计量进行判决，而检验统计量 λ 由似然比函数 $\Lambda(x)$ 得到。设检测门限为 λ_T，当

$$\lambda \geqslant \lambda_T \tag{4.3}$$

时，判决 D_1 成立；否则，D_0 成立。

在雷达系统设计中，检测概率 P_d 和虚警概率 P_f 都是重要指标，是预先指定的。设 $f_0(\lambda)$ 和 $f_1(\lambda)$ 分别是假设 H_0 为真和假设 H_1 为真的条件概率密度函数，则有

$$P_f = \int_{\lambda_T}^{\infty} f_0(\lambda)\mathrm{d}\lambda \tag{4.4}$$

$$P_d = \int_{\lambda_T}^{\infty} f_1(\lambda)\mathrm{d}\lambda \tag{4.5}$$

检测门限 λ_T 可以通过式(4.4) 解出，通常 $f_1(\lambda)$ 中隐含着信噪比这一参量，在门限 λ_T 确定的情况下，信噪比越高，检测概率 P_d 也越高。

4.2.2　恒虚警率处理

在雷达目标自动检测中，恒虚警率处理(CFAR) 是不可缺少的过程。由于检测背景通常是起伏变化的，因此检测门限也应该随之改变，以保持虚警概率恒定。

假设窄带噪声或杂波服从复高斯分布，则其幅度服从瑞利分布，即

$$f_0(\lambda) = \frac{\lambda}{\sigma^2} \mathrm{e}^{-\frac{\lambda^2}{2\sigma^2}} \tag{4.6}$$

式中，λ 为噪声或杂波的幅度；σ^2 为噪声或杂波的功率。

如果检测门限为 λ_T，则虚警概率为

$$P_f = \int_{\lambda_T}^{\infty} f_0(\lambda)\mathrm{d}\lambda = \mathrm{e}^{-\frac{\lambda_T^2}{2\sigma^2}} \tag{4.7}$$

式(4.7) 表明，当门限 λ_T 固定不变时，若背景干扰的强度发生变化，则 P_f 无法保持一个定值，违背了前面的奈曼－皮尔逊准则。原理上，若能实时估计干扰功率 σ^2，并用 σ 来归一化杂噪干扰，可使干扰功率变成 1，则式(4.7) 中 P_f 仅是 λ_T 的函数，因此达到了恒虚警率的目的。

实际中，CFAR 检测器可以采用单元平均(CA)、有序统计(OS) 或二者的组合等多种方式来实现，相关的研究很多[2]。图 4.1 所示为 CA－CFAR 检测器的原理，考虑到目标扩展等因素，在待检测单元的两边适当设置一些保护单元，数量不少于目标可能占据的单元数，然后利用待检测单元、保护单元之外的一些参考单元来估计干扰功率，与预先求出的门限相乘后作为新的门限并与待检测单元比较。若待检测单元的值更大，则判断存在目标；否则，不存在目标。

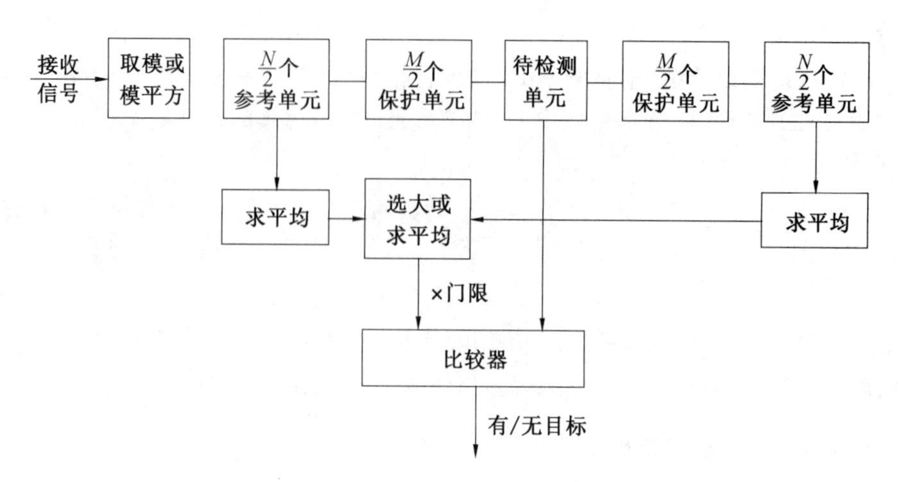

图 4.1 CA－CFAR 检测器的原理

4.3 非相参积累检测

由于不要求系统具有相参性且能提高信噪比，因此非相参积累处理在雷达中得到了广泛应用。本节将在目标的各种斯威林起伏情况和高斯白噪声背景下推导非相参积累的检测概率和虚警概率计算公式，指出非相参积累实际上是一种对目标信号、背景噪声的平滑处理，这种处理可以降低检测门限，因此降低了对目标信噪比的要求，具有等效信噪比增益[3]。当脉冲数较少时，本节将对各种斯威林起伏目标，计算其非相参积累的等效信噪比增益。

4.3.1 检验统计量

假设雷达发射了 K 个非相参脉冲，接收后分别进行脉压处理，从每个脉冲重复周期中获得若干个距离单元的信号。不失一般性，设空间中存在一个点目标，位于某个距离单元上，脉压后第 k 个脉冲的目标信号为 $s_k=a_k\mathrm{e}^{\mathrm{j}\theta_k}$，$a_k$ 和 θ_k 分别是幅度和相位。

在高斯白噪声背景下，目标信号存在或不存在的二元假设检验为

$$\begin{cases}H_0:x_k=w_k\\H_1:x_k=s_k+w_k\end{cases},\quad k=1,2,\cdots,K \tag{4.8}$$

式中，w_k 的均值为零，方差为 $2\sigma^2$。

为便于分析，首先假定回波信号的幅度在脉间是恒定的，等于常数 a，但是相位是随机变量，相互独立且服从均匀分布，即

$$f(\theta_k)=\begin{cases}\dfrac{1}{2\pi}, & 0\leqslant\theta_k<2\pi\\ 0, & 其他\end{cases} \tag{4.9}$$

在假设 H_0 下，x_k 的似然函数为

$$f_0(x_k)=\frac{1}{2\pi\sigma^2}\mathrm{e}^{-\frac{|x_k|^2}{2\sigma^2}} \tag{4.10}$$

在假设 H_1 下，x_k 的条件似然函数为

$$f_1(x_k\mid\theta_k)=\frac{1}{2\pi\sigma^2}\mathrm{e}^{-\frac{|x_k-a\mathrm{e}^{\mathrm{j}\theta_k}|^2}{2\sigma^2}} \tag{4.11}$$

因此，条件似然比函数为

$$\Lambda(x_k\mid\theta_k)=\frac{f_1(x_k\mid\theta_k)}{f_0(x_k)}=\mathrm{e}^{\frac{|x_k^*a|\cos(\varphi_k+\theta_k)}{\sigma^2}-\frac{a^2}{2\sigma^2}} \tag{4.12}$$

式中，$x_k^*a=|x_k^*a|\mathrm{e}^{\mathrm{j}\varphi_k}$，即 φ_k 是 x_k^*a 的相位，上标 $*$ 表示取共轭。

为消除 θ_k 的随机性，对 θ_k 取平均，得到平均似然比函数，即

$$\begin{aligned}\overline{\Lambda}(x_k)&=\int_0^{2\pi}\Lambda(x_k\mid\theta_k)f(\theta_k)\mathrm{d}\theta_k\\&=\mathrm{e}^{-\frac{a^2}{2\sigma^2}}\frac{1}{2\pi}\int_0^{2\pi}\mathrm{e}^{\frac{|x_k^*a|\cos(\varphi_k+\theta_k)}{\sigma^2}}\mathrm{d}\theta_k\\&=\mathrm{e}^{-\frac{a^2}{2\sigma^2}}\mathrm{I}_0\left(\frac{|x_k^*a|}{\sigma^2}\right)\end{aligned} \tag{4.13}$$

式中，$\mathrm{I}_0(\cdot)$ 为第一类零阶修正贝塞尔函数。

在各个脉间观测值相互统计独立的情况下，总的平均似然比函数为

$$\overline{\Lambda}(\boldsymbol{x})=\prod_{k=1}^{K}\overline{\Lambda}(x_k)=\mathrm{e}^{-\frac{P_\mathrm{s}}{2\sigma^2}}\prod_{k=1}^{K}\mathrm{I}_0\left(\frac{|x_k^*a|}{\sigma^2}\right) \tag{4.14}$$

式中，P_s 为信号的总功率，$P_\mathrm{s}=Ka^2$；$\boldsymbol{x}=[x_1,\cdots,x_k]$。

如果似然比门限为 Λ_T，则对数似然比判决规则为：当满足

$$\sum_{k=1}^{K}\ln\mathrm{I}_0\left(\frac{|x_k^*a|}{\sigma^2}\right)\geqslant\ln\Lambda_\mathrm{T}+\frac{P_\mathrm{s}}{2\sigma^2} \tag{4.15}$$

时，判决 D_1 成立；否则，D_0 成立。

由于包含对数和贝塞尔函数运算，因此基于式(4.15) 的检测判决是非常困难的，但可以做一些近似处理[4]。在小信噪比情况下，有

$$\mathrm{I}_0\left(\frac{|x_k^*a|}{\sigma^2}\right)\approx1+\left(\frac{|x_k^*a|}{\sigma^2}\right)^2 \tag{4.16}$$

因此

$$\ln\mathrm{I}_0\left(\frac{|x_k^*a|}{\sigma^2}\right)\approx\ln\left[1+\left(\frac{|x_k^*a|}{2\sigma^2}\right)^2\right]\approx\left(\frac{|x_k^*a|}{2\sigma^2}\right)^2 \tag{4.17}$$

将式(4.17) 代入式(4.15) 中得到小信噪比下的判决规则公式，即

$$\gamma \triangleq \sum_{k=1}^{K} \frac{|x_k|^2}{\sigma^2} \geqslant \frac{4\sigma^2}{a^2}\left(\ln \Lambda_{\mathrm{T}} + \frac{P_{\mathrm{s}}}{2\sigma^2}\right) \triangleq \gamma_{\mathrm{T}} \tag{4.18}$$

式中，检验统计量 γ 仅需要采用平方检测器来实现，要简单得多。

在大信噪比情况下，有

$$\mathrm{I}_0\left(\frac{|x_k^* a|}{\sigma^2}\right) \approx \frac{\mathrm{e}^{\frac{|x_k^* a|}{\sigma^2}}}{\sqrt{\frac{2\pi |x_k^* a|}{\sigma^2}}} \tag{4.19}$$

因此

$$\ln \mathrm{I}_0\left(\frac{|x_k^* a|}{\sigma^2}\right) \approx \frac{|x_k^* a|}{\sigma^2} - \frac{1}{2}\ln \frac{2\pi |x_k^* a|}{\sigma^2} \approx \frac{|x_k^* a|}{\sigma^2} \tag{4.20}$$

将式(4.20)代入式(4.15)中得到大信噪比下的判决规则公式，即

$$\gamma' \triangleq \sum_{k=1}^{K} \frac{|x_k|}{\sigma} \geqslant \frac{\sigma}{a}\left(\ln \Lambda_{\mathrm{T}} + \frac{P_{\mathrm{s}}}{2\sigma^2}\right) \triangleq \gamma'_{\mathrm{T}} \tag{4.21}$$

式中，检验统计量 γ' 仅需要采用线性检测器来实现。

基于式(4.18)和式(4.21)的检测器是两种常用的非相参积累检测器，由于平方律检测器易于进行解析分析，因此下面将考查这种检测器的性能。对于线性检测器，可以采用蒙特卡洛仿真考查其性能，通常这两种检测器的性能非常接近。

为更清楚地揭示非相参积累的意义，对式(4.18)的检验统计量取平均，作为新的统计量，这样处理并不改变检测器的性能。

新的检测门限为 λ_{T}，检验统计量为

$$\lambda = \frac{1}{K}\sum_{k=1}^{K} \frac{|x_k|^2}{\sigma^2} \tag{4.22}$$

当满足

$$\lambda \geqslant \lambda_{\mathrm{T}} \tag{4.23}$$

时，判决 D_1 成立；否则，D_0 成立。

4.3.2 检测性能

1. 虚警概率

当目标不存在时，易知 $\gamma = K\lambda$ 服从 $2K$ 个自由度的中心 χ^2 分布，即

$$f'_0(\gamma) = \frac{\gamma^{K-1}\mathrm{e}^{-\frac{\gamma}{2}}}{2^K \Gamma(K)} \tag{4.24}$$

则 λ 的分布为 $f_0(\lambda) = Kf'_0(K\lambda)$，虚警概率为

$$P_{\mathrm{f}} = \int_{\lambda_{\mathrm{T}}}^{\infty} f_0(\lambda)\mathrm{d}\lambda$$

$$= e^{-\frac{K\lambda_T}{2}} \sum_{k=0}^{K-1} \frac{1}{\Gamma(k+1)} \left(\frac{K\lambda_T}{2}\right)^k \tag{4.25}$$

2. 斯威林 0 型目标的检测概率

当目标无起伏时，有 $a_k = a$，即幅度恒定不变。易知 $\gamma = K\lambda$ 服从 $2K$ 个自由度的非中心 χ^2 分布，即

$$f_1'(\gamma) = \frac{1}{2} \left(\frac{\gamma}{\alpha}\right)^{\frac{K-1}{2}} e^{-\frac{\alpha}{2}-\frac{\gamma}{2}} \mathrm{I}_{K-1}[(\alpha\gamma)^{\frac{1}{2}}] \tag{4.26}$$

式中，$\mathrm{I}_{K-1}[\cdot]$ 为第一类 $K-1$ 阶修正贝塞尔函数，非中心参量 $\alpha = \frac{Ka^2}{\sigma^2}$。则 $r \triangleq \frac{\alpha}{2K} = \frac{a^2}{2\sigma^2}$ 为检测器输入端的单脉冲信噪比。令 $b = a^2$，为信号功率，则有 $r = \frac{b}{2\sigma^2}$。

统计量 λ 的分布为 $f_1(\lambda) = Kf_1'(K\lambda)$，目标的检测概率为

$$\begin{aligned} P_d &= \int_{\lambda_T}^{\infty} f_1(\lambda) d\lambda \\ &= e^{-\frac{K\lambda_T}{2}-Kr} \sum_{n=0}^{\infty} \frac{(Kr)^n}{\Gamma(n+1)} \sum_{k=0}^{n+K-1} \frac{1}{\Gamma(k+1)} \left(\frac{K\lambda_T}{2}\right)^k \end{aligned} \tag{4.27}$$

3. 斯威林 1 型目标的检测概率

假设信号功率 b 服从如下分布，即

$$g(b) = \frac{1}{P_0} e^{-\frac{b}{P_0}} \tag{4.28}$$

式中，P_0 为平均功率，即

$$P_0 = \int_0^{\infty} bg(b) db \tag{4.29}$$

目标的检测概率为

$$\begin{aligned} P_d &= \int_0^{\infty} \int_{\lambda_T}^{\infty} f_1(\lambda) d\lambda g(b) db \\ &= e^{-\frac{K\lambda_T}{2}} \sum_{n=0}^{\infty} \frac{(Kr)^n}{(1+Kr)^{n+1}} \sum_{k=0}^{n+K-1} \frac{1}{\Gamma(k+1)} \left(\frac{K\lambda_T}{2}\right)^k \end{aligned} \tag{4.30}$$

式中，r 为信号平均功率与噪声功率之比，$r = \frac{P_0}{2\sigma^2}$。

4. 斯威林 2 型目标的检测概率

式(4.26) 中密度函数的非中心参量变为

$$\alpha = \frac{1}{\sigma^2} \sum_{k=1}^{K} a_k^2 = \frac{P_0}{2\sigma^2} \sum_{k=1}^{K} \frac{2b_k}{P_0} \tag{4.31}$$

式中，$b_k \triangleq a_k^2$；P_0 为其平均功率，其概率密度为

$$g(b_k) = \frac{1}{P_0} e^{-\frac{b_k}{P_0}} \tag{4.32}$$

易知 $\alpha_k \triangleq \dfrac{2b_k}{P_0}$ 的概率密度函数为

$$h'(\alpha_k)=\frac{1}{2}e^{-\frac{\alpha_k}{2}} \tag{4.33}$$

这是 2 个自由度的中心 χ^2 分布，则 $\alpha'=\sum_{k=1}^{K}\alpha_k$ 是具有 $2K$ 个自由度的中心 χ^2 变量。最后，式(4.31)中 $\alpha=\dfrac{\alpha' P_0}{2\sigma^2}$ 的密度函数为

$$h(\alpha)=\frac{\alpha^{K-1}e^{-\frac{\alpha}{2r}}}{(2r)^K\Gamma(K)} \tag{4.34}$$

式中，r 为信号平均功率与噪声功率之比，$r=\dfrac{P_0}{2\sigma^2}$。

目标的检测概率为

$$\begin{aligned}P_d&=\int_0^{\infty}\int_{\lambda_T}^{\infty}f_1(\lambda)d\lambda h(\alpha)d\alpha\\&=e^{-\frac{K\lambda_T}{2(1+r)}}\sum_{k=0}^{K-1}\frac{1}{\Gamma(k+1)}\left[\frac{K\lambda_T}{2(1+r)}\right]^k\end{aligned} \tag{4.35}$$

5. 斯威林 3 型目标的检测概率

假设信号功率 b 服从如下分布，即

$$g(b)=\frac{4b}{P_0^2}e^{-\frac{2b}{P_0}} \tag{4.36}$$

式中，P_0 为平均功率，即

$$P_0=\int_0^{\infty}bg(b)db \tag{4.37}$$

目标的检测概率为

$$\begin{aligned}P_d&=\int_0^{\infty}\int_{\lambda_T}^{\infty}f_1(\lambda)d\lambda g(b)db\\&=e^{-\frac{K\lambda_T}{2}}\sum_{n=0}^{\infty}\frac{(n+1)\left(\frac{Kr}{2}\right)^n}{\left(1+\frac{Kr}{2}\right)^{n+2}}\sum_{k=0}^{n+K-1}\frac{1}{\Gamma(k+1)}\left(\frac{K\lambda_T}{2}\right)^k\end{aligned} \tag{4.38}$$

式中，r 为信号平均功率与噪声功率之比，$r=\dfrac{P_0}{2\sigma^2}$。

6. 斯威林 4 型目标的检测概率

式(4.26)中密度函数的非中心参量变为

$$\alpha=\frac{1}{\sigma^2}\sum_{k=1}^{K}a_k^2=\frac{P_0}{4\sigma^2}\sum_{k=1}^{K}\frac{4b_k}{P_0} \tag{4.39}$$

式中，$b_k\triangleq a_k^2$；P_0 为其平均功率，其概率密度为

$$g(b_k)=\frac{4b_k}{P_0^2}\mathrm{e}^{-\frac{2b_k}{P_0}} \tag{4.40}$$

易知 $\alpha_k \triangleq \frac{4b_k}{P_0}$ 的概率密度为

$$h'(\alpha_k)=\frac{\alpha_k}{4}\mathrm{e}^{-\frac{\alpha_k}{2}} \tag{4.41}$$

这是 4 个自由度的中心 χ^2 分布，则 $\alpha'=\sum_{k=1}^{K}\alpha_k$ 是具有 $4K$ 个自由度的中心 χ^2 变量。最后，式(4.39) 中 $\alpha=\frac{\alpha' P_0}{4\sigma^2}$ 的密度函数为

$$h(\alpha)=\frac{\alpha^{2K-1}\mathrm{e}^{-\frac{\alpha}{r}}}{r^{2K}\Gamma(2K)} \tag{4.42}$$

式中，r 为平均信号功率与噪声功率之比，$r=\frac{P_0}{2\sigma^2}$。

目标的检测概率为

$$\begin{aligned}P_{\mathrm{d}}&=\int_0^{\infty}\int_{\lambda_{\mathrm{T}}}^{\infty}f_1(\lambda)\mathrm{d}\lambda h(\alpha)\mathrm{d}\alpha\\&=\frac{\mathrm{e}^{-\frac{K\lambda_{\mathrm{T}}}{2}}}{\left(1+\frac{r}{2}\right)^{2K}}\sum_{n=0}^{\infty}\frac{\Gamma(n+2K)}{\Gamma(n+1)\Gamma(2K)}\frac{1}{\left(1+\frac{2}{r}\right)^{n}}\sum_{k=0}^{n+K-1}\frac{\left(\frac{K\lambda_{\mathrm{T}}}{2}\right)^{k}}{\Gamma(k+1)}\end{aligned} \tag{4.43}$$

4.3.3　计算与分析

1. 非相参积累的含义

为说明非相参积累的意义，首先给出一个直观的例子。产生 100 个脉冲的仿真数据，每个脉冲的数据长度为 50，其中信号功率为 10 dB，噪声功率为 0 dB，因此信噪比为 10 dB。图 4.2 所示为单脉冲信号，图 4.3 所示为多脉冲非相参积累。

由图 4.2 和图 4.3 可见，多脉冲非相参积累后，信噪比未变，恒为 $1+\frac{P_{\mathrm{s}}}{P_{\mathrm{n}}}$。其中，$P_{\mathrm{s}}$ 为信号功率；P_{n} 为噪声功率。信号、噪声被平滑了，即信号加噪声、噪声的概率分布被改变了，而且积累脉冲数量越多，信号、噪声越平滑。

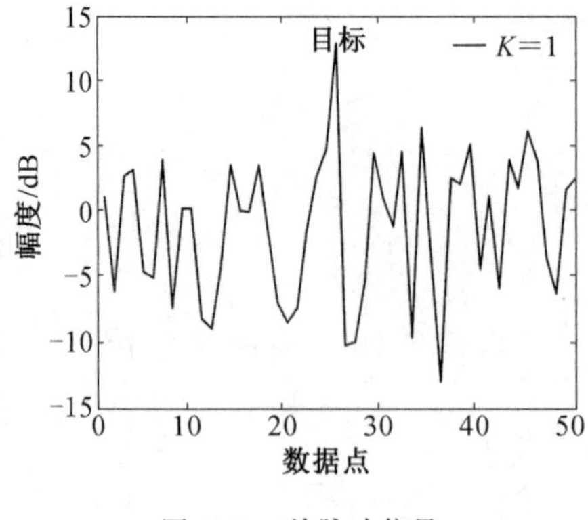

图 4.2　单脉冲信号

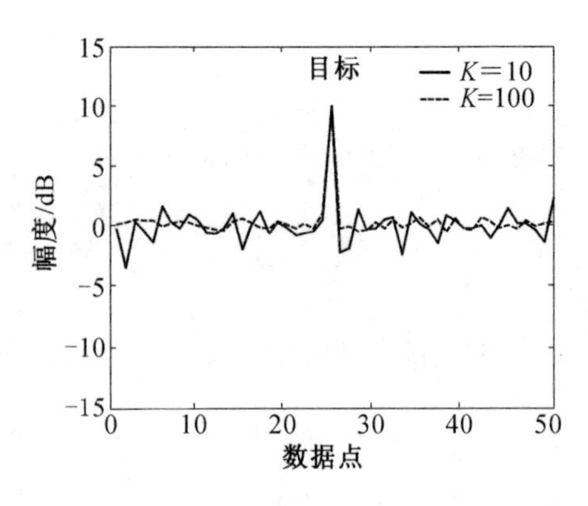

图 4.3　多脉冲非相参积累

单脉冲检测和 10 脉冲积累时虚警概率与检测门限的关系曲线如图 4.4 所示，可见在雷达要求的低虚警概率下，通过非相参积累，可以降低检测门限，而虚警概率保持不变，其根本原因在于噪声被平滑，起伏变小了。检测门限可以降低，因此对信噪比的要求也降低了，从而在保持虚警概率不变的同时，通过非相参积累实现了弱目标检测，这与相参积累的作用是不同的，相参积累通过提高弱信号的信噪比而改善检测性能。

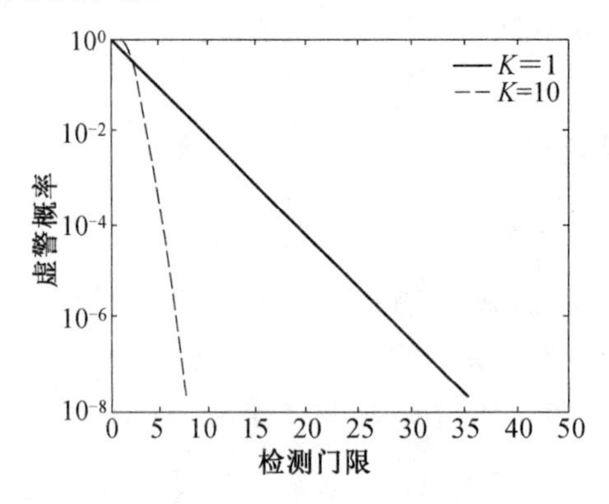

图 4.4　虚警概率与检测门限的关系曲线

2. 检测概率与信噪比的关系

根据 4.3.2 节中推导的检测概率计算公式，设 $P_{\mathrm{f}}=10^{-6}$，对于 $K=1$ 和 $K=10$，本节给出各种斯威林模型下检测概率随信噪比的变化曲线，如图 4.5 ～ 4.9 所示，图中圆圈为文献[5] 中的数值。需要说明的是，由于计算机性能的限制，部分数值无法计算，因此对应的曲线不完整。

由图 4.5 ～ 4.9 可见，对某个检测概率，当采用多个脉冲进行非相参积累时，单脉冲信噪比或平均信噪比可以降低若干分贝（具体数值可以根据公式计算），

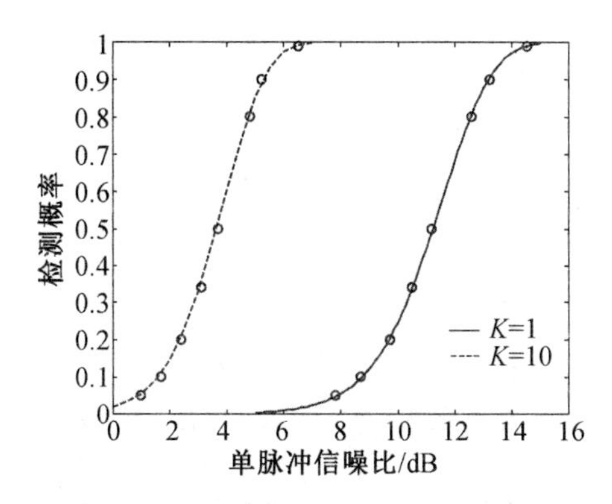

图 4.5　检测概率随信噪比的变化曲线(斯威林 0 型)

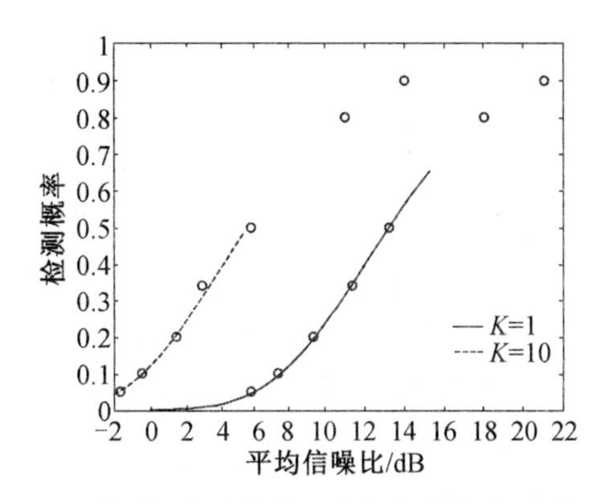

图 4.6　检测概率随信噪比的变化曲线(斯威林 1 型)

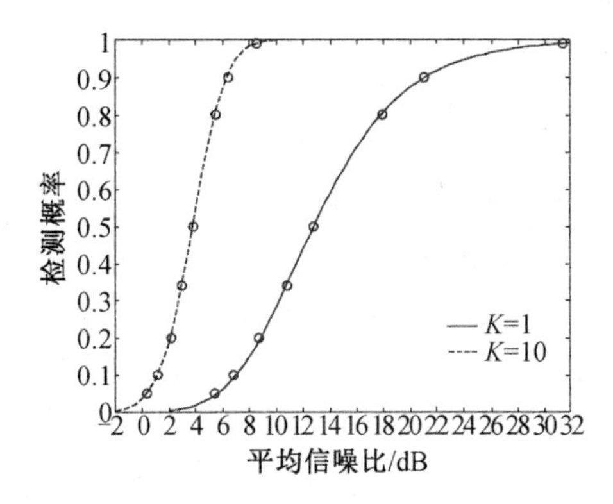

图 4.7　检测概率随信噪比的变化曲线(斯威林 2 型)

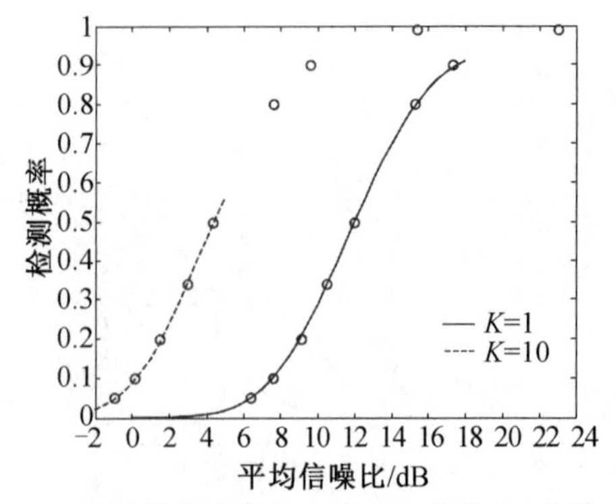

图 4.8　检测概率随信噪比的变化曲线(斯威林 3 型)

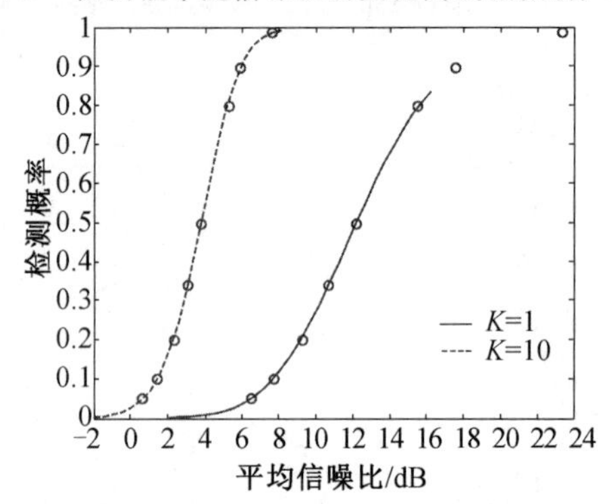

图 4.9　检测概率随信噪比的变化曲线(斯威林 4 型)

这是因为检测门限降低,所以对信噪比的要求降低了。另外,图中曲线也与文献[5]中的数值相符。

3. 与相参积累的比较

雷达经常采用多脉冲积累进行目标探测。当对这些脉冲回波信号进行相参积累时,可以提高信噪比,因此降低了对单脉冲信噪比的要求;当进行非相参积累时,由于检测门限可以降低,因此等效地降低了对单脉冲信噪比的要求。但是,两种积累对单脉冲信噪比的要求是不同的,通常非相参积累要求高一些,即非相参积累相较于相参积累存在积累损失。对于斯威林 0 型目标,8 脉冲和 16 脉冲非相参积累时检测概率随单脉冲信噪比的变化曲线如图 4.10 所示,图中 $P_f=10^{-6}$。

根据图 4.10,对于 $P_d=0.8$ 和 $P_d=0.5$,当脉冲数为 8、16 时,单脉冲信噪比见表 4.2。根据图 4.5,对于 $P_d=0.8$ 和 $P_d=0.5$,当脉冲数为 1 时,单脉冲信噪比分别为 12.57 dB 和 11.24 dB,如果采用 8、16 个脉冲进行相参积累,所需要的单脉冲信噪比也列于表 4.2 中,表中还给出了脉冲数为 8、16 时非相参积累相对于相参积累的信噪比损失。

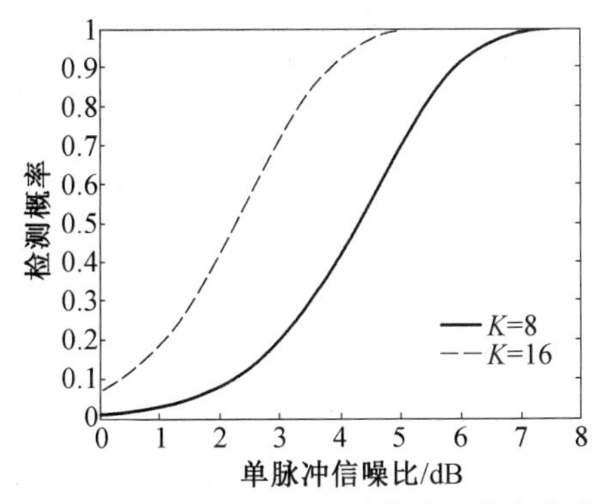

图 4.10　检测概率随单脉冲信噪比的变化曲线

表 4.2　单脉冲信噪比与信噪比损失

检测概率	脉冲数	非相参积累 /dB	相参积累 /dB	信噪比损失 /dB
$P_d = 0.8$	$K = 8$	5.45	3.54	1.91
	$K = 16$	3.34	0.53	2.81
$P_d = 0.5$	$K = 8$	4.32	2.21	2.11
	$K = 16$	2.28	−0.8	3.08

由表 4.2 可见，当积累脉冲数不太多时，相参积累比非相参积累约有 2 ～ 3 dB 的好处。但是，由于相参积累通常还存在差不多的幅相失配损失，因此这时相参积累的优势并不明显(相参积累更重要的作用在于抑制杂波)。相参积累的相位(速度)失配损失不可避免，幅度(加窗)失配损失应尽量减小。

4. 等效信噪比增益

非相参积累尽管不提高信噪比，但是其检测门限可以降低，从而降低对信噪比的要求，因此具有等效信噪比增益。例如，当 $P_d = 0.5$，$K = 8$ 时，参考表 4.2，等效增益为 10lg 8 − 2.11 = 6.9 (dB)。对于 $P_d = 0.5$，$P_f = 10^{-6}$，以及较少的脉冲，各种斯威林起伏模型下的等效积累增益见表 4.3 ～ 4.5。

表 4.3　斯威林 0/1/3 型目标的等效积累增益

脉冲数	积累增益 /dB
2	2.4
3	3.8
4	4.7
5	5.2
6	6.0
7	6.5
8	6.9
9	7.3
10	7.6
16	9.0

表 4.4　斯威林 2 型目标的等效积累增益

脉冲数	积累增益 /dB
2	3.2
3	4.9
4	5.9
5	6.5
6	7.4
7	7.9
8	8.3
9	8.7
10	9.0
16	10.4

表 4.5　斯威林 4 型目标的等效积累增益

脉冲数	积累增益 /dB
2	2.8
3	4.3
4	5.3
5	5.8
6	6.6
7	7.1
8	7.6
9	7.9
10	8.2
16	9.6

4.4　宽带信号检测

宽带雷达具有高的距离分辨能力，脉压后目标分布在多个距离单元上，成为距离扩展目标，其检测呈现出区别于窄带点目标的新特点。根据 4.3 节的讨论，非相参积累可以等效地提高信噪比。同样，在宽带目标结构未知的情况下，对宽带目标回波信号进行非相参积累也可以改善检测性能[6]。本节将讨论宽带信号的非相参积累检测问题。

4.4.1　目标距离像模型

根据雷达目标特性理论，当雷达工作在光学区时，目标可以看成一个由若干散射点构成的线性系统，目标回波是雷达发射信号通过该线性系统后的输出。

当雷达发射窄带信号时，这些散射点不可分辨，此时目标在距离上是一个点目标。当发射信号带宽足够大时，这些散射点被分辨开来，目标成为距离分布目标，因此可以得到目标的一维距离像[7]。

设目标系统具有如下脉冲响应函数，即

$$h(t)=\sum_{l=1}^{L}a_l\delta(t-\tau_l) \tag{4.44}$$

式中，a_l 和 τ_l 分别为第 l 个散射点的幅度和时延；L 为散射点数量。

设雷达的发射信号为

$$s_{\mathrm{t}}(t)=\mathrm{rect}\left(\frac{t}{T}\right)u(t)\mathrm{e}^{\mathrm{j}2\pi f_{\mathrm{c}}\left(t+\frac{T}{2}\right)} \tag{4.45}$$

式中，rect(•) 为标准矩形函数；T 为脉冲宽度；$u(t)$ 为发射信号的包络，此处采用式(1.11) 的线性调频信号；f_{c} 为载频。

对于远处的一个运动目标，其回波信号为

$$s_{\mathrm{r}}(t)=s_{\mathrm{t}}(t)*h(t)=\sum_{l=1}^{L}a_l\mathrm{rect}\left(\frac{t-\tau_l}{T}\right)u(t-\tau_l)\mathrm{e}^{\mathrm{j}2\pi f_{\mathrm{c}}\left(t-\tau_l+\frac{T}{2}\right)} \tag{4.46}$$

式中，有

$$\tau_l=\frac{2(R_0+\Delta R_l+vt)}{c}$$

式中，R_0 为目标到雷达最近的散射点的距离；ΔR_l 为该散射点与第 l 个散射点之间的距离；v 为目标速度；c 为光速。

目标回波信号混频后为

$$s'_{\mathrm{r}}(t)=s_{\mathrm{r}}(t)\mathrm{rect}\left(\frac{t}{T_{\mathrm{r}}}\right)\mathrm{e}^{-\mathrm{j}2\pi f_{\mathrm{c}}\left(t+\frac{T_{\mathrm{r}}}{2}\right)}\approx\sum_{l=1}^{L}a_l\mathrm{rect}\left(\frac{t-\tau'_l}{T}\right)u(t-\tau'_l)\mathrm{e}^{-\mathrm{j}2\pi f_{\mathrm{c}}\tau_l} \tag{4.47}$$

式中，有

$$\tau'_l=\frac{2(R_0+\Delta R_l)}{c}$$

将式(4.47) 变换到快时间的频域，得到

$$S'_{\mathrm{r}}(f)=U(f+f_{\mathrm{d}})\sum_{l=1}^{L}a_l\mathrm{e}^{-\mathrm{j}2\pi(f+f_{\mathrm{d}}+f_{\mathrm{c}})\tau'_l} \tag{4.48}$$

$$U(f+f_{\mathrm{d}})=\int_{-\frac{T}{2}}^{\frac{T}{2}}u(t)\mathrm{e}^{-\mathrm{j}2\pi(f+f_{\mathrm{d}})t}\mathrm{d}t\approx\mathrm{rect}\left(\frac{f+f_{\mathrm{d}}}{B}\right)\mathrm{e}^{-\frac{\mathrm{j}\pi(f+f_{\mathrm{d}})^2}{\gamma}} \tag{4.49}$$

式中，f_{d} 为目标的多普勒频率，$f_{\mathrm{d}}=\dfrac{2vf_{\mathrm{c}}}{c}$；$B$ 为线性调频信号的带宽。

在式(4.49) 中，令 $f_{\mathrm{d}}=0$，可得发射信号包络的频谱 $U(f)$。根据匹配滤波器理论，匹配滤波器的频响函数为 $U^*(f)$，因此式(4.47) 的混频信号经过匹配滤波

器后输出为

$$S(f)=S_r'(f)U^*(f)=\mathrm{rect}\left[\frac{f+\frac{f_d}{2}}{B-f_d}\right]\mathrm{e}^{-\mathrm{j}2\pi\frac{ff_d}{\gamma}}\mathrm{e}^{-\mathrm{j}\pi\frac{f_d^2}{\gamma}}\sum_{l=1}^{L}a_l\mathrm{e}^{-\mathrm{j}2\pi(f+f_d+f_c)\tau_l'} \tag{4.50}$$

对式(4.50)执行傅里叶逆变换实现脉冲压缩，得到

$$s(t)=(B-f_d)\sum_{l=1}^{L}a_l\mathrm{sinc}\left((B-f_d)\left(t-\tau_l'-\frac{f_d}{\gamma}\right)\right)\mathrm{e}^{-\mathrm{j}\pi f_d(t+\tau_l')}\mathrm{e}^{-\mathrm{j}2\pi f_c\tau_l'} \tag{4.51}$$

式(4.51)表明，脉压后目标回波为 L 个散射点位置上($t=\tau_l'+\frac{f_d}{\gamma}$)的 sinc 函数之和，对应的相位为

$$\pi f_d(t+\tau_l')+2\pi f_c\tau_l'=\frac{\pi f_d^2}{\gamma}+2\pi(f_c+f_d)\tau_l'$$

在窄带情况下，式(4.51)可以近似表示为

$$s(t)\approx(B-f_d)\mathrm{sinc}\left((B-f_d)\left(t-\tau_0-\frac{f_d}{\gamma}\right)\right)\mathrm{e}^{-\frac{\mathrm{j}\pi f_d^2}{\gamma}}\sum_{l=1}^{L}a_l\mathrm{e}^{-\mathrm{j}2\pi(f_c+f_d)\tau_l'} \tag{4.52}$$

式中，$\tau_0=\frac{2R_0}{c}$。可见，回波信号是各散射点信号分量的向量和，与各散射点信号分量的幅度 a_l、时延 τ_l'、多普勒频率 f_d 及载频 f_c 有关。关于窄带信号模型的进一步讨论及其检测问题可以参见相关文献。

在宽带情况下，式(4.51)中的各个 sinc 函数构成了目标的一维距离像，本节将研究该距离像的检测问题。

假设目标的各个散射点位于不同的距离分辨单元上，对式(4.51)进行离散化和必要的化简后得到

$$s(t_k)=\sum_{l=1}^{L}a_l\mathrm{e}^{\mathrm{j}\theta_l}\delta(t_k-\tau_l') \tag{4.53}$$

为方便书写，下面将 $s(t_k)$ 记为 s_k，将 $\delta(t_k-\tau_l')$ 记为 $\delta_{k,l}$，其他的类同。

4.4.2 已知参量距离像的检测

1. 检验统计量

不失一般性，假设目标散射点位于 L 个连续的距离单元上，现在在这 L 个单元构成的观测窗内进行目标距离像检测，因此有

$$s_k=\sum_{l=1}^{L}a_l\mathrm{e}^{\mathrm{j}\theta_l}\delta_{k,l} \tag{4.54}$$

在高斯白噪声背景下，目标距离像存在或不存在的二元假设检验为

$$\begin{array}{l}H_0:x_k=w_k\\H_1:x_k=s_k+w_k\end{array},\quad k=1,2,\cdots,L \tag{4.55}$$

式中，噪声 w_k 的均值为零，方差为 $2\sigma^2$。

记 $\boldsymbol{x}=[x_1,x_2,\cdots,x_L]^{\mathrm{T}}$，$\boldsymbol{s}=[s_1,s_2,\cdots,s_L]^{\mathrm{T}}$，$\boldsymbol{w}=[w_1,w_2,\cdots,w_L]^{\mathrm{T}}$，上标 T 表示转置。假设距离像 $\boldsymbol{s}$ 的各参量都是已知的，则两个假设下的似然函数为

$$f_0(\boldsymbol{x})=\frac{1}{(2\pi\sigma^2)^L}\mathrm{e}^{-\frac{\boldsymbol{x}^{\mathrm{H}}\boldsymbol{x}}{2\sigma^2}} \tag{4.56}$$

$$f_1(\boldsymbol{x})=\frac{1}{(2\pi\sigma^2)^L}\mathrm{e}^{-\frac{(\boldsymbol{x}-\boldsymbol{s})^{\mathrm{H}}(\boldsymbol{x}-\boldsymbol{s})}{2\sigma^2}} \tag{4.57}$$

式中，上标 H 表示共轭转置。

采用似然比检验，判决规则为：当满足

$$\frac{f_1(\boldsymbol{x})}{f_0(\boldsymbol{x})}\geqslant\Lambda_{\mathrm{T}} \tag{4.58}$$

时，判决 D_1 成立；否则，判决 D_0 成立。式中，Λ_{T} 为似然比门限。

将式(4.56)和式(4.57)代入式(4.58)中，整理得到

$$\frac{f_1(\boldsymbol{x})}{f_0(\boldsymbol{x})}=\mathrm{e}^{\frac{\mathrm{Re}(\boldsymbol{s}^{\mathrm{H}}\boldsymbol{x})}{\sigma^2}-\frac{\boldsymbol{s}^{\mathrm{H}}\boldsymbol{s}}{2\sigma^2}}\geqslant\Lambda_{\mathrm{T}} \tag{4.59}$$

式中，Re(•) 表示取复数的实部。

对式(4.59)两边取对数，整理得到

$$\lambda\triangleq\mathrm{Re}(\boldsymbol{s}^{\mathrm{H}}\boldsymbol{x})\geqslant\sigma^2\ln\Lambda_{\mathrm{T}}+\frac{\boldsymbol{s}^{\mathrm{H}}\boldsymbol{s}}{2}=\sigma^2\ln\Lambda_{\mathrm{T}}+\frac{P_{\mathrm{s}}}{2}\triangleq\lambda_{\mathrm{T}} \tag{4.60}$$

式中，P_{s} 表示信号的能量，$P_{\mathrm{s}}=\boldsymbol{s}^{\mathrm{H}}\boldsymbol{s}=\sum_{l=1}^{L}a_l^2$。

式(4.60)表明，检验统计量是待检测信号与已知目标距离像的互相关运算，并取实部。在奈曼－皮尔逊准则下，检测门限 λ_{T} 根据虚警概率来确定。

2. 检测性能

根据式(4.56)和式(4.57)，在假设 H_0 和 H_1 下，$\boldsymbol{x}$ 服从高斯分布，因此检验统计量 $\lambda=\mathrm{Re}(\boldsymbol{s}^{\mathrm{H}}\boldsymbol{x})$ 也是高斯的，只要求出其均值和方差，就可以确定其概率密度函数。

当目标信号不存在时，$\boldsymbol{x}=\boldsymbol{w}$，则 λ 的均值和方差为

$$E(\lambda\mid H_0)=\mathrm{Re}(\boldsymbol{s}^{\mathrm{H}}E[\boldsymbol{w}])=0 \tag{4.61}$$

$$\begin{aligned}\mathrm{Var}[\lambda\mid H_0]&=E\{[\mathrm{Re}(\boldsymbol{s}^{\mathrm{H}}\boldsymbol{w})]^2\}\\&=E\{[\mathrm{Re}(\boldsymbol{s}^{\mathrm{H}})\mathrm{Re}(\boldsymbol{w})-\mathrm{Im}(\boldsymbol{s}^{\mathrm{H}})\mathrm{Im}(\boldsymbol{w})]^2\}\\&=P_{\mathrm{s}}\sigma^2\end{aligned} \tag{4.62}$$

式中，Re(•) 和 Im(•) 分别表示取复向量的实部、虚部。

当目标信号存在时，$\boldsymbol{x}=\boldsymbol{s}+\boldsymbol{w}$，则 λ 的均值和方差为

$$E[\lambda\mid H_1]=\mathrm{Re}(\boldsymbol{s}^{\mathrm{H}}E[\boldsymbol{x}])=P_{\mathrm{s}} \tag{4.63}$$

$$\mathrm{Var}[\lambda\mid H_1]=E\{[\lambda-P_{\mathrm{s}}]^2\}=E\{[\mathrm{Re}(\boldsymbol{s}^{\mathrm{H}}\boldsymbol{w})]^2\}=P_{\mathrm{s}}\sigma^2 \tag{4.64}$$

因此，检验统计量 λ 在假设 H_0 和 H_1 下的概率密度函数为

$$f_0(\lambda)=\frac{1}{\sqrt{2\pi P_s\sigma^2}}e^{-\frac{\lambda^2}{2P_s\sigma^2}} \tag{4.65}$$

$$f_1(\lambda)=\frac{1}{\sqrt{2\pi P_s\sigma^2}}e^{-\frac{(\lambda-P_s)^2}{2P_s\sigma^2}} \tag{4.66}$$

检测系统的虚警概率和检测概率为

$$P_f=\int_{\lambda_T}^{\infty}f_0(\lambda)d\lambda=\int_{\frac{\lambda_T}{\sqrt{P_s\sigma^2}}}^{\infty}\frac{1}{\sqrt{2\pi}}e^{-\frac{u^2}{2}}du \tag{4.67}$$

$$P_d=\int_{\lambda_T}^{\infty}f_1(\lambda)d\lambda=\int_{\frac{\lambda_T}{\sqrt{P_s\sigma^2}}-\sqrt{\frac{P_s}{\sigma^2}}}^{\infty}\frac{1}{\sqrt{2\pi}}e^{-\frac{u^2}{2}}du \tag{4.68}$$

在雷达设计中，虚警概率 P_f 是一个重要指标，指定 P_f 后，根据式(4.67)，检测门限 $\lambda'_T=\frac{\lambda_T}{\sqrt{P_s\sigma^2}}$ 也就确定了。对于式(4.68)的积分下限 $\lambda'_T-\sqrt{\frac{P_s}{\sigma^2}}$，第一项已经确定，如果定义宽带目标回波信号的信噪比为 $\mathrm{SNR}=\frac{P_s}{2\sigma^2}$，则第二项为 $\sqrt{2\mathrm{SNR}}$。可见，若信噪比提高，积分下限将变小，因此检测概率将增大。检测概率与信噪比的关系曲线如图 4.11 所示。

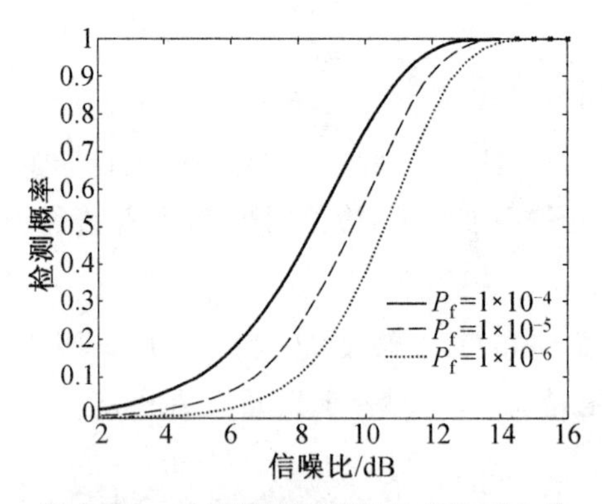

图 4.11　检测概率与信噪比的关系曲线

4.4.3　随机相位距离像的检测

假设式(4.54)中每个距离点回波信号的幅度是相同的，都为常数 a，但是相位是随机变量，相互独立且服从式(4.9)的均匀分布。

1. 检测性能

参考 4.3.1 节中的推导过程，可以得到一维距离像的判决规则为

$$\lambda \triangleq \frac{1}{L}\sum_{k=1}^{L}\frac{|x_k|^2}{\sigma^2} \geqslant \lambda_{\mathrm{T}} \tag{4.69}$$

$$\lambda' \triangleq \frac{1}{L}\sum_{k=1}^{L}\frac{|x_k|}{\sigma} \geqslant \lambda'_{\mathrm{T}} \tag{4.70}$$

统计量 λ 的检测概率和虚警概率分别为

$$P_{\mathrm{d}} = \mathrm{e}^{-\frac{L\lambda_{\mathrm{T}}}{2}-Lr}\sum_{n=0}^{\infty}\frac{(Lr)^n}{\Gamma(n+1)}\sum_{l=0}^{n+L-1}\frac{1}{\Gamma(l+1)}\left(\frac{L\lambda_{\mathrm{T}}}{2}\right)^l \tag{4.71}$$

$$P_{\mathrm{f}} = \mathrm{e}^{-\frac{L\lambda_{\mathrm{T}}}{2}}\sum_{l=0}^{L-1}\frac{1}{\Gamma(l+1)}\left(\frac{L\lambda_{\mathrm{T}}}{2}\right)^l \tag{4.72}$$

在式(4.71)中，$r=\frac{a^2}{2\sigma^2}$ 是等幅距离像中每个距离点上的信噪比，当 $L=1$ 时，它是窄带目标回波的信噪比。

在不同分辨单元下，图 4.12 所示为虚警概率与检测门限的关系，图 4.13 所示为检测概率与单个距离单元信噪比的关系，图中 $P_{\mathrm{f}}=10^{-6}$。

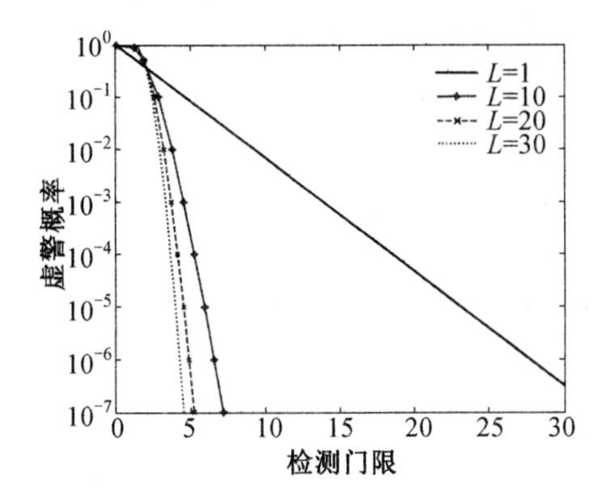

图 4.12　虚警概率与检测门限的关系

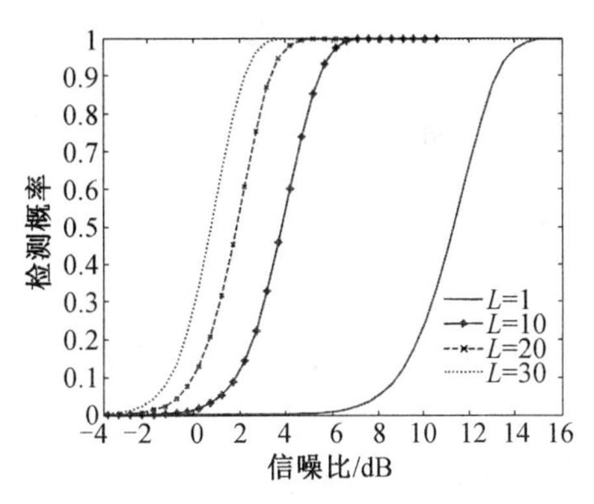

图 4.13　检测概率与单个距离单元信噪比的关系($P_{\mathrm{f}}=10^{-6}$)

由图 4.12 和图 4.13 可得以下结论。

(1) 对于式(4.69)的检验统计量，对某个虚警概率，目标分辨单元越多，检测门限越低，且宽带门限均低于窄带门限。

(2) 对于宽带检测，分辨单元越多，对单个距离单元信噪比的要求越低，即存在着积累的好处。

2. 平方与线性检测器性能比较

在窄带点目标信号检测中，已经证明平方检测器与线性检测器的性能仅相差约 0.2 dB，可以忽略不计，因此实际中可以任意采用二者之一。由于线性检测器性能的解析分析非常困难，因此采用蒙特卡洛仿真的方法来比较二者在距离像检测中的性能。平方检测器的检测门限利用式(4.72)计算，线性检测器的检

测门限采用蒙特卡洛仿真得到，线性检测器的检测门限见表 4.6。图 4.14 所示为平方检测器和线性检测器检测概率与单元信噪比的关系，对应每个信噪比的检测概率都是 10 000 次蒙特卡洛仿真的结果。可见，线性检测器有大约 0.15 dB 的好处，图中 $P_f = 10^{-6}$，$L = 20$。

表 4.6　线性检测器的检测门限

目标单元	虚警概率		
	$P_f = 10^{-4}$	$P_f = 10^{-5}$	$P_f = 10^{-6}$
$L = 10$	2.100 9	2.234 2	2.356 4
$L = 20$	1.838 0	1.933 7	2.018 8
$L = 30$	1.723 9	1.794 6	1.852 6

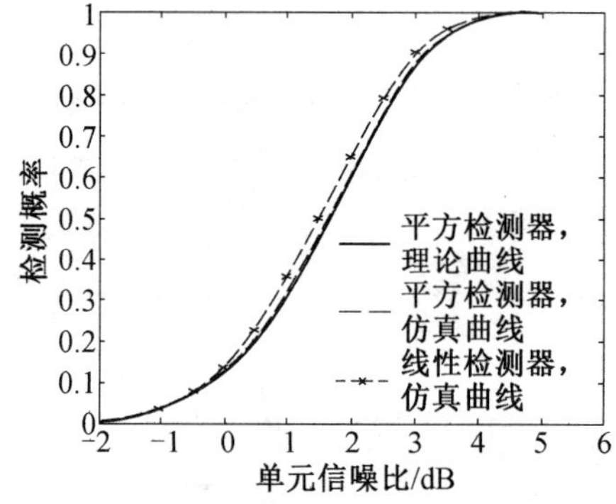

图 4.14　平方检测器和线性检测器检测概率与单元信噪比的关系

3. 性能再分析

前面研究了目标距离像位于已知的 L 个连续距离单元上的检测问题。实际上，对距离像的分布情况经常不甚清楚，此时为不损失目标信号能量，会选择大一些的 L 值，这样距离像仅存在于部分待检测单元中，而另外一些距离单元是纯噪声单元。式(4.69) 的检验统计量中将包含一些纯噪声项，因此降低了检测器的性能。

不失一般性，为方便分析，假设距离像位于前面的 L_1 个待检测单元中，后面 L_2 个单元是纯噪声单元，另外采用下面的检验统计量，不影响计算分析，即

$$\lambda = \lambda_1 + \lambda_2 = \sum_{k=1}^{L_1} \frac{|x_k|^2}{\sigma^2} + \sum_{k=L_1+1}^{L_1+L_2} \frac{|x_k|^2}{\sigma^2} \tag{4.73}$$

根据前面的分析，易知 $\lambda_1 = \sum_{k=1}^{L_1} \frac{|x_k|^2}{\sigma^2}$ 是服从 $2L_1$ 个自由度的非中心 χ^2 分布，非中心参量为 $\alpha = \frac{L_1 a^2}{\sigma^2}$；$\lambda_2 = \sum_{k=L_1+1}^{L_1+L_2} \frac{|x_k|^2}{\sigma^2}$ 是服从 $2L_2$ 个自由度的中心 χ^2 分布。可以证明 $\lambda = \lambda_1 + \lambda_2$ 是服从 $2(L_1 + L_2)$ 个自由度的非中心 χ^2 分布，非中心参

量也为 $\alpha=\dfrac{L_1 a^2}{\sigma^2}$，这里 $\dfrac{\alpha}{2L_1}$ 为单元信噪比。记 $L=L_1+L_2$，则检测概率与虚警概率分别为

$$P_{\mathrm{d}}=\mathrm{e}^{-\frac{\lambda_{\mathrm{T}}}{2}-\frac{\alpha}{2}}\sum_{k=0}^{\infty}\frac{1}{k!}\left(\frac{\alpha}{2}\right)^{k}\sum_{l=0}^{k+L-1}\frac{1}{l!}\left(\frac{\lambda_{\mathrm{T}}}{2}\right)^{l} \tag{4.74}$$

$$P_{\mathrm{f}}=\mathrm{e}^{-\frac{\lambda_{\mathrm{T}}}{2}}\sum_{l=0}^{L-1}\frac{1}{l!}\left(\frac{\lambda_{\mathrm{T}}}{2}\right)^{l} \tag{4.75}$$

目标距离像所占距离单元估计不准，会额外增加纯噪声单元，导致检测性能下降。对于检测概率 $P_{\mathrm{d}}=0.8$，距离像长度 $L_1=5$，增加纯噪声单元后信噪比损失见表 4.7。对于 $P_{\mathrm{f}}=10^{-6}$，检测概率与单元信噪比的关系如图 4.15 所示。可以看到，纯噪声单元增加 1 倍以内，信噪比损失基本不超过 1 dB，若超过 1 倍，信噪比损失将大于 1 dB。

表 4.7　增加纯噪声单元后信噪比损失　　单位：dB

纯噪声单元	虚警概率		
	$P_{\mathrm{f}}=10^{-4}$	$P_{\mathrm{f}}=10^{-5}$	$P_{\mathrm{f}}=10^{-6}$
$L_2=3$	0.6	0.6	0.5
$L_2=5$	0.9	0.9	0.8
$L_2=10$	1.5	1.4	1.4
$L_2=15$	1.9	1.8	1.8

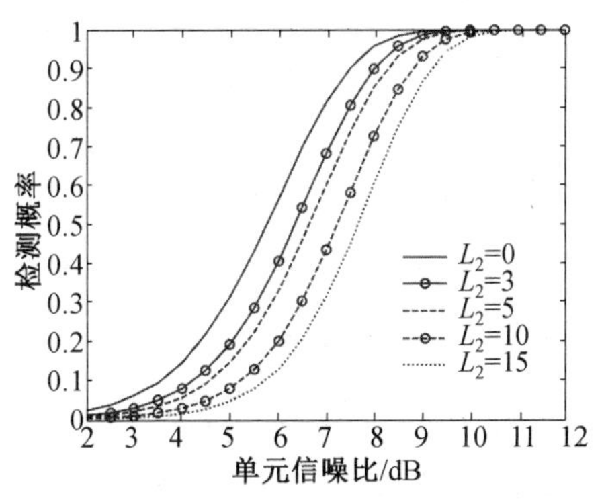

图 4.15　检测概率与单元信噪比的关系

4.4.4　随机相位和幅度距离像的检测

假设式(4.54)中每个距离点回波信号的相位和幅度都是独立同分布的随机变量，相位服从式(4.9)的均匀分布，幅度服从以下瑞利分布(与非相参积累的斯威林 2 型分布相同)，即

$$g(a_k)=\frac{a_k}{a_0^2}\mathrm{e}^{-\frac{a_k^2}{2a_0^2}},\quad k=1,2,\cdots,L \tag{4.76}$$

则平均功率为

$$P_0=\int_0^{\infty}a_k^2 g(a_k)\mathrm{d}a_k=2a_0^2$$

1. 检验统计量与检测性能

在式(4.13)中用 a_k 代替 a，a_k 服从式(4.76)的瑞利分布，对式(4.13)中的 a_k 求平均，得到无条件的似然比函数为

$$\begin{aligned}\overline{\Lambda}(x_k)&=\int_0^{\infty}\mathrm{e}^{-\frac{a_k^2}{2\sigma^2}}I_0\left(\frac{|x_k^* a_k|}{\sigma^2}\right)g(a_k)\mathrm{d}a_k\\&=\frac{\sigma^2}{a_0^2+\sigma^2}\mathrm{e}^{\frac{a_0^2|x_k|^2}{2\sigma^2(a_0^2+\sigma^2)}}\end{aligned}\tag{4.77}$$

因此，L 个观测值的联合似然比为

$$\overline{\Lambda}(\boldsymbol{x})=\prod_{k=1}^{L}\overline{\Lambda}(x_k)=\left(\frac{\sigma^2}{a_0^2+\sigma^2}\right)^L\mathrm{e}^{\frac{a_0^2\sum_{k=1}^{L}|x_k|^2}{2\sigma^2(a_0^2+\sigma^2)}}\tag{4.78}$$

如果似然比门限为 Λ_{T}，则整理后得到如下对数似然比判决规则：当满足

$$\lambda\triangleq\frac{1}{L}\sum_{k=1}^{L}\frac{|x_k|^2}{\sigma^2}\geqslant\frac{2(a_0^2+\sigma^2)}{La_0^2}\left[\ln\Lambda_{\mathrm{T}}-L\ln\frac{\sigma^2}{a_0^2+\sigma^2}\right]\triangleq\lambda_{\mathrm{T}}\tag{4.79}$$

时，判决 D_1 成立；否则，判决 D_0 成立。

虚警概率计算公式与式(4.72)相同。参考4.3.2节中的推导，可以得到检测概率的计算公式为

$$P_{\mathrm{d}}=\mathrm{e}^{-\frac{L\lambda_{\mathrm{T}}}{2(1+r)}}\sum_{l=0}^{L-1}\frac{1}{\Gamma(l+1)}\left[\frac{L\lambda_{\mathrm{T}}}{2(1+r)}\right]^l\tag{4.80}$$

式中，r 为信号平均功率与噪声功率之比，$r=\frac{a_0^2}{\sigma^2}=\frac{P_0}{2\sigma^2}$。

在不同分辨单元下，图4.16～4.19所示为检测概率与平均信噪比的关系曲线。可以看到，分辨单元数越多，对平均信噪比的要求会降低。

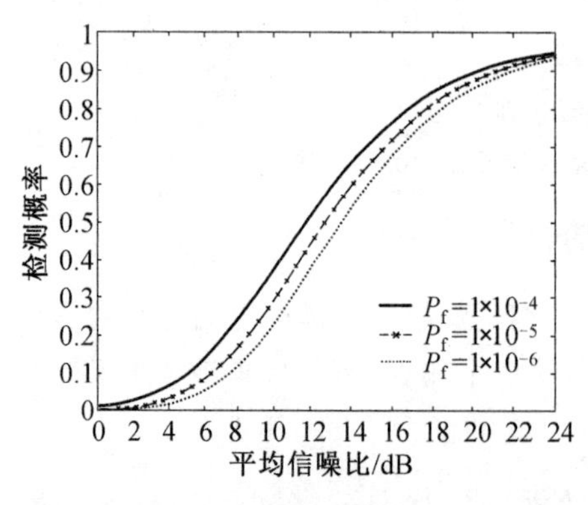

图4.16　检测概率与平均信噪比的关系曲线（$L=1$，即窄带检测）

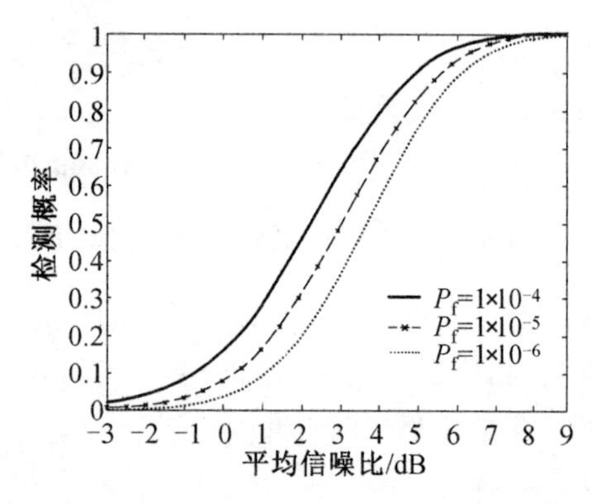

图4.17　检测概率与平均信噪比的关系曲线（$L=10$）

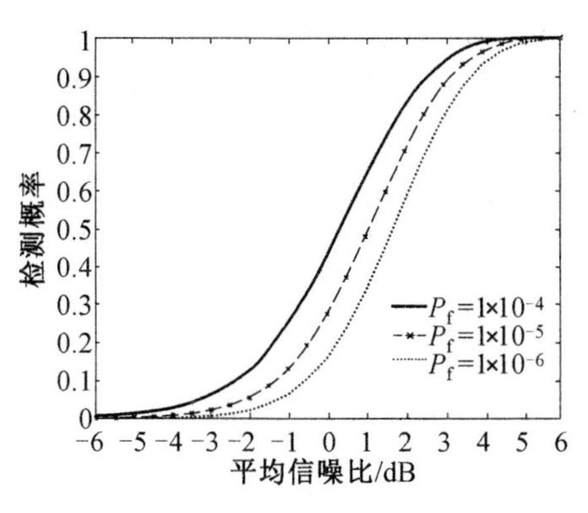

图4.18 检测概率与平均信噪比的关系曲线（$L=20$）

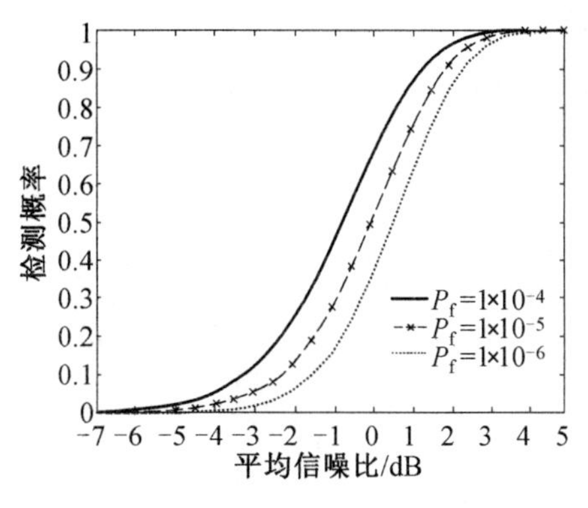

图4.19 检测概率与平均信噪比的关系曲线（$L=30$）

2. 性能再分析

此处再次考虑距离像仅存在于部分待检测单元中，而另外一些距离单元是纯噪声单元，检测器性能下降的问题。

为方便分析，假设距离像位于前面的 L_1 个待检测单元中，后面 L_2 个单元是纯噪声单元，检验统计量为

$$\lambda=\lambda_1+\lambda_2=\sum_{k=1}^{L_1}\frac{|x_k|^2}{\sigma^2}+\sum_{k=L_1+1}^{L_1+L_2}\frac{|x_k|^2}{\sigma^2} \tag{4.81}$$

易知 $\lambda_1=\sum_{k=1}^{L_1}\frac{|x_k|^2}{\sigma^2}$ 是服从 $2L_1$ 个自由度的非中心 χ^2 分布，非中心参量为 $\alpha=\frac{1}{\sigma^2}\sum_{k=1}^{L_1}a_k^2$，服从式(4.34)的分布，$\lambda_2=\sum_{k=L_1+1}^{L_1+L_2}\frac{|x_k|^2}{\sigma^2}$ 是服从 $2L_2$ 个自由度的中心 χ^2 分布，$\lambda=\lambda_1+\lambda_2$ 是服从 $2(L_1+L_2)$ 个自由度的非中心 χ^2 分布，非中心参量也为 $\alpha=\frac{1}{\sigma^2}\sum_{k=1}^{L_1}a_k^2$。记 $L=L_1+L_2$，则虚警概率与式(4.72)相同，检测概率可以推导为

$$\begin{aligned}P_d&=\int_0^{\infty}\int_{\lambda_T}^{\infty}f_1(\lambda)\,\mathrm{d}\lambda h(\alpha)\,\mathrm{d}\alpha\\&=\int_{\lambda_T}^{\infty}\lambda^{L-1}e^{-\frac{\lambda}{2}}\left(\frac{1}{2}\right)^{L_2}\left[\frac{1}{2(1+r)}\right]^{L_1}\frac{1}{\Gamma(L_1)}\sum_{k=0}^{\infty}\frac{1}{k!}\frac{\Gamma(L_1+k)}{\Gamma(L+k)}\left[\frac{\lambda}{2\left(1+\frac{1}{r}\right)}\right]^k\mathrm{d}\lambda\\&=e^{-\frac{\lambda_T}{2}}\left(\frac{1}{1+r}\right)^{L_1}\frac{1}{\Gamma(L_1)}\sum_{k=0}^{\infty}\frac{\Gamma(L_1+k)}{k!}\left(\frac{r}{1+r}\right)^k\sum_{l=0}^{L-1+k}\frac{1}{l!}\left(\frac{\lambda_T}{2}\right)^l\end{aligned} \tag{4.82}$$

式中，r 为信号平均功率与噪声功率之比，$r=\frac{P_0}{2\sigma^2}$；$h(\alpha)$ 见式(4.34)。

对于检测概率 $P_d=0.8$，距离像长度 $L_1=5$，增加纯噪声单元后的信噪比损失

见表 4.8，对于 $P_f=10^{-6}$，检测概率与平均信噪比的关系曲线如图 4.20 所示。可以看到，纯噪声单元增加 1 倍以内，信噪比损失基本不超过 1 dB，若超过 1 倍，则损失大于 1 dB，与表 4.7 中的数值基本相同。

表 4.8　增加纯噪声单元后的信噪比损失　　单位：dB

纯噪声单元	虚警概率		
	$P_f=10^{-4}$	$P_f=10^{-5}$	$P_f=10^{-6}$
$L_2=3$	0.6	0.6	0.6
$L_2=5$	0.9	0.9	0.8
$L_2=10$	1.5	1.5	1.4
$L_2=15$	2.0	1.9	1.8

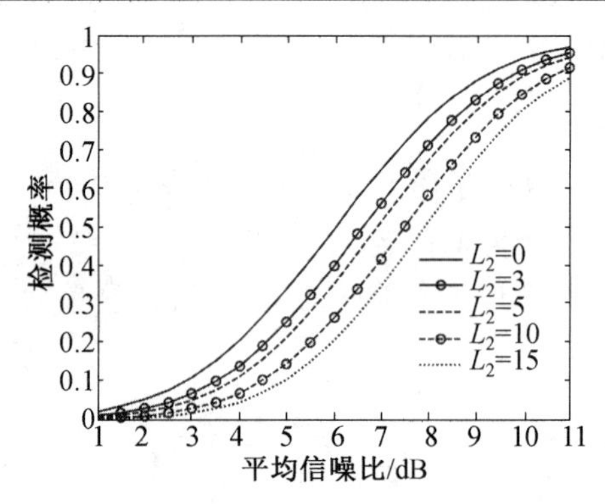

图 4.20　检测概率与平均信噪比的关系曲线

4.4.5　双门限检测

1. 基本原理

双门限检测是窄带雷达中广泛应用的恒虚警检测方法[8]。在非相参脉冲串的视频积累检测中，对经过单脉冲匹配滤波和包络检波后的目标回波信号，先通过与第一门限进行幅度比较，超过此门限的记为“1”，否则记为“0”，然后再统计“1”的个数，若“1”的个数大于或等于某一设定整数值 L，则判为在该距离单元上有目标(H_1)，否则判为无目标(H_0)。因此，数值 L 实际上是第二门限。

借鉴上述思想，可以将双门限检测方法应用到宽带雷达目标检测中。假定待检测目标可能占据的最大距离单元数为 K，可能检测到的目标散射点数为 L。对式(4.53)的脉压信号进行包络检波后，对各距离单元进行检测判决。如果在一段 K 个距离单元中至少有 L 个单元标记为“1”，则认为发现目标；否则，无目标存在。

对于单个距离单元上信号的检测，若幅度无起伏，那么单点检测概率在式(4.71)中令 $L=1$ 得到，即

$$p_{\mathrm{d}}=\mathrm{e}^{-\frac{\lambda_{\mathrm{T}}}{2}-r}\sum_{n=0}^{\infty}\frac{r^{n}}{n!}\sum_{l=0}^{n}\frac{1}{l!}\left(\frac{\lambda_{\mathrm{T}}}{2}\right)^{l} \tag{4.83}$$

式中，λ_{T} 为检测门限；r 为信噪比。若目标幅度是起伏的，则采用 4.4.4 节中检测概率公式即式(4.80)，并令 $L=1$。

在式(4.72) 中，令 $L=1$，得到单点虚警概率，即

$$p_{\mathrm{f}}=\mathrm{e}^{-\frac{\lambda_{\mathrm{T}}}{2}} \tag{4.84}$$

则基于 K 个单元的累积检测概率和累积虚警概率为

$$P_{\mathrm{d}}=\sum_{l=L}^{K}C_{K}^{l}p_{\mathrm{d}}^{l}\,(1-p_{\mathrm{d}})^{K-l} \tag{4.85}$$

$$P_{\mathrm{f}}=\sum_{l=L}^{K}C_{K}^{l}p_{\mathrm{f}}^{l}\,(1-p_{\mathrm{f}})^{K-l} \tag{4.86}$$

前面的平方和线性检测器在目标距离像可能占据的所有距离单元上进行积累，所以在积累目标信号的同时不可避免地积累纯噪声。根据前面的计算，当目标散射中心分布比较稀疏时，积累纯噪声过多，性能下降严重，因此对这种散射中心稀布的目标该检测器不再适用。双门限检测器能够克服这一缺点。研究表明[9]，当目标强散射点集中在少量稀布的距离单元上时，双门限检测器的性能优于积累检测器；而当散射点的回波能量均匀分布时，双门限检测器的性能要差一些。

图 4.21 和图 4.22 所示为单点和累积虚警概率与检测门限的关系曲线。可见，虽然检测门限相同，但是累积虚警概率大大降低了。

假设目标无起伏，图 4.23 ~ 4.25 所示为检测概率与信噪比的关系曲线。可见，在通常要求的较高检测概率下，雷达的累积检测性能显著改善。

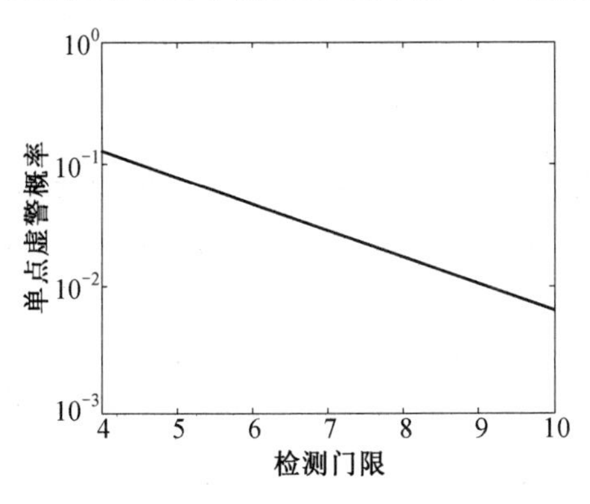

图 4.21　单点虚警概率与检测门限的关系曲线

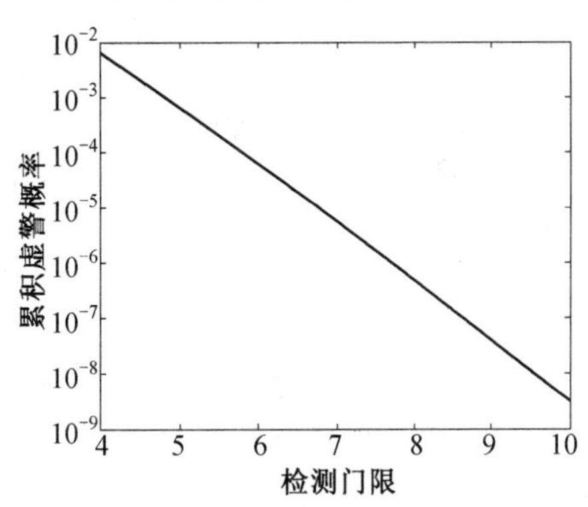

图 4.22　累积虚警概率与检测门限的关系曲线($K=10, L=5$)

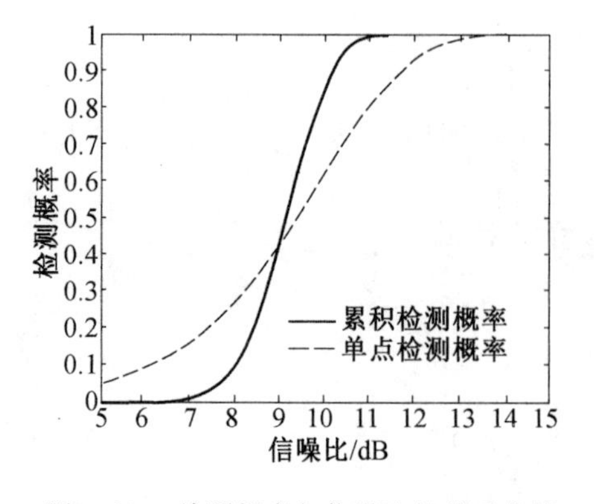

图 4.23 检测概率与信噪比的关系曲线（$P_f = 10^{-4}, K = 10, L = 5$）

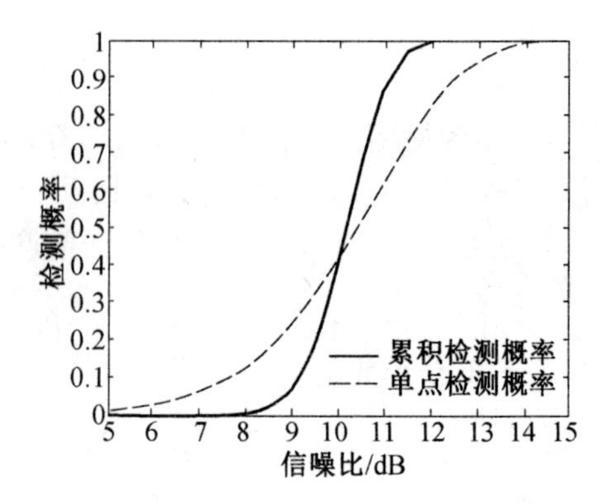

图 4.24 检测概率与信噪比的关系曲线（$P_f = 10^{-5}, K = 10, L = 5$）

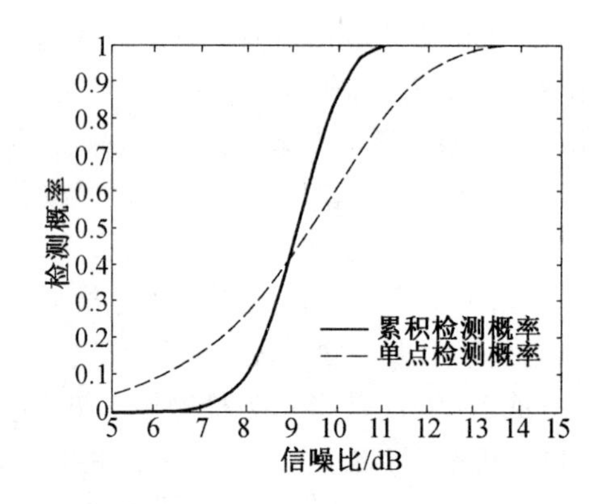

图 4.25 检测概率与信噪比的关系曲线（$P_f = 10^{-6}, K = 10, L = 5$）

2. 双门限检测的实现

若累积概率 P_d 和 P_f 预先给定，则双门限检测器需要确定 6 个参数，即目标占据的最大距离单元数 K、第一门限 λ_T、第二门限 L、检测概率 p_d、虚警概率 p_f 和背景噪声的强度。

通常参数 K 和 L 根据先验知识或者经验确定，将参数 P_d、P_f、K、L 代入式(4.85)和式(4.86)中可以计算出 p_d 和 p_f，因此可以根据式(4.83)和式(4.84)计算出 λ_T 及需要的距离像信噪比。

背景噪声的强度可以采用单元平均(CA)、有序统计(OS)、选大(GO)等方法或者其组合来估计，这些方法的详细介绍可参见相关文献，这里要强调的是参考距离单元的选取问题。目标距离像的双门限检测是一种滑窗检测，在设置参考滑窗时要设置较多的保护单元，预估待检测目标最多占据 K 个单元，则在检测单元两侧均应有 K 个距离单元被剔除，即视为保护单元而不能参加噪声强度估

计，从更外面的两侧选取多个单元组成参考单元，用于估计背景强度。

4.4.6　实例与分析

1. 能量累积检测

假设背景噪声为高斯白噪声，目标距离像采用前述随机相位和随机幅度模型，占据连续的 30 个距离点，信噪比为 1.8 dB。对于虚警概率 $P_f = 10^{-6}$，距离像窗长 $L = 30$，由式(4.72) 计算出门限 $\lambda_T = 4.2367$，根据式(4.80)，当信噪比为 1.8 dB 时，检测概率 $P_d = 0.8$。在以上条件下，某次仿真数据如图 4.26 所示，目标检测结果如图 4.27 所示，图中的虚线表示门限。

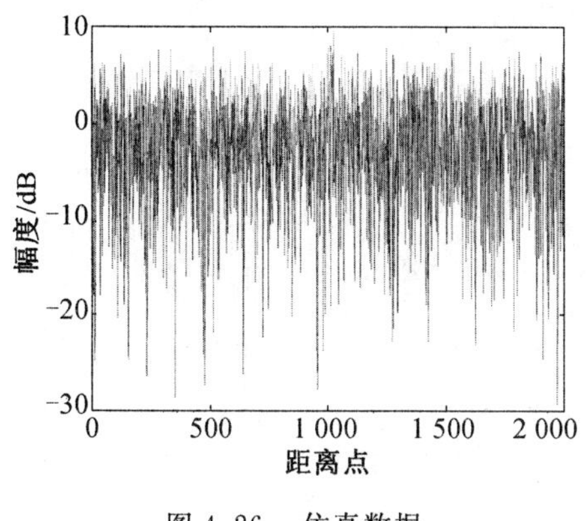

图 4.26　仿真数据

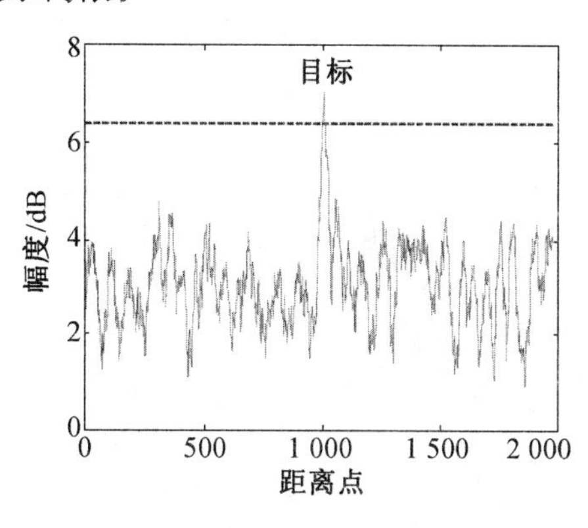

图 4.27　目标检测结果

由图 4.26 和图 4.27 可见，目标能量经过累积后，(以概率 0.8) 超过检测门限，变得可以检测了。

2. 双门限检测

假设背景噪声为高斯白噪声，目标距离像采用随机相位模型，占据 20 个距离点，它们等间隔地分布在 60 个距离点上，具有一定的稀疏性，单点信噪比都是 9.7 dB。设 $P_d = 0.8, P_f = 10^{-6}$，则不同第二门限下需要的第一门限和信噪比见表 4.9。在以上条件下，某次仿真数据如图 4.28 所示，对纯噪声单元的检测结果如图 4.29 所示，对目标单元的检测结果如图 4.30 所示(图中虚线表示第一门限)，可以看到双门限检测器具有较好的检测性能。

表 4.9　第一门限和信噪比

第二门限	第一门限	信噪比 /dB
$K = 60, L = 20$	$\lambda_T = 4.5741$	9.7

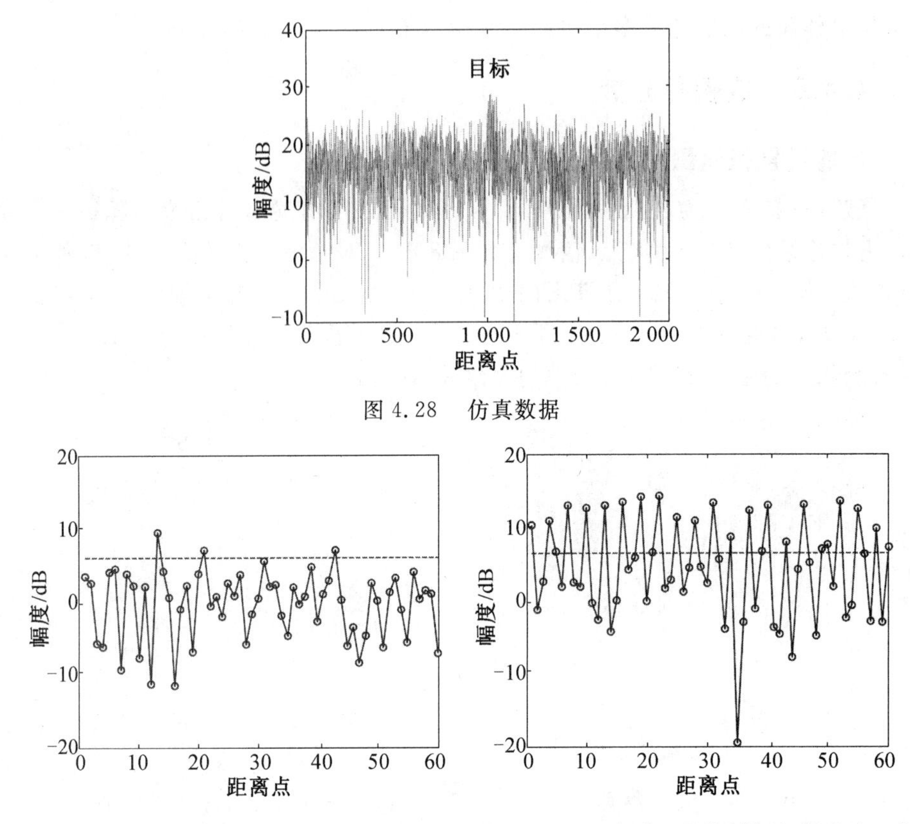

图 4.28　仿真数据

图 4.29　对纯噪声单元的检测结果(检测到 3 点)　图 4.30　对目标单元的检测结果(检测到 25 点)

4.5　检测前跟踪技术

4.2 节讨论的非相参积累处理要求在积累时间内目标不能跨分辨单元运动，积累后依次进行 CFAR 检测、点迹预处理、跟踪、形成目标运动轨迹，这就是通常的检测后跟踪。若目标信号过于微弱，需要延长非相参积累时间，而目标在此时间内跨分辨单元运动，则非相参积累需要沿目标运动轨迹进行，然后进行检测，在给出检测结果的同时也获得了目标运动轨迹，这种方法称为检测前跟踪(TBD)。TBD 最初应用于红外图像序列的检测，后推广到雷达信号检测中。实现 TBD 的关键是在目标真实运动航迹未知的情况下如何使积累沿着此航迹进行。

解决此问题可以采用动态规划(DP) 方法。DP 用于解决多阶段决策问题时，将问题表示为一系列子阶段决策问题，然后顺序地利用前一阶段的最优解，逐一地求解后一阶段，最终得到整个问题的最优解。文献[10] 最早将 DP 应用于

TBD 中，把航迹搜索看成多阶段优化决策问题，把多帧数据看成多个子阶段，采用能量积累作为评价函数。在各帧中，根据评价函数得到对应的最优子航迹，最后将末阶段评价函数超过检测门限的子航迹连接起来组成目标航迹。

除基于 DP 的 TBD 外，实现 TBD 的方法还有多级假设检验[11]、基于粒子滤波的 TBD[12]、基于霍夫变换的 TBD[13] 等，本节不做介绍，感兴趣的读者可以查阅相关文献。

4.5.1　系统模型

设目标在 $x-y$ 平面上匀速直线运动，基于 CV 模型的状态转移方程为

$$\boldsymbol{z}_{k+1}=\boldsymbol{F}\boldsymbol{z}_k \tag{4.87}$$

式中，$\boldsymbol{z}_k$ 为状态向量，$\boldsymbol{z}_k=[x_k,\dot{x}_k,y_k,\dot{y}_k]^{\mathrm{T}}$，$x_k$ 和 y_k 表示 k 时刻目标在 x 和 y 方向上的位置，$\dot{x}_k$ 和 $\dot{y}_k$ 表示速度；$\boldsymbol{F}$ 为状态转移矩阵。若帧间时间间隔为 T，则有

$$\boldsymbol{F}=\begin{bmatrix}1 & T & 0 & 0\\ 0 & 1 & 0 & 0\\ 0 & 0 & 1 & T\\ 0 & 0 & 0 & 1\end{bmatrix} \tag{4.88}$$

四个状态变量都是连续变量，需要进行离散化，此处将位置空间划分为 $N\times N$ 个大小为 $\Delta\times\Delta$ 的单元（与雷达分辨单元相同），将速度空间划分成 $M\times M$ 个大小为 $\Delta v\times\Delta v$ 的单元，且 $\Delta v=\dfrac{\Delta}{T}$。

用 $[x,\dot{x},y,\dot{y}]^{\mathrm{T}}$ 表示连续状态，$[\underline{x},\underline{\dot{x}},\underline{y},\underline{\dot{y}}]^{\mathrm{T}}$ 表示离散状态，在 k 时刻有

$$x\in((\underline{x}-1)\Delta,\underline{x}\Delta] \tag{4.89a}$$

$$\dot{x}\in((\underline{\dot{x}}-1)\Delta v,\underline{\dot{x}}\Delta v] \tag{4.89b}$$

$$y\in((\underline{y}-1)\Delta,\underline{y}\Delta] \tag{4.89c}$$

$$\dot{y}\in((\underline{\dot{y}}-1)\Delta v,\underline{\dot{y}}\Delta v] \tag{4.89d}$$

式中，$1\leqslant\underline{x},\underline{y}\leqslant N$，$-\dfrac{M}{2}\leqslant\underline{\dot{x}},\underline{\dot{y}}\leqslant\dfrac{M}{2}$。

将式(4.89)代入式(4.87)，得到 $k+1$ 时刻的状态，即

$$x\in((\underline{x}+\underline{\dot{x}}-2)\Delta,(\underline{x}+\underline{\dot{x}})\Delta] \tag{4.90a}$$

$$\dot{x}\in((\underline{\dot{x}}-1)\Delta v,\underline{\dot{x}}\Delta v] \tag{4.90b}$$

$$y\in((\underline{y}+\underline{\dot{y}}-2)\Delta,(\underline{y}+\underline{\dot{y}})\Delta] \tag{4.90c}$$

$$\dot{y}\in((\underline{\dot{y}}-1)\Delta v,\underline{\dot{y}}\Delta v] \tag{4.90d}$$

对于雷达边搜索边跟踪方式，在航迹起始阶段，需要在一个较大的状态空间中执行检测前跟踪处理，这个空间为整个位置空间或者为 $M\times M$ 的空间，待航迹

起始后，根据估计的目标位置参数和运动参数，可以缩小搜索的状态空间。由式(4.90)可知，最小空间仅包含4个有效状态。

在状态离散化后，为了方便，下面省略下划线，仍然用$\boldsymbol{z}_k=[x_k,\dot{x}_k,y_k,\dot{y}_k]^{\mathrm{T}}$表示离散状态向量。

对于$x-y$平面内的$N\times N$个分辨单元，其第k帧接收数据用矩阵形式表示为

$$\boldsymbol{D}_k=\{d_k(i,j)\},\quad 1\leqslant i,j\leqslant N \tag{4.91}$$

分辨单元(i,j)中的数据为

$$d_k(i,j)=\begin{cases}w_k(i,j), & \text{无目标}\\ \widetilde{a}_k+w_k(i,j), & \text{有目标}\end{cases} \tag{4.92}$$

式中，$\widetilde{a}_k$为目标回波信号的复幅度；$w_k(i,j)$为复高斯白噪声。

目标航迹定义为从时刻1到时刻K的一系列状态$\boldsymbol{z}_k=[x_k,\dot{x}_k,y_k,\dot{y}_k]^{\mathrm{T}}$的集合，即

$$\boldsymbol{z}(K)=\{\boldsymbol{z}_1,\boldsymbol{z}_2,\cdots,\boldsymbol{z}_K\} \tag{4.93}$$

因此，基于动态规划的检测前跟踪要解决的问题是，在给定数据序列$\boldsymbol{D}(K)=\{\boldsymbol{D}_1,\boldsymbol{D}_2,\cdots,\boldsymbol{D}_K\}$的情况下，按照式(4.94)宣布检测结果，同时给出目标航迹估计，即

$$\{\hat{\boldsymbol{z}}(K)\}=\left\{\boldsymbol{z}(K):\sum_{k=1}^{K}|d_k(i,j)|>\lambda_{\mathrm{T}}\right\} \tag{4.94}$$

式中，λ_{T}为检测门限；$\hat{\boldsymbol{z}}(K)$为目标航迹估计，$\hat{\boldsymbol{z}}(K)=\{\hat{\boldsymbol{z}}_1,\hat{\boldsymbol{z}}_2,\cdots,\hat{\boldsymbol{z}}_K\}$。

4.5.2 基于动态规划的检测前跟踪

基于动态规划的TBD算法以幅度累加量作为评价函数，对目标的所有可能状态进行搜索，寻找各阶段幅度累加量的最大值，利用局部最优的递推原理，在末阶段选择超过门限的最优状态序列，算法的实现流程如下。

(1) 初始化。

对于初始状态$\boldsymbol{z}_1=[x_1,\dot{x}_1,y_1,\dot{y}_1]^{\mathrm{T}}$，有

$$I(\boldsymbol{z}_1)=|\boldsymbol{D}_1| \tag{4.95}$$

$$\boldsymbol{\Psi}_1(\boldsymbol{z}_1)=0 \tag{4.96}$$

式中，$I(\cdot)$为评价函数，记录沿目标轨迹的观测值的非相参积累；$\boldsymbol{\Psi}$存储各帧之间的状态转移关系。

(2) 递推。

当$2\leqslant k\leqslant K$时，对于所有的状态$\boldsymbol{z}_k$，有

$$I(\boldsymbol{z}_k)=\max_{\boldsymbol{z}_{k-1}}[I(\boldsymbol{z}_{k-1})]+|\boldsymbol{D}_k| \tag{4.97}$$

$$\Psi_k(z_k)=\arg\max_{z_{k-1}}[I(z_{k-1})] \tag{4.98}$$

式中，$\max\limits_{z_{k-1}}[I(z_{k-1})]$ 表示最有可能转移到 z_k 的 z_{k-1}，是最大的那个评价函数 $I(z_{k-1})$，并将此状态保存于 $\Psi_k(z_k)$ 中。

(3) 终止。

对于门限 λ_T，找出

$$\{\hat{z}_K\}=\{z_K:I(z_K)>\lambda_T\} \tag{4.99}$$

(4) 航迹回溯。

对所有终点$\{\hat{z}_K\}$，利用式(4.100) 由 $\hat{z}_K$ 逐步导向起点 $\hat{z}_1$，即通过逆向递推的方式估计目标航迹$\{\hat{z}_1,\hat{z}_2,\cdots,\hat{z}_K\}$，有

$$\hat{z}_k=\Psi_{k+1}(\hat{z}_{k+1}) \tag{4.100}$$

在上述 DP－TBD 实现中，评价函数的选择非常重要，直接影响到 TBD 的检测跟踪性能。通常使用的评价函数有两个：一个是前面所用的信号幅度或功率[14]；另一个是似然比函数[15]。实际上，基于幅度积累的 DP－TBD 是基于似然比积累的 DP－TBD 在高斯背景下的特例，因此在高斯背景下，二者是等价的[16]。当干扰背景不服从高斯分布时，基于幅度积累的 DP－TBD 的性能会下降。若已知背景的概率密度函数，那么基于似然比积累的 DP－TBD 会有更好的性能，但是运算量也更大。

在上面的实现流程中利用以下的评价函数递推公式，从而得到基于似然比积累的 DP－TBD，即

$$I(z_1)=\ln\left[\frac{p(\boldsymbol{D}_1\mid z_1)}{p(\boldsymbol{D}_1\mid H_0)}\right] \tag{4.101}$$

$$I(z_k)=\max_{z_{k-1}}[I(z_{k-1})]+\ln\left[\frac{p(\boldsymbol{D}_k\mid z_k)}{p(\boldsymbol{D}_k\mid H_0)}\right] \tag{4.102}$$

式中，$p(\boldsymbol{D}_k\mid z_k)$ 和 $p(\boldsymbol{D}_k\mid H_0)$ 分别表示在 k 时刻有目标和无目标情况下接收数据的概率密度函数。

DP－TBD 的研究多集中于单目标检测问题，当存在多个目标时，若相互间离得不是很近，或在每帧中状态空间都不重叠，那么待每一个目标的航迹起始以后，仍然可以按照上述流程执行 DP－TBD。

4.5.3　检测性能

上面的讨论采用了目标的 CV 运动模型，当进行状态转移时，从 4 个有效状态中取幅度或功率最大的状态转入下一个时刻的状态估计。在每一个时刻，若存在目标，则最大值取目标信号的可能性大，否则取噪声的最大值。此时，对目标信号的积累就是 4.2 节介绍的非相参积累，在高斯白噪声下，检测概率的计算

可以参考这一节中的有关计算公式。但是,由噪声最大值的积累导致的虚警概率计算比较复杂,此处通过仿真统计给出(图 4.31)。假设有 10 帧接收数据,状态空间包括 4 个有效状态,噪声为复高斯白噪声。

如前所述,检测前跟踪也是一种非相参积累处理,将二者的性能进行比较是有意义的,并且后者的性能容易解析分析,因此图 4.31 中还给出了非相参积累的虚警概率的理论和仿真计算。

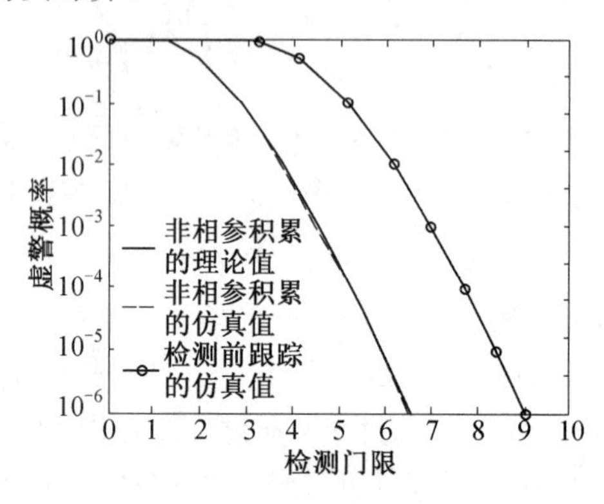

图 4.31　虚警概率与检测门限的关系

由图 4.31 可见,对于相同的虚警概率,检测前跟踪的检测门限比非相参积累的高约 1.4 dB。另外,对于非相参积累,理论计算和仿真的虚警概率曲线是基本重合的,因此图中的两条仿真曲线是可信的。

设有 10 帧接收数据,对于斯威林 0 型目标,图 4.32 所示为检测前跟踪和非相参积累的检测概率曲线,图中 $P_{\mathrm{f}}=10^{-6}$。

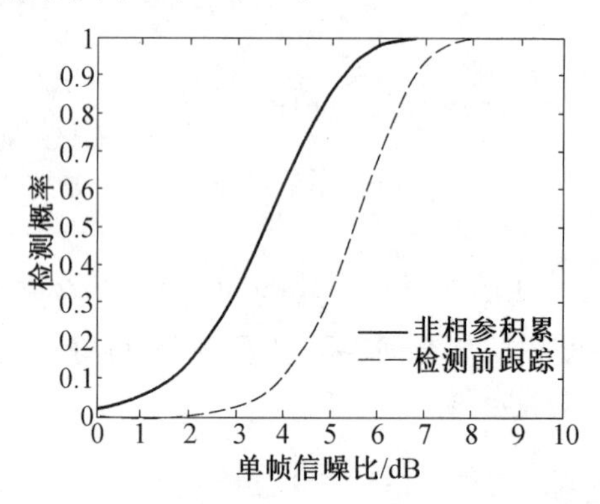

图 4.32　检测前跟踪和非相参积累的检测概率曲线

由图 4.32 可见,对于斯威林 0 型目标,$P_{\mathrm{f}}=10^{-6}$,10 帧数据积累,此时检测前跟踪较非相参积累损失信噪比约 1.5 ～ 2 dB。

检测前跟踪技术重在检测,提高微弱目标信号的检测能力。目标跟踪性能

仍然依赖于后续的卡尔曼滤波，因此本节不讨论。

4.5.4 实例与分析

通过仿真数据处理检验 DP－TBD 的性能。仿真参数设置：位置空间包括15×15个单元，速度空间包括3×3个单元，共有10帧接收数据，帧间时间间隔为1 s。假设帧数据中只有一个目标，初始位置为$[x_0, y_0]=[5,5]$，做匀速直线运动，在x和y方向上的速度都是1个单元/帧。目标起伏模型为斯威林0型，背景噪声服从复高斯分布，单帧 SNR＝9 dB。仿真数据的 DP－TBD 处理结果如图4.33所示。

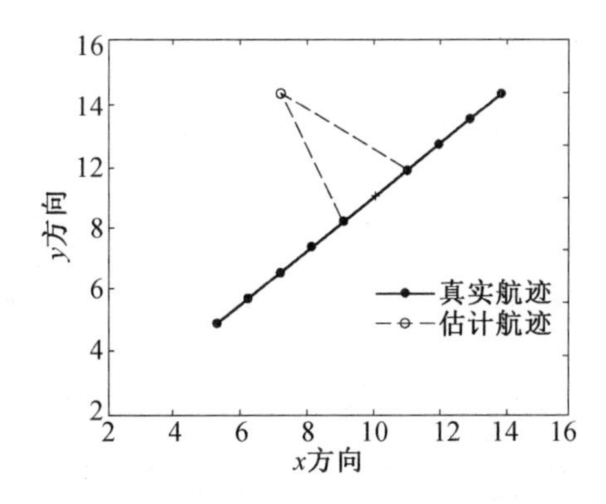

图4.33　仿真数据的 DP－TBD 处理结果

通常，单帧9 dB的SNR并不能满足雷达检测要求，但是图4.33表明，在这样低的SNR下，DP－TBD技术能够基本沿着目标航迹进行积累，从而改善了目标检测性能，只是航迹不够连续，尚需卡尔曼滤波进一步处理。

上述仿真数据采用了直角坐标系，而目标位置参数通常在球坐标系下得到，因此待航迹起始后需要进行坐标转换。若已知目标速度，则在距离－多普勒帧中选择相应速度的数据进行 DP－TBD 处理。

本章参考文献

[1] 赵树杰. 统计信号处理[M]. 西安：西北电讯工程学院出版社. 1986.

[2] 何友，关键. 雷达自动检测与恒虚警处理[M]. 北京：清华大学出版社. 1999.

[3] 陈希信，李坡，弓盼. 雷达信号非相参积累的检测性能分析[J]. 现代雷达，2020，42(12)：50-55.

[4] WHALEN A D. 噪声中信号的检测[M]. 刘其培，迟惠生，译. 北京：科学出

版社. 1977.
[5] KAHRILAS P J. 电扫雷达系统设计手册[M]. 黄为倬，等译. 南京电子技术研究所内部资料. 1975.
[6] 陈希信，弓盼，李坡. 宽带雷达的目标检测性能研究[J]. 现代雷达，2021，43(12)：15-19.
[7] 保铮，邢孟道，王彤. 雷达成像技术[M]. 北京：电子工业出版社，2006.
[8] 张光义. 相控阵雷达系统[M]. 北京：国防工业出版社，2006.
[9] HUGHES P K. A high-resolution radar detection strategy[J]. IEEE Trans. On AES，1983，19(5)：663-667.
[10] BARNIV Y. Dynamic programming solution for detecting dim moving target—part Ⅰ[J]. IEEE Trans. On AES，1985，21(1)：144-156.
[11] BLOSTEIN S D，HUANG T S. Detecting small moving objects in image sequences using sequential hypothesis testing[J]. IEEE Trans. On SP，1991，39(1)：1611-1629.
[12] SALMOND D J，BIRCH H. A particle filter for track-before-detect[C]. Arlington：Proc. Of American Control Conference，2001.
[13] MOYER L R，SPAK J，LAMANNA P. A multi-dimensional Hough transform-based track-before-detect technique for detecting weak targets in strong clutter background[J]. IEEE Trans. On AES，2011，47(4)：3062-3068.
[14] TONISSEN S M，EVANS R J. Performance of dynamic programming techniques for track-before-detect[J]. IEEE Trans. On AES，1996，32(4)：1440-1451.
[15] ARNOLD J，SHAW S，PASTERNACK H. Efficient target tracking using dynamic programming[J]. IEEE Trans. On AES，1993，29(1)：44-56.
[16] 王首勇，万洋，刘俊凯. 现代雷达目标检测理论与方法[M]. 北京：科学出版社. 2015.

第5章 雷达目标的单脉冲测角

5.1 引 言

在阵列接收信号的数字波束形成中，通常假设目标位于和波束主瓣的 3 dB 宽度内，但是实际方向并不确定，此时可以采用单脉冲方法测量目标的角度。单脉冲测角方法有多种。其中，首先分别形成和波束、差波束，然后计算差波束输出与和波束输出的商并与已有的商－角度曲线比较，从而给出目标角度，这是一种常用的和/差单脉冲测角方法。

本章主要讨论雷达目标的和/差单脉冲测角问题，内容概括如下：5.2 节以均匀线阵为例，概述和差波束单脉冲测角的基本原理，并推导其测量精度公式；5.3 节在有副瓣干扰的情况下研究自适应和差测角方法；5.4 节给出一种带斜率约束的自适应和差测角方法；5.5 节针对自适应训练样本中目标信号导致主瓣保形困难及差波束主瓣区域增大的问题，研究基于最大似然的自适应单脉冲测角方法；5.6 节讨论调频步进信号的单脉冲测角问题；5.7 节介绍子阵级单脉冲技术，特别是在子阵划分情况下研究如何得到最优的和、差波束加权值；5.8 节针对地面多径反射使得低仰角目标高度测量变得困难，研究一种基于空域稀疏性的低仰角目标测高方法。

5.2 和差波束单脉冲测角

5.2.1 基本原理

设天线阵列为 N 个阵元的均匀线阵；阵元间距为 d；和波束指向为 θ_0；阵列导向向量为 $\boldsymbol{a}_0=[1,\mathrm{e}^{\mathrm{j}\phi_0},\cdots,\mathrm{e}^{\mathrm{j}(N-1)\varphi_0}]^{\mathrm{T}}$，$\varphi_0=\dfrac{2\pi}{\lambda}d\sin\theta_0$，$\lambda$ 为波长，上标 T 表示向量转置；目标信号幅度为 b；角度为 θ_{t}；目标导向向量为 $\boldsymbol{a}_{\mathrm{t}}=[1,\mathrm{e}^{\mathrm{j}\varphi_t},\cdots,\mathrm{e}^{\mathrm{j}(N-1)\varphi_{\mathrm{t}}}]^{\mathrm{T}}$，$\varphi_{\mathrm{t}}=\dfrac{2\pi}{\lambda}d\sin\theta_{\mathrm{t}}$。则和波束与差波束的输出分别为

$$s_{\Sigma}=bF_{\Sigma}(\theta_{\mathrm{t}}) \tag{5.1a}$$

$$s_{\Delta}=bF_{\Delta}(\theta_{\mathrm{t}}) \tag{5.1b}$$

式中，$F_{\Sigma}(\theta_{\mathrm{t}})$ 和 $F_{\Delta}(\theta_{\mathrm{t}})$ 分别为和、差波束方向图，即

$$\begin{aligned}F_{\Sigma}(\theta_{\mathrm{t}})&=\boldsymbol{a}_0^{\mathrm{H}}\boldsymbol{a}_{\mathrm{t}}=\mathrm{e}^{\frac{\mathrm{j}\pi(N-1)d(\sin\theta_{\mathrm{t}}-\sin\theta_0)}{\lambda}}\frac{\sin\left[\dfrac{\pi}{\lambda}Nd(\sin\theta_{\mathrm{t}}-\sin\theta_0)\right]}{\sin\left[\dfrac{\pi}{\lambda}d(\sin\theta_{\mathrm{t}}-\sin\theta_0)\right]}\\&\approx\mathrm{e}^{\frac{\mathrm{j}\pi(N-1)d(\sin\theta_{\mathrm{t}}-\sin\theta_0)}{\lambda}}\frac{\sin\left[\dfrac{\pi}{\lambda}Nd\theta'_{\mathrm{t}}\cos\theta_0\right]}{\sin\left[\dfrac{\pi}{\lambda}d\theta'_{\mathrm{t}}\cos\theta_0\right]}\end{aligned} \tag{5.2a}$$

$$\begin{aligned}F_{\Delta}(\theta_{\mathrm{t}})&=-\sum_{n=0}^{\frac{N}{2}-1}\mathrm{e}^{\mathrm{j}n(\varphi_{\mathrm{t}}-\varphi_0)}+\sum_{n=\frac{N}{2}}^{N-1}\mathrm{e}^{\mathrm{j}n(\varphi_{\mathrm{t}}-\varphi_0)}\\&\approx\mathrm{j}2\mathrm{e}^{\frac{\mathrm{j}\pi(N-1)d(\sin\theta_{\mathrm{t}}-\sin\theta_0)}{\lambda}}\frac{\left[\sin\left(\dfrac{\pi}{\lambda}\dfrac{Nd}{2}\theta'_{\mathrm{t}}\cos\theta_0\right)\right]^2}{\sin\left(\dfrac{\pi}{\lambda}d\theta'_{\mathrm{t}}\cos\theta_0\right)}\end{aligned} \tag{5.2b}$$

式中，$\theta'_{\mathrm{t}}=\theta_{\mathrm{t}}-\theta_0$，即目标方向偏离波束指向的角度。由于 θ'_{t} 通常较小，因此可以做上述近似。不失一般性，这里假设阵元数 N 为偶数。

差波束与和波束的比为

$$K(\theta'_{\mathrm{t}})=\frac{s_{\Delta}}{s_{\Sigma}}=\frac{F_{\Delta}(\theta_{\mathrm{t}})}{F_{\Sigma}(\theta_{\mathrm{t}})}=\mathrm{j}\tan\left(\frac{\pi}{\lambda}\frac{Nd}{2}\theta'_{\mathrm{t}}\cos\theta_0\right)\approx\mathrm{j}\,\frac{1.39}{\Delta\theta}\theta'_{\mathrm{t}}\cos\theta_0 \tag{5.3}$$

式中，$\Delta\theta$ 为和波束指向为阵列法向时主瓣的 3 dB 宽度，$\Delta\theta=\dfrac{0.886\lambda}{Nd}$。

对式(5.3) 做以下说明。

(1) 差波束与和波束的比(又称单脉冲比)是一个纯虚数,因此单脉冲测角时应利用其虚部。

(2) 通常预先计算或测量出不同波束指向和目标方向上的单脉冲比并存储起来,对接收信号进行和、差波束形成并计算单脉冲比后,与存储值比较,从而得到目标角度 θ'_{t} 或者 θ_{t}。

(3) 在和波束的主瓣内,单脉冲比与角度近似呈线性关系。

在上述推导中,和、差波束形成分别采用了均匀窗、反对称均匀窗,方向图的副瓣较高,实际中常用锥削窗函数来降低和、差波束的副瓣电平。图 5.1 所示为和波束与差波束方向图,都采用了均匀窗,图 5.2 所示为单脉冲比与角度的关系曲线。可见,在和波束的主瓣内,单脉冲比与目标角度 θ'_{t} 是近似线性的。

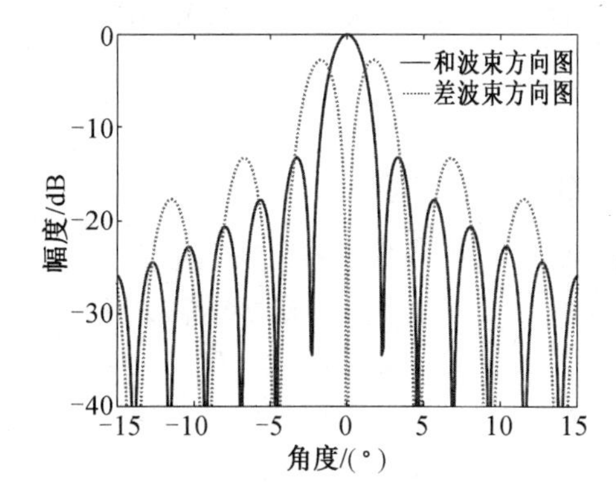

图 5.1　和波束与差波束方向图

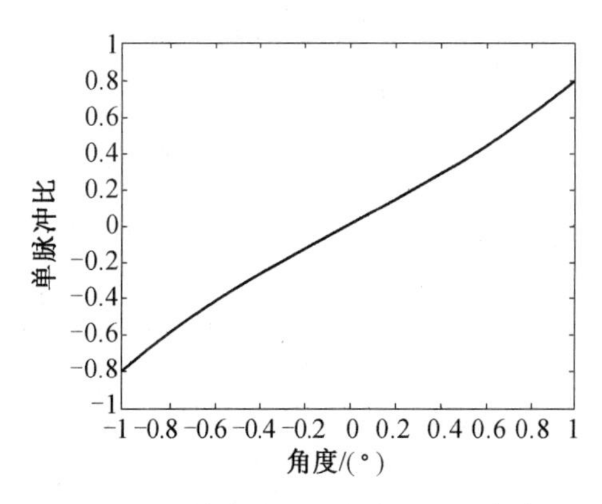

图 5.2　单脉冲比与角度的关系曲线

5.2.2　测量精度[1]

根据前面的推导,若已知单脉冲比 $K(\theta'_{\mathrm{t}})$,则可以求出目标角度 θ'_{t}。实际上,$K(\theta'_{\mathrm{t}})$ 中总是叠加着噪声,即 $K'(\theta'_{\mathrm{t}})=K(\theta'_{\mathrm{t}})+n_{\mathrm{m}}$,此处 $n_{\mathrm{m}}=n_{\mathrm{mr}}+\mathrm{j}n_{\mathrm{mi}}$ 为复高斯

噪声。已知 $K(\theta'_t)$ 为纯虚数，令其虚部为 $K_i(\theta'_t)$，则有

$$K'(\theta'_t)=K'_r(\theta'_t)+jK'_i(\theta'_t)=jK_i(\theta'_t)+n_{mr}+jn_{mi}$$

因此

$$K'_i(\theta'_t)=K_i(\theta'_t)+n_{mi}$$

设 n_{mi} 的均值为零，方差为 σ^2，则有

$$f(K'_i \mid K_i)=\frac{1}{\sqrt{2\pi\sigma^2}}e^{-\frac{(K'_i-K_i)^2}{2\sigma^2}} \tag{5.4}$$

方便起见，式(5.4) 中省略了 θ'_t，通过此式可以求出 $K_i(\theta'_t)$ 的最大似然估计 $\hat{K}_i(\theta'_t)=K'_i(\theta'_t)$。由于估计量的均值等于被估计量的真值，即 $E[\hat{K}_i(\theta'_t)]=E[K'_i(\theta'_t)]=K_i(\theta'_t)$，因此 $\hat{K}_i(\theta'_t)$ 是无偏的。另外，由于

$$\frac{\partial \ln f(K'_i \mid K_i)}{\partial K_i}=\frac{K'_i-K_i}{\sigma^2}=\frac{\hat{K}_i-K_i}{\sigma^2} \tag{5.5}$$

因此 $\hat{K}_i(\theta'_t)$ 也是有效的。

对于无偏有效估计量 $\hat{K}_i(\theta'_t)$，其方差可以通过克拉美－罗界计算，即

$$\mathrm{Var}(\hat{K}_i \mid K_i)=\left\{-E\left[\frac{\partial^2 \ln f(K'_i \mid K_i)}{\partial K_i^2}\right]\right\}^{-1}=\sigma^2 \tag{5.6}$$

由于 $K_i(\theta'_t)=\frac{1.39}{\Delta\theta}\theta'_t\cos\theta_0$，因此 θ'_t 的估计 $\hat{\theta}'_t$ 也是无偏有效估计量，其标准差为

$$\sigma_\theta=\frac{\Delta\theta}{1.39\cos\theta_0}\sigma \tag{5.7}$$

在和波束的主瓣内，和波束输出的信噪比通常较高，因此测量误差主要来自差波束噪声 n_Δ，即

$$n_m=\frac{n_\Delta}{s_\Sigma}=\frac{n_{\Delta r}+jn_{\Delta i}}{s_{\Sigma r}+js_{\Sigma i}}=\frac{(n_{\Delta r}s_{\Sigma r}+n_{\Delta i}s_{\Sigma i})+j(n_{\Delta i}s_{\Sigma r}-n_{\Delta r}s_{\Sigma i})}{|s_\Sigma|^2} \tag{5.8}$$

取 n_m 的虚部 $n_{mi}=\frac{n_{\Delta i}s_{\Sigma r}-n_{\Delta r}s_{\Sigma i}}{|s_\Sigma|^2}$，则 n_{mi} 的方差 $\sigma^2=\frac{P_{n\Delta}}{2|s_\Sigma|^2}=\frac{1}{2\mathrm{SNR}}$。其中，$\mathrm{SNR}=\frac{|s_\Sigma|^2}{P_{n\Delta}}$，$P_{n\Delta}$ 是 n_Δ 的功率，代入式(5.7) 中得到

$$\sigma_\theta\approx\frac{0.51\Delta\theta}{\sqrt{\mathrm{SNR}}\cos\theta_0} \tag{5.9}$$

对式(5.9) 做以下说明。

(1) 给出了和差单脉冲测角在和波束主瓣内的潜在精度，与文献[2] 的结果相同，从中可以看到它与阵列扫描方式下的波瓣宽度和信噪比的关系。

(2) 信噪比是和波束的信号功率与差波束的噪声功率之比，在均匀窗下，和、

差波束中的噪声功率近似相同，因此可以看作和波束的信噪比。

设 $N=50$，d 等于半波长，和波束指向 $\theta_0=0°$，目标角度 $\theta_t=0°$。在此条件下，图 5.3 所示为角度测量标准差与信噪比的关系。作为比较，图中还给出了理论曲线，可见仿真曲线与理论曲线符合得较好。

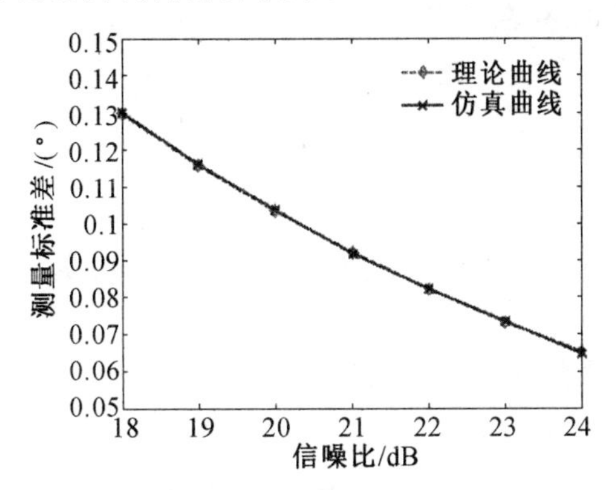

图 5.3　角度测量标准差与信噪比的关系

设目标角度 θ_t 在 $-1°\sim1°$ 内变化，信噪比为 20 dB，其他参数同上。图 5.4 所示为角度测量标准差与目标角度偏差的关系。可见，当目标位于和波束指向上时，测量精度最高，约为波束宽度的 5%；当目标偏离和波束指向越远时，测量误差不断增大，最大值约波束宽度的 5.5%，其原因或与和、差波束的信噪比变化等因素有关。

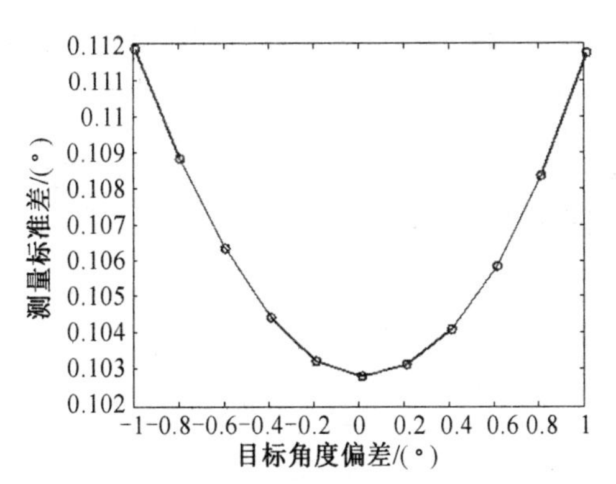

图 5.4　角度测量标准差与目标角度偏差的关系

5.3　自适应和差波束单脉冲测角

和差波束单脉冲测角是噪声背景下常用的测角技术。但是，当存在副瓣强干扰时，通常需要首先采用自适应和、差波束形成抑制干扰，然后执行和差单脉冲测角。本节将介绍这种测角方法[3]。设天线阵列为 N 个阵元的均匀线阵，阵元间距为 d，有 M 个副瓣强干扰入射进来。

5.3.1 自适应和差波束形成

自适应和、差波束形成的权向量为

$$\boldsymbol{w}_{\Sigma}(\theta_0)=\boldsymbol{R}^{-1}\boldsymbol{a}_{\Sigma}(\theta_0) \tag{5.10a}$$

$$\boldsymbol{w}_{\Delta}(\theta_0)=\boldsymbol{R}^{-1}\boldsymbol{a}_{\Delta}(\theta_0) \tag{5.10b}$$

式中，$\boldsymbol{R}$ 为阵列干扰加噪声的协方差矩阵；$\boldsymbol{a}_{\Sigma}(\theta_0)$ 和 $\boldsymbol{a}_{\Delta}(\theta_0)$ 分别为常规和、差波束的权向量；θ_0 为和波束指向。

自适应和、差波束形成的方向图为

$$F_{\Sigma}(\theta)=\boldsymbol{w}_{\Sigma}(\theta_0)^{\mathrm{H}}\boldsymbol{a}(\theta) \tag{5.11a}$$

$$F_{\Delta}(\theta)=\boldsymbol{w}_{\Delta}(\theta_0)^{\mathrm{H}}\boldsymbol{a}(\theta) \tag{5.11b}$$

类似于式(3.32)的推导，有

$$F_{\Sigma}(\theta)=\frac{1}{\sigma^2}\boldsymbol{a}_{\Sigma}^{\mathrm{H}}\boldsymbol{P}_{\mathrm{I}}^{\perp}\boldsymbol{a}(\theta) \tag{5.12a}$$

$$F_{\Delta}(\theta)=\frac{1}{\sigma^2}\boldsymbol{a}_{\Delta}^{\mathrm{H}}\boldsymbol{P}_{\mathrm{I}}^{\perp}\boldsymbol{a}(\theta) \tag{5.12b}$$

当 θ 为干扰方向时，导向向量 $\boldsymbol{a}(\theta)$ 位于干扰子空间中，因此 $F_{\Sigma}(\theta)=0$，即自适应和波束方向图在干扰方向上置零，自适应权与干扰导向向量正交，从而抑制了副瓣干扰。出于同样的原因，差波束方向图也在副瓣干扰方向上置零，因此抑制了副瓣干扰。

5.3.2 自适应单脉冲测角

当常规和、差波束导向向量分别采用均匀窗、反对称均匀窗时，和差单脉冲测角的单脉冲比为式(5.3)，即

$$K(\theta_{\mathrm{t}}')=\frac{F_{\Delta}(\theta_{\mathrm{t}})}{F_{\Sigma}(\theta_{\mathrm{t}})}=\frac{\boldsymbol{a}_{\Delta}^{\mathrm{H}}\boldsymbol{a}}{\boldsymbol{a}_{\Sigma}^{\mathrm{H}}\boldsymbol{a}} \tag{5.13}$$

由自适应和、差波束得到的单脉冲比为

$$K'(\theta_{\mathrm{t}}')=\frac{\boldsymbol{w}_{\Delta}^{\mathrm{H}}\boldsymbol{a}}{\boldsymbol{w}_{\Sigma}^{\mathrm{H}}\boldsymbol{a}}=\frac{\boldsymbol{a}_{\Delta}^{\mathrm{H}}\boldsymbol{R}^{-1}\boldsymbol{a}}{\boldsymbol{a}_{\Sigma}^{\mathrm{H}}\boldsymbol{R}^{-1}\boldsymbol{a}} \tag{5.14}$$

类似于式(3.30)，得到

$$\boldsymbol{w}_{\Sigma}=\frac{1}{\sigma^2}\boldsymbol{a}_{\Sigma}-\sum_{k=1}^{M}\alpha_k\boldsymbol{u}_k,\ \boldsymbol{w}_{\Delta}=\frac{1}{\sigma^2}\boldsymbol{a}_{\Delta}-\sum_{k=1}^{M}\beta_k\boldsymbol{u}_k \tag{5.15}$$

式中

$$\alpha_k = \left(\frac{1}{\sigma^2} - \frac{1}{\lambda_k}\right)\boldsymbol{u}_k^{\mathrm{H}}\boldsymbol{a}_\Sigma,\ \beta_k = \left(\frac{1}{\sigma^2} - \frac{1}{\lambda_k}\right)\boldsymbol{u}_k^{\mathrm{H}}\boldsymbol{a}_\Delta$$

将式(5.15)简化表示为

$$\boldsymbol{w}_\Sigma = \boldsymbol{w}_{\Sigma\mathrm{q}} - \boldsymbol{w}_{\Sigma\mathrm{a}},\ \boldsymbol{w}_\Delta = \boldsymbol{w}_{\Delta\mathrm{q}} - \boldsymbol{w}_{\Delta\mathrm{a}} \tag{5.16}$$

式中，$\boldsymbol{w}_{\Sigma\mathrm{q}}$、$\boldsymbol{w}_{\Delta\mathrm{q}}$ 分别为常规和、差权向量；$\boldsymbol{w}_{\Sigma\mathrm{a}}$、$\boldsymbol{w}_{\Delta\mathrm{a}}$ 分别为自适应和、差权向量中干扰的特征向量。$\boldsymbol{w}_{\Sigma\mathrm{a}}$、$\boldsymbol{w}_{\Delta\mathrm{a}}$ 可以用独立的干扰导向向量线性表示，在自适应处理中，它们形成干扰波束，方向图为 sinc 函数。

对于自适应和波束，由 $\boldsymbol{w}_{\Sigma\mathrm{q}}$ 形成常规波束，由 $\boldsymbol{w}_{\Sigma\mathrm{a}}$ 形成干扰波束，二者相减形成了自适应和波束。外界干扰位于常规波束的副瓣上，同时在干扰波束的主瓣上，且两个波束中的干扰分量相同，相减后被消除，从而实现了自适应干扰抑制。$\boldsymbol{w}_{\Sigma\mathrm{a}}$ 中含有 M 个分量，因此至多形成 M 个干扰波束，因为处在常规波束方向图零点上的干扰，无须形成干扰波束。在干扰方向上，常规波束的副瓣与干扰波束的主瓣相同，因此常规波束的主瓣远大于干扰波束的副瓣，在均匀分布幅度窗下，二者至少相差 26 dB，在锥削窗下相差更大。因此，干扰波束副瓣对常规波束主瓣的影响可以忽略不计，自适应和波束与常规和波束的主瓣近似相同。

对于自适应差波束，其两个主瓣与常规差波束的两个主瓣也近似相同，只是零点有时会变浅，零点附近受到的影响大些。零点变浅是因为干扰波束的副瓣对准了常规差波束的零点。尽管差波束在零点附近受到扰动，但是和差测角是基于单脉冲比进行的。在均匀权下，差波束零点至少低于和波束主瓣 29 dB，在锥削窗下相差更大，因此差波束的扰动对测角影响不大。

根据上述讨论可以看出，自适应单脉冲比与常规单脉冲比近似相等，即

$$K'(\theta_{\mathrm{t}}') \approx K(\theta_{\mathrm{t}}') \tag{5.17}$$

在常规和差单脉冲测角中，经常采用泰勒窗降低和波束副瓣，采用贝里斯窗降低差波束副瓣。在自适应和差测角中采用这些窗函数也会一定程度地降低波束副瓣。窗函数会使自适应处理的增益下降，但是方向图置零不会受到影响。如前所述，干扰波束呈 sinc 函数状，其主瓣与常规波束的副瓣干扰位置相等，当常规波束与干扰波束相减时，常规波束的副瓣被抬高，但是影响不大。

5.3.3　实例与分析

均匀线阵有 50 个阵元，阵元间距为半波长，和波束指向 0°，两个干扰分别在 45° 和 −36° 方向上，干噪比都是 50 dB。和、差波束分别采用 −35 dB 的泰勒窗、贝里斯窗。图 5.5 所示为常规与自适应和波束方向图的比较，图 5.6 所示为常规与自适应差波束方向图的比较，图 5.7 所示为常规与自适应单脉冲比的比较。

图 5.5 和图 5.6 中常规与自适应和、差波束方向图的主瓣几乎重合，而且自适应和、差方向图的副瓣仅在干扰附近存在起伏，但是幅度不大，在45° 和 −36°

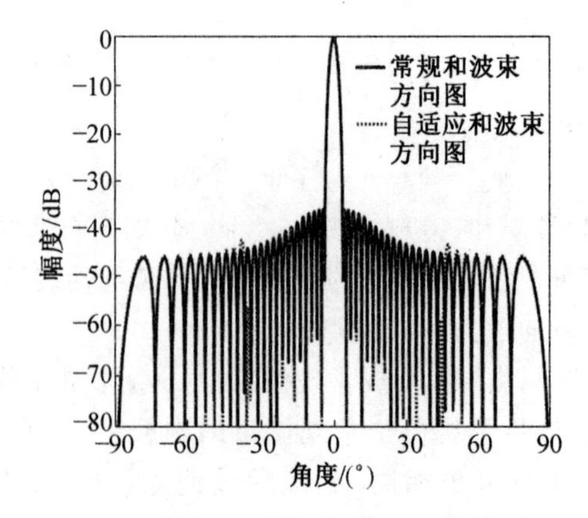

图 5.5　常规与自适应和波束方向图的比较(见附录彩图)

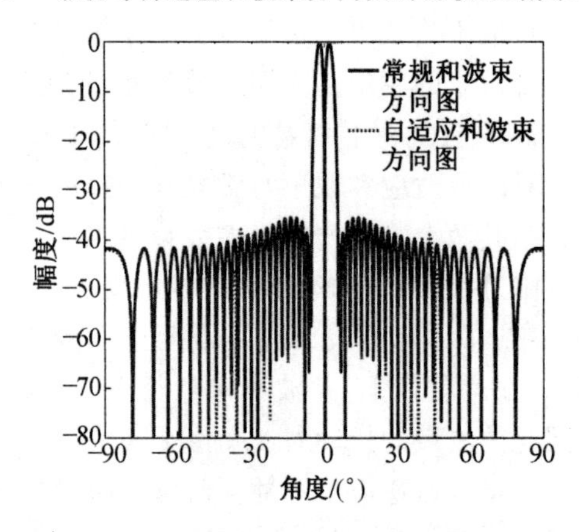

图 5.6　常规与自适应差波束方向图的比较(见附录彩图)

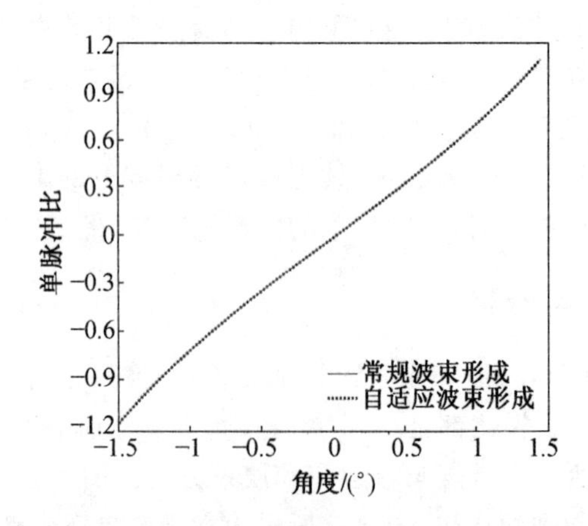

图 5.7　常规与自适应单脉冲比的比较(见附录彩图)

处形成了很深的零点，因此有效地抑制了干扰。由图 5.7 可见，常规、自适应和差测角的单脉冲比非常接近，验证了式(5.17)，因此二者的测角性能近似相同。

5.4　带斜率约束的自适应单脉冲测角

5.3 节介绍了自适应和差波束单脉冲测角技术，当存在副瓣强干扰时，首先进行自适应和、差波束形成以抑制干扰，然后进行和差波束测角，并指出在理想情况下自适应单脉冲比与常规单脉冲比近似相同。但是，实际中由于干扰环境复杂，自适应方向图有时会发生畸变，因此测量误差增大。针对此问题，考虑到单脉冲比与角度的近似线性关系，文献[4] 提出了一种三点线性约束自适应单脉冲测角方法，首先确定自适应和波束的权向量，然后基于单脉冲比三点线性约束得到自适应差波束的权向量。该方法只对差波束主瓣进行约束，而对副瓣无任何约束，因此副瓣电平较高。本节将在保持线性单脉冲比斜率的情况下对差波束副瓣施加额外约束条件以降低其副瓣电平。

5.4.1　基本原理

设均匀线阵有 N 个阵元，阵元间距为 d，和波束指向为 θ_0。在最小方差无畸变响应准则(MVDR)下，自适应和波束的权向量为[5]

$$\boldsymbol{w}_{\Sigma}=\frac{\boldsymbol{R}^{-1}\boldsymbol{a}(\theta_0)}{\boldsymbol{a}(\theta_0)^{\mathrm{H}}\boldsymbol{R}^{-1}\boldsymbol{a}(\theta_0)} \tag{5.18}$$

式中，$\boldsymbol{R}$ 为干扰加噪声的协方差矩阵；$\boldsymbol{a}(\theta_0)$ 为阵列导向向量，$\boldsymbol{a}(\theta_0)=[1,\mathrm{e}^{\mathrm{j}\varphi_0},\cdots,\mathrm{e}^{\mathrm{j}(N-1)\varphi_0}]$，$\varphi_0=\dfrac{2\pi}{\lambda}d\sin\theta_0$，$\lambda$ 为波长。

自适应差波束权向量 $\boldsymbol{w}_{\Delta}$ 在线性约束最小方差准则下确定，线性约束包括两个：单脉冲比三点线性约束和差波束副瓣电平约束。因此，问题描述为

$$\min_{\boldsymbol{w}_{\Delta}} \boldsymbol{w}_{\Delta}^{\mathrm{H}}\boldsymbol{R}\boldsymbol{w}_{\Delta},\quad \mathrm{s.t.}\ [\boldsymbol{C}_1,\boldsymbol{C}_2]^{\mathrm{H}}\boldsymbol{w}_{\Delta}=\begin{bmatrix}\boldsymbol{\rho}_1\\ \boldsymbol{\rho}_2\end{bmatrix} \tag{5.19}$$

首先给出单脉冲比三点线性约束。设式(5.18) 形成的自适应和波束为 Σ，需要求得的自适应差波束为 Δ，为在和波束的 3 dB 波束宽度内保持单脉冲比的斜率是线性的，要求

$$\frac{\Delta(\theta_0\pm\Delta\theta)}{\Sigma(\theta_0\pm\Delta\theta)}=\pm k_s\Delta\theta \tag{5.20}$$

式中，k_s 为斜率常数；$\Delta\theta$ 为和波束的 3 dB 宽度。

增加差波束的零点约束，得到差波束权向量的三点线性约束，即

$$\boldsymbol{C}_1^{\mathrm{H}}\boldsymbol{w}_\Delta=\boldsymbol{\rho}_1 \tag{5.21}$$

式中，有

$$\boldsymbol{C}_1=[\boldsymbol{a}(\theta_0+\Delta\theta),\boldsymbol{a}(\theta_0),\boldsymbol{a}(\theta_0-\Delta\theta)] \tag{5.22}$$

$$\boldsymbol{\rho}_1=k_s\begin{bmatrix}\boldsymbol{w}_\Sigma^{\mathrm{H}}\boldsymbol{a}(\theta_0+\Delta\theta)\\0\\-\boldsymbol{w}_\Sigma^{\mathrm{H}}\boldsymbol{a}(\theta_0-\Delta\theta)\end{bmatrix}\Delta\theta \tag{5.23}$$

下面给出差波束副瓣约束。设差波束方向图的主、副瓣区域分别为 Θ_1 和 Θ_2，定义

$$\boldsymbol{Q}_1=\int_{\Theta_1}\boldsymbol{a}(\theta)\boldsymbol{a}^{\mathrm{H}}(\theta)\mathrm{d}\theta,\ \boldsymbol{Q}_2=\int_{\Theta_2}\boldsymbol{a}(\theta)\boldsymbol{a}^{\mathrm{H}}(\theta)\mathrm{d}\theta \tag{5.24}$$

对$\boldsymbol{Q}_1$ 进行特征分解，$\boldsymbol{Q}_1=\boldsymbol{U}_1\boldsymbol{\Omega}\boldsymbol{U}_1^{\mathrm{H}}$，其中大特征值对应的特征向量构成矩阵$\boldsymbol{U}_2$，定义投影矩阵为

$$\boldsymbol{P}^{\perp}=\boldsymbol{I}-\boldsymbol{U}_2(\boldsymbol{U}_2^{\mathrm{H}}\boldsymbol{U}_2)\boldsymbol{U}_2^{\mathrm{H}} \tag{5.25}$$

式中，$\boldsymbol{I}$ 为 N 阶单位矩阵。

利用投影矩阵$\boldsymbol{P}^{\perp}$ 修正矩阵$\boldsymbol{Q}_2$ 得到

$$\boldsymbol{Q}_3=\boldsymbol{P}^{\perp}\boldsymbol{Q}_2\boldsymbol{P}^{\perp} \tag{5.26}$$

对$\boldsymbol{Q}_3$ 进行特征分解，$\boldsymbol{Q}_3=\boldsymbol{U}_3\boldsymbol{\Omega}_3\boldsymbol{U}_3^{\mathrm{H}}$，其中大特征值对应的特征向量构成式(5.19)中的矩阵$\boldsymbol{C}_2$。另外，$\boldsymbol{\rho}_2$ 可以取零向量，维数等于$\boldsymbol{Q}_3$ 的大特征值个数。

至此，就得到了式(5.19)中的全部线性约束条件，然后利用拉格朗日乘子法解出自适应差波束权向量，即

$$\boldsymbol{w}_\Delta=\boldsymbol{R}^{-1}\boldsymbol{C}(\boldsymbol{C}^{\mathrm{H}}\boldsymbol{R}^{-1}\boldsymbol{C})^{-1}\boldsymbol{\rho} \tag{5.27}$$

式中，$\boldsymbol{C}=[\boldsymbol{C}_1,\boldsymbol{C}_2]$，$\boldsymbol{\rho}=[\boldsymbol{\rho}_1^{\mathrm{T}},\boldsymbol{\rho}_2^{\mathrm{T}}]^{\mathrm{T}}$。

由式(5.18)和式(5.27)得到自适应单脉冲比为

$$K(\theta_t')=\frac{\boldsymbol{w}_\Delta^{\mathrm{H}}\boldsymbol{a}(\theta_t)}{\boldsymbol{w}_\Sigma^{\mathrm{H}}\boldsymbol{a}(\theta_t)} \tag{5.28}$$

式中，θ_t'为目标偏离和波束指向 θ_0 的角度，$\theta_t'=\theta_t-\theta_0$。

5.4.2 实例与分析

设均匀线阵有 50 个阵元，阵元间距为半波长，和波束指向为阵列法向，两个干扰分别位于45°和−36°方向上，干噪比都是50 dB。自适应和波束方向图采用−35 dB的泰勒窗(图5.8)。图5.9所示为带主瓣和副瓣约束的自适应差波束方向图，图5.10所示为有、无副瓣约束单脉冲比的比较。由图5.9可见，本节方法的差波束副瓣比文献[4]的降低了约15 dB，在45°和−36°处形成了很深的零陷，其代价是主瓣展宽，导致单脉冲比有所偏离(图5.10)。

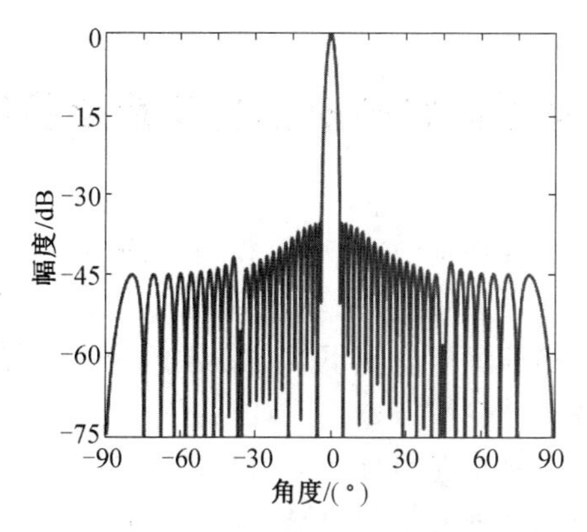

图 5.8　自适应和波束方向图

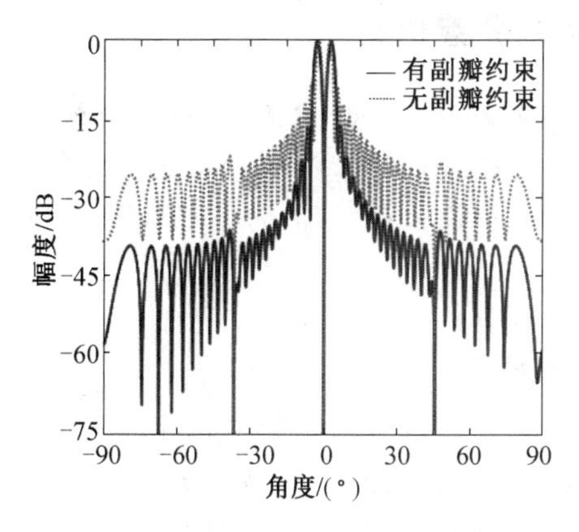

图 5.9　带主瓣和副瓣约束的自适应差波束方向图

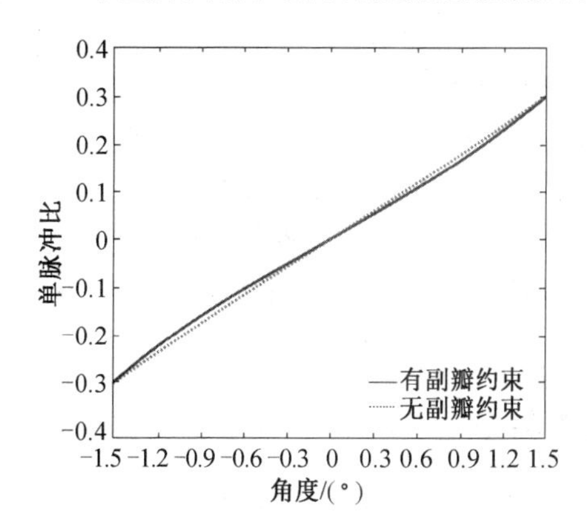

图 5.10　有、无副瓣约束单脉冲比的比较

5.5　基于最大似然的自适应单脉冲测角

如前所述，在复杂干扰环境中，自适应和、差波束的主瓣有时会变形，带来了测角偏差，需要对单脉冲比直线的斜率进行约束。但是，这类方法存在两个基本问题：一是自适应处理的训练样本中不能有较强的目标信号，否则主瓣变形严重且难以保形；二是差波束的主瓣区域扩大，因此压缩了副瓣区。从最大似然估计出发，文献[6]提出了一种改进的自适应单脉冲方法，这在一定程度上克服了上述问题。通过多次迭代，这种方法的测量性能还可进一步改善，本节予以介绍。

5.5.1　最大似然角度估计

假设通过一个N元阵列获得了一个快拍$\boldsymbol{z}$，$\boldsymbol{z}$由目标信号、干扰及噪声构成。目标信号$\boldsymbol{s}=b\boldsymbol{a}(\theta_t)$。其中，$b$是信号幅度；$\boldsymbol{a}(\theta_t)$是阵列导向向量；$\theta_t$是目标角度。假设干扰和噪声服从高斯分布，均值为零，协方差矩阵为$\boldsymbol{R}$。因此，有下面的似然函数，即

$$f(\boldsymbol{z}\mid\theta_t,b)=\pi^{-N}\mid\boldsymbol{R}\mid^{-1}\mathrm{e}^{-(\boldsymbol{z}-b\boldsymbol{a}(\theta_t))^{\mathrm{H}}\boldsymbol{R}^{-1}(\boldsymbol{z}-b\boldsymbol{a}(\theta_t))}\tag{5.29}$$

式中，$(\cdot)^{\mathrm{H}}$表示共轭转置。

一般通过最大化似然函数得到未知参数θ_t的估值，而最大化函数$f(\boldsymbol{z}\mid\theta_t,b)$等价于最小化二次指数项$(\boldsymbol{z}-b\boldsymbol{a}(\theta_t))^{\mathrm{H}}\boldsymbol{R}^{-1}(\boldsymbol{z}-b\boldsymbol{a}(\theta_t))$，对$b$求导得到$b=(\boldsymbol{a}(\theta_t)^{\mathrm{H}}\boldsymbol{R}^{-1}\boldsymbol{a}(\theta_t))^{-1}\boldsymbol{a}(\theta_t)^{\mathrm{H}}\boldsymbol{R}^{-1}\boldsymbol{z}$，代入二次指数项中，整理并忽略常数项后得到

$$P(\theta_t)=\mid\boldsymbol{w}(\theta_t)^{\mathrm{H}}\boldsymbol{z}\mid^2\tag{5.30}$$

式中，$\boldsymbol{w}(\theta_t)$为自适应权向量，即

$$\boldsymbol{w}(\theta_t)=(\boldsymbol{a}(\theta_t)^{\mathrm{H}}\boldsymbol{R}^{-1}\boldsymbol{a}(\theta_t))^{-\frac{1}{2}}\boldsymbol{R}^{-1}\boldsymbol{a}(\theta_t)\tag{5.31}$$

式(5.30)表明，若在空间中进行波束扫描，则输出功率最大的角度即目标角度θ_t。但是，式(5.30)实际上是阵列接收信号的自适应波束形成，自适应波束扫描的计算量和干扰环境的复杂性使得其难以直接应用于测角。下面从式(5.30)和式(5.31)出发，推导一种改进的单脉冲测角方法。

5.5.2　单脉冲测角

对功率函数取对数，即$p(\theta)=\ln P(\theta)$，由于对数函数具有单调性，因此$p(\theta)$与$P(\theta)$的峰值点相同。这个做法的好处是对数函数在峰值点更平坦，因此其泰勒级数展开的截断误差更小。

令θ_t为函数$p(\theta)=\ln P(\theta)$的峰值点，即目标的位置，将$p(\theta)$的导数在θ_t处进行一阶泰勒级数展开，得到

$$p_\theta(\theta)=p_\theta(\theta_t)+p_{\theta\theta}(\theta_t)(\theta-\theta_t) \tag{5.32}$$

式中，下标 θ 表示一阶导数，下标 $\theta\theta$ 表示二阶导数。

对于线阵，θ 为方位角或俯仰角；对于面阵，θ 为方位角和俯仰角的组合，即 $\theta=(u,v)^{\mathrm{T}}$。以面阵为例，式(5.32)表示为

$$\begin{bmatrix} p_u \\ p_v \end{bmatrix}_{(\theta)}=\begin{bmatrix} p_u \\ p_v \end{bmatrix}_{(\theta_t)}+\begin{bmatrix} p_{uu} & p_{uv} \\ p_{vu} & p_{vv} \end{bmatrix}_{(\theta_t)}(\theta-\theta_t) \tag{5.33}$$

根据 θ_t 的定义，一阶导数在 θ_t 处为零，整理后得到

$$\begin{bmatrix} u_t \\ v_t \end{bmatrix}=\begin{bmatrix} u \\ v \end{bmatrix}-\begin{bmatrix} p_{uu} & p_{uv} \\ p_{vu} & p_{vv} \end{bmatrix}^{-1}_{(\theta_t)}\begin{bmatrix} p_u \\ p_v \end{bmatrix}_{(\theta)} \tag{5.34}$$

式(5.34)表明，若 θ 为波束指向，则目标方向 θ_t 可以通过对波束指向 θ 进行适当修正得到。

下面计算式(5.34)中的一阶和二阶导数，首先计算一阶导数，有

$$p_u=2\mathrm{Re}\left[\frac{\boldsymbol{w}_u^{\mathrm{H}}\boldsymbol{z}}{\boldsymbol{w}^{\mathrm{H}}\boldsymbol{z}}\right] \tag{5.35}$$

导数 $\boldsymbol{w}_u$ 可以从式(5.31)得到，即

$$\boldsymbol{w}_u=\boldsymbol{d}_x-\mu_x\boldsymbol{w} \tag{5.36}$$

式中，$\boldsymbol{d}_x$ 是方位维自适应差波束的权向量，$\boldsymbol{d}_x=(\boldsymbol{a}^{\mathrm{H}}\boldsymbol{R}^{-1}\boldsymbol{a})^{-\frac{1}{2}}\boldsymbol{R}^{-1}\boldsymbol{a}_u$；$\mu_x=\mathrm{Re}\left[\frac{\boldsymbol{a}_u^{\mathrm{H}}\boldsymbol{R}^{-1}\boldsymbol{a}}{\boldsymbol{a}^{\mathrm{H}}\boldsymbol{R}^{-1}\boldsymbol{a}}\right]=\mathrm{Re}\left[\frac{\boldsymbol{a}_u^{\mathrm{H}}\boldsymbol{w}}{\boldsymbol{a}^{\mathrm{H}}\boldsymbol{w}}\right]$，$\boldsymbol{a}=\boldsymbol{a}(\theta)$。

对于导向向量 $\boldsymbol{a}$，通常有

$$a_n=\mathrm{e}^{\mathrm{j}\frac{2\pi}{\lambda}(x_n u+y_n v)}$$

式中，(x_n,y_n) 为第 n 个阵元的平面坐标。那么

$$a_{u,n}=\mathrm{j}\,\frac{2\pi}{\lambda}x_n a_n,\quad a_{v,n}=\mathrm{j}\,\frac{2\pi}{\lambda}y_n a_n$$

将式(5.36)代入式(5.35)中得到

$$p_u=2\left(\mathrm{Re}\left[\frac{\boldsymbol{d}_x^{\mathrm{H}}\boldsymbol{z}}{\boldsymbol{w}^{\mathrm{H}}\boldsymbol{z}}\right]-\mu_x\right) \tag{5.37}$$

同理，得到俯仰维的一阶导数

$$p_v=2\left(\mathrm{Re}\left[\frac{\boldsymbol{d}_y^{\mathrm{H}}\boldsymbol{z}}{\boldsymbol{w}^{\mathrm{H}}\boldsymbol{z}}\right]-\mu_y\right) \tag{5.38}$$

式中，$\boldsymbol{d}_y$ 是俯仰维自适应权向量，$\boldsymbol{d}_y=(\boldsymbol{a}^{\mathrm{H}}\boldsymbol{R}^{-1}\boldsymbol{a})^{-\frac{1}{2}}\boldsymbol{R}^{-1}\boldsymbol{a}_v$；$\mu_y=\mathrm{Re}\left[\frac{\boldsymbol{a}_v^{\mathrm{H}}\boldsymbol{w}}{\boldsymbol{a}^{\mathrm{H}}\boldsymbol{w}}\right]$。

式(5.37)和式(5.38)表明，上述一阶导数等于自适应单脉冲比减去一个修正量，该修正量是自适应差方向图与自适应和方向图在波束指向上的比。

接下来计算二阶导数，有

$$p_{uu}(\theta_t)=2\mathrm{Re}\left[\frac{\boldsymbol{w}_{uu}^{H}\boldsymbol{z}\boldsymbol{z}^{H}\boldsymbol{w}}{\boldsymbol{w}^{H}\boldsymbol{z}\boldsymbol{z}^{H}\boldsymbol{w}}\right](\theta_t)-2\mathrm{Re}\left[\left(\frac{\boldsymbol{w}_{u}^{H}\boldsymbol{z}\boldsymbol{z}^{H}\boldsymbol{w}}{\boldsymbol{w}^{H}\boldsymbol{z}\boldsymbol{z}^{H}\boldsymbol{w}}\right)^{2}\right](\theta_t) \tag{5.39}$$

对于式(5.39)的第二项，整理后得到

$$\mathrm{Re}\left[\left(\frac{\boldsymbol{w}_{u}^{H}\boldsymbol{z}\boldsymbol{z}^{H}\boldsymbol{w}}{\boldsymbol{w}^{H}\boldsymbol{z}\boldsymbol{z}^{H}\boldsymbol{w}}\right)^{2}\right](\theta_t)=\frac{\mathrm{Re}^{2}[\boldsymbol{w}_{u}^{H}\boldsymbol{z}\boldsymbol{z}^{H}\boldsymbol{w}]-\mathrm{Im}^{2}[\boldsymbol{w}_{u}^{H}\boldsymbol{z}\boldsymbol{z}^{H}\boldsymbol{w}]}{(\boldsymbol{w}^{H}\boldsymbol{z}\boldsymbol{z}^{H}\boldsymbol{w})^{2}} \tag{5.40}$$

因为 $p_u(\theta_t)=0$，所以 $\mathrm{Re}^{2}\left[\frac{\boldsymbol{w}_{u}^{H}\boldsymbol{z}\boldsymbol{z}^{H}\boldsymbol{w}}{(\boldsymbol{w}^{H}\boldsymbol{z}\boldsymbol{z}^{H}\boldsymbol{w})^{2}}\right]=0$，即式(5.40)的第一项为零，其实第二项也等于零。假设阵列结构是对称的，即 $x_n=-x_{N+1-n}$。令 $E(\boldsymbol{z}\boldsymbol{z}^{H})=|b|^{2}\boldsymbol{a}_0\boldsymbol{a}_0^{H}+\boldsymbol{R}$，则 $E[\mathrm{Im}[\boldsymbol{w}_{u}^{H}\boldsymbol{z}\boldsymbol{z}^{H}\boldsymbol{w}]]=|b|^{2}\mathrm{Im}[\boldsymbol{w}_{u}^{H}\boldsymbol{a}_0\boldsymbol{a}_0^{H}\boldsymbol{w}]+\mathrm{Im}[\boldsymbol{w}_{u}^{H}\boldsymbol{R}\boldsymbol{w}]$。

当目标方向与波束指向接近时，有合理近似 $\boldsymbol{a}_0\approx\boldsymbol{a}(\theta_t)$，利用式(5.36)得到

$$\begin{aligned}\boldsymbol{w}_{u}^{H}\boldsymbol{a}_0\boldsymbol{a}_0^{H}\boldsymbol{w}&=\frac{\boldsymbol{a}_{u}^{H}\boldsymbol{R}^{-1}\boldsymbol{a}\boldsymbol{a}^{H}\boldsymbol{R}^{-1}\boldsymbol{a}}{\boldsymbol{a}^{H}\boldsymbol{R}^{-1}\boldsymbol{a}}-\mathrm{Re}\left[\frac{\boldsymbol{a}_{u}^{H}\boldsymbol{R}^{-1}\boldsymbol{a}}{\boldsymbol{a}^{H}\boldsymbol{R}^{-1}\boldsymbol{a}}\right]\boldsymbol{w}^{H}\boldsymbol{a}\boldsymbol{a}^{H}\boldsymbol{w}\\&=\mathrm{j}\mathrm{Im}[\boldsymbol{a}_{u}^{H}\boldsymbol{R}^{-1}\boldsymbol{a}]\end{aligned} \tag{5.41}$$

$$\begin{aligned}\boldsymbol{w}_{u}^{H}\boldsymbol{R}\boldsymbol{w}&=\frac{\boldsymbol{a}_{u}^{H}\boldsymbol{R}^{-1}\boldsymbol{a}}{\boldsymbol{a}^{H}\boldsymbol{R}^{-1}\boldsymbol{a}}-\mathrm{Re}\left[\frac{\boldsymbol{a}_{u}^{H}\boldsymbol{R}^{-1}\boldsymbol{a}}{\boldsymbol{a}^{H}\boldsymbol{R}^{-1}\boldsymbol{a}}\right]\boldsymbol{w}^{H}\boldsymbol{R}\boldsymbol{w}\\&=\frac{\mathrm{j}\mathrm{Im}[\boldsymbol{a}_{u}^{H}\boldsymbol{R}^{-1}\boldsymbol{a}]}{\boldsymbol{a}^{H}\boldsymbol{R}^{-1}\boldsymbol{a}}\end{aligned} \tag{5.42}$$

若阵列是对称的，则向量 $\boldsymbol{a}$ 和 $\boldsymbol{w}$ 都是共轭对称的，协方差矩阵 $\boldsymbol{R}$ 是中心共轭斜对称的，这意味着反序向量或矩阵等于其共轭。令 $\boldsymbol{J}$ 为反序矩阵，即

$$\boldsymbol{J}=\begin{bmatrix}0 & & 1\\ & 1 & \\ 1 & & 0\end{bmatrix}$$

则有

$$\boldsymbol{a}=\boldsymbol{J}\boldsymbol{a}^{*},\boldsymbol{w}=\boldsymbol{J}\boldsymbol{w}^{*},\boldsymbol{R}=\boldsymbol{J}\boldsymbol{R}^{*}\boldsymbol{J}$$

式中，上标 * 表示共轭。此处利用了性质 $\boldsymbol{J}\boldsymbol{J}=\boldsymbol{I}$，$\boldsymbol{I}$ 为单位矩阵。

利用上述关系式不难得到

$$\boldsymbol{w}_{u}^{H}\boldsymbol{a}_0\boldsymbol{a}_0^{H}\boldsymbol{w}=(\boldsymbol{w}_{u}^{H}\boldsymbol{a}_0\boldsymbol{a}_0^{H}\boldsymbol{w})^{*} \tag{5.43}$$

$$\boldsymbol{w}_{u}^{H}\boldsymbol{R}\boldsymbol{w}=(\boldsymbol{w}_{u}^{H}\boldsymbol{R}\boldsymbol{w})^{*} \tag{5.44}$$

由于式(5.43)和式(5.44)中的项都是纯虚数，因此都为零，从而有

$$E[\mathrm{Im}[\boldsymbol{w}_{u}^{H}\boldsymbol{z}\boldsymbol{z}^{H}\boldsymbol{w}]]=0$$

这样证明了当阵列结构对称时，式(5.40)的第二项也为零。因此，式(5.39)的第二项等于零。

对于式(5.39)的第一项，用期望 $E(\boldsymbol{z}\boldsymbol{z}^{H})=|b|^{2}\boldsymbol{a}_0\boldsymbol{a}_0^{H}+\boldsymbol{R}$ 代替 $\boldsymbol{z}\boldsymbol{z}^{H}$，整理后得到

$$p_{uu}(\theta_t)=2\mathrm{Re}\left[\frac{|b|^{2}\boldsymbol{w}_{uu}^{H}\boldsymbol{a}_0\boldsymbol{a}_0^{H}\boldsymbol{w}+\boldsymbol{w}_{uu}^{H}\boldsymbol{R}\boldsymbol{w}}{|b|^{2}\boldsymbol{w}^{H}\boldsymbol{a}_0\boldsymbol{a}_0^{H}\boldsymbol{w}+\boldsymbol{w}^{H}\boldsymbol{R}\boldsymbol{w}}\right]$$

$$\approx 2\mathrm{Re}\left[\frac{|b|^2 \boldsymbol{w}_{\mathrm{uu}}^{\mathrm{H}} \boldsymbol{a}\boldsymbol{a}^{\mathrm{H}} \boldsymbol{w} + \boldsymbol{w}_{\mathrm{uu}}^{\mathrm{H}} \boldsymbol{R}\boldsymbol{w}}{|b|^2 \boldsymbol{w}^{\mathrm{H}} \boldsymbol{a}\boldsymbol{a}^{\mathrm{H}} \boldsymbol{w} + \boldsymbol{w}^{\mathrm{H}} \boldsymbol{R}\boldsymbol{w}}\right]$$

$$= \frac{\boldsymbol{w}_{\mathrm{uu}}^{\mathrm{H}} \boldsymbol{a} + \boldsymbol{a}^{\mathrm{H}} \boldsymbol{w}_{\mathrm{uu}}}{(\boldsymbol{a}^{\mathrm{H}} \boldsymbol{R}^{-1} \boldsymbol{a})^{\frac{1}{2}}} \tag{5.45}$$

式中，$\boldsymbol{a} = \boldsymbol{a}(\theta_{\mathrm{t}})$；$\boldsymbol{w}_{\mathrm{uu}}$ 可以由式(5.36)求导解出。

利用条件 $\boldsymbol{w}_{\mathrm{u}}^{\mathrm{H}} \boldsymbol{a}\boldsymbol{a}^{\mathrm{H}} \boldsymbol{w} \approx 0$ 可以导出关系式 $\boldsymbol{d}_{\mathrm{x}}^{\mathrm{H}} \boldsymbol{a} = \mu_{\mathrm{x}} \boldsymbol{w}^{\mathrm{H}} \boldsymbol{a}$，$\boldsymbol{d}_{\mathrm{y}}^{\mathrm{H}} \boldsymbol{a} = \mu_{\mathrm{y}} \boldsymbol{w}^{\mathrm{H}} \boldsymbol{a}$，据此得到

$$p_{\mathrm{uu}} = 2\mathrm{Re}\left[\frac{\boldsymbol{a}_{\mathrm{u}}^{\mathrm{H}} \boldsymbol{R}^{-1} \boldsymbol{a}}{\boldsymbol{a}^{\mathrm{H}} \boldsymbol{R}^{-1} \boldsymbol{a}}\right]^2 - 2\,\frac{\boldsymbol{a}_{\mathrm{u}}^{\mathrm{H}} \boldsymbol{R}^{-1} \boldsymbol{a}_{\mathrm{u}}}{\boldsymbol{a}^{\mathrm{H}} \boldsymbol{R}^{-1} \boldsymbol{a}} \tag{5.46a}$$

$$p_{\mathrm{vv}} = 2\mathrm{Re}\left[\frac{\boldsymbol{a}_{\mathrm{v}}^{\mathrm{H}} \boldsymbol{R}^{-1} \boldsymbol{a}}{\boldsymbol{a}^{\mathrm{H}} \boldsymbol{R}^{-1} \boldsymbol{a}}\right]^2 - 2\,\frac{\boldsymbol{a}_{\mathrm{v}}^{\mathrm{H}} \boldsymbol{R}^{-1} \boldsymbol{a}_{\mathrm{v}}}{\boldsymbol{a}^{\mathrm{H}} \boldsymbol{R}^{-1} \boldsymbol{a}} \tag{5.46b}$$

$$p_{\mathrm{uv}} = 2\mathrm{Re}\left[\frac{\boldsymbol{a}_{\mathrm{u}}^{\mathrm{H}} \boldsymbol{R}^{-1} \boldsymbol{a}}{\boldsymbol{a}^{\mathrm{H}} \boldsymbol{R}^{-1} \boldsymbol{a}}\right]\mathrm{Re}\left[\frac{\boldsymbol{a}_{\mathrm{v}}^{\mathrm{H}} \boldsymbol{R}^{-1} \boldsymbol{a}}{\boldsymbol{a}^{\mathrm{H}} \boldsymbol{R}^{-1} \boldsymbol{a}}\right] - 2\mathrm{Re}\left[\frac{\boldsymbol{a}_{\mathrm{u}}^{\mathrm{H}} \boldsymbol{R}^{-1} \boldsymbol{a}_{\mathrm{v}}}{\boldsymbol{a}^{\mathrm{H}} \boldsymbol{R}^{-1} \boldsymbol{a}}\right] \tag{5.46c}$$

上述各个二阶导数要求在未知目标角度 θ_{t} 上计算，这是不可能的。考虑到前面对数功率函数的主瓣更平坦的优点，用波束指向 θ 代替目标角度 θ_{t} 计算式(5.46)是可行的，因此得到

$$p_{\mathrm{uu}} = 2\mu_{\mathrm{x}}^2 - \frac{2(\boldsymbol{d}_{\mathrm{x}}^{\mathrm{H}} \boldsymbol{a}_{\mathrm{u}})}{\boldsymbol{w}^{\mathrm{H}} \boldsymbol{a}} \tag{5.47a}$$

$$p_{\mathrm{vv}} = 2\mu_{\mathrm{y}}^2 - \frac{2(\boldsymbol{d}_{\mathrm{y}}^{\mathrm{H}} \boldsymbol{a}_{\mathrm{v}})}{\boldsymbol{w}^{\mathrm{H}} \boldsymbol{a}} \tag{5.47b}$$

$$p_{\mathrm{uv}} = 2\mu_{\mathrm{x}}\mu_{\mathrm{y}} - 2\mathrm{Re}\left[\frac{\boldsymbol{d}_{\mathrm{x}}^{\mathrm{H}} \boldsymbol{d}_{\mathrm{y}}}{\boldsymbol{w}^{\mathrm{H}} \boldsymbol{a}}\right] \tag{5.47c}$$

至此，目标角度估计式(5.34)所需要的一阶和二阶导数都已求出，代入式中对波束指向角度 θ 进行修正，从而实现目标角度估计。

当只有噪声没有干扰时，$\boldsymbol{R} = \boldsymbol{I}$，因此得出 $\boldsymbol{w} = \boldsymbol{a}$，$\boldsymbol{d}_{\mathrm{x}} = \boldsymbol{a}_{\mathrm{u}}$，$\boldsymbol{d}_{\mathrm{y}} = \boldsymbol{a}_{\mathrm{v}}$，$\mu_{\mathrm{x}} = \mu_{\mathrm{y}} = 0$，$p_{\mathrm{uu}} = \dfrac{2(\boldsymbol{a}_{\mathrm{u}}^{\mathrm{H}} \boldsymbol{a}_{\mathrm{u}})}{\boldsymbol{a}^{\mathrm{H}} \boldsymbol{a}}$，$p_{\mathrm{vv}} = \dfrac{-2(\boldsymbol{a}_{\mathrm{v}}^{\mathrm{H}} \boldsymbol{a}_{\mathrm{v}})}{\boldsymbol{a}^{\mathrm{H}} \boldsymbol{a}}$。而且，对于绝大多数阵列而言，由于阵元结构呈对称性，因此有 $\boldsymbol{d}_{\mathrm{x}}^{\mathrm{H}} \boldsymbol{d}_{\mathrm{y}} = \boldsymbol{a}_{\mathrm{u}}^{\mathrm{H}} \boldsymbol{a}_{\mathrm{v}} \approx 0$，即 $p_{\mathrm{uv}} \approx 0$。将这些参数代入式(5.34)中，实际上给出了常规单脉冲测角计算公式。

将前面得到的角度估计作为初始值进行多次迭代显然是有益的做法。设第 k 次迭代角度为 $\theta_{\mathrm{t}}^{(k)}$，将其作为新的波束指向，执行第 $k+1$ 次迭代，得到新的目标角度，即

$$\theta_{\mathrm{t}}^{(k+1)} = \theta_{\mathrm{t}}^{(k)} - p_{\theta\theta}(\theta_{\mathrm{t}}^{(k)})^{-1} p_{\theta}(\theta_{\mathrm{t}}^{(k)}) \tag{5.48}$$

迭代过程可以只用初始的同一个快拍，离线重复执行式(5.48)，这样减小了自适应和波束与差波束畸变引起的偏差，但是不能减小估计方差，估计方差大小本质上还是由快拍的信干噪比决定的。

迭代过程也可以在多个快拍上进行，这变成了一个随机逼近问题，需要仔细

控制步进阶梯，避免在真实角度附近大幅震荡不收敛。当然，若这些快拍来自多个相参脉冲，则首先相参合成为单个快拍，然后进行单脉冲测角应是更好的选择。

5.5.3 实例与分析

天线阵列为均匀方阵，水平向和垂直向都是 16 个阵元，阵元间距为半波长，波束指向为阵面法向，3 dB 主瓣宽度约 6.3°，所占区域为图 5.11 ～ 5.13 中的大圆。快拍由一个目标信号、一个干扰信号及高斯噪声构成，信噪比为 6 dB，干噪比为 20 dB。不同目标方向、不同干扰方向下的目标角度及估计如图 5.11 ～ 5.13 所示，干扰方向用图中右上角的方框表示，目标方向及其估计分别用大圆中的点和小圆圈表示，每个目标方向的估计都是 1 000 次独立仿真结果的均值。

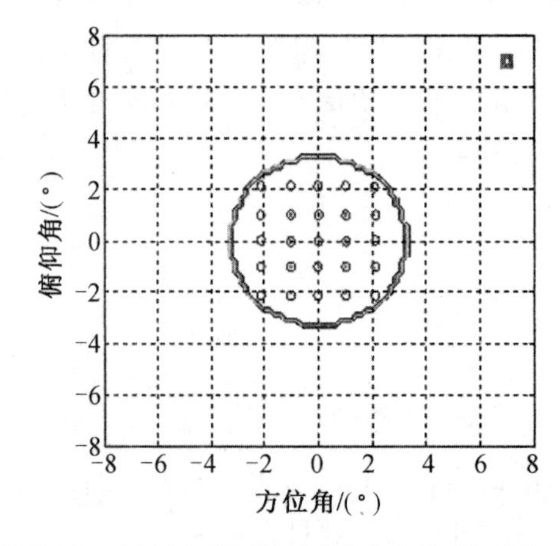

图 5.11　目标角度及估计（干扰方位 7°、仰角 7°）

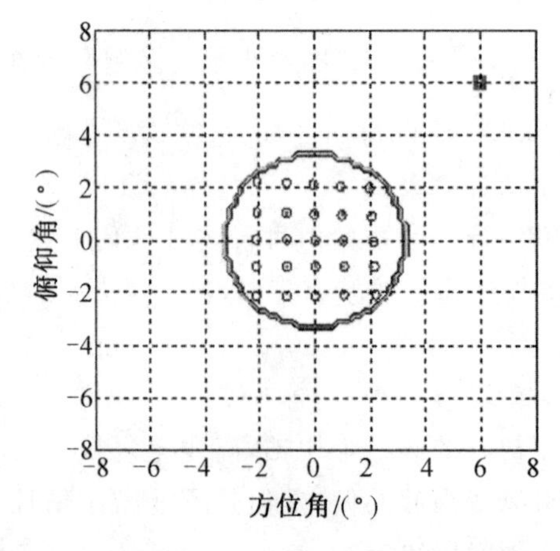

图 5.12　目标角度及估计（干扰方位 6°、仰角 6°）

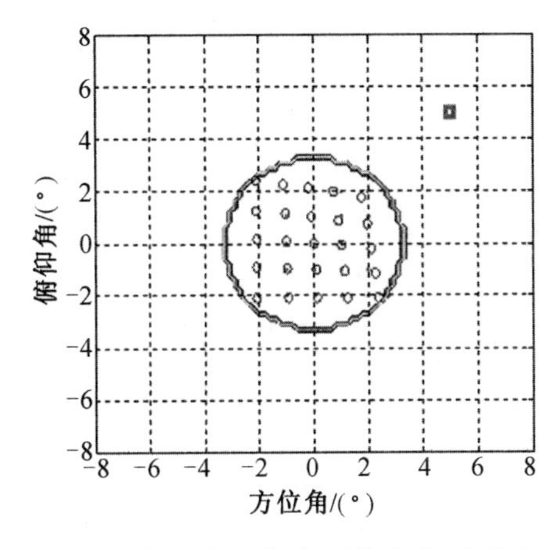

图 5.13　目标角度及估计(干扰方位 5°、仰角 5°)

由图 5.11～5.13 可见，在快拍中同时存在目标信号和干扰，以及干扰比较靠近主瓣的情况下，前述方法实现了目标角度估计；干扰越远离主瓣，测角误差越小；对于主瓣内的目标，越靠近波束指向，测量性能越好，因此多次迭代是有益的。

5.6　调频步进雷达的单脉冲测角[7]

本节讨论调频步进雷达的和差单脉冲测角问题，在雷达采用均匀线阵、发射频率步进 LFM 相参脉冲串信号的情况下，给出角敏函数的表达式，借助于该角敏函数可以进行目标角度测量。

5.6.1　角敏函数推导

设调频步进雷达采用均匀线阵，包含 N 个阵元，间距为 d，波束指向为 θ_0，发射 K 个相参 LFM 脉冲，脉冲重复周期为 T_r，脉宽为 T_0，初始载频为 f_0，步进频率为 Δf。

雷达发射相参 LFM 脉冲串为

$$s_t(t)=\sum_{k=0}^{K-1}\mathrm{rect}\left(\frac{t-kT_r}{T_0}\right)u(t-kT_r)\mathrm{e}^{\mathrm{j}2\pi(f_0+k\Delta f)t} \tag{5.49}$$

对于远处的一个静止目标，设其角度为 θ_t，则在第 n 个阵元上的回波信号为

$$s'_{rn}(t)=\sum_{k=0}^{K-1}\mathrm{rect}\left(\frac{t-kT_r-t_0-\tau_n}{T_0}\right)u(t-kT_r-t_0-\tau_n)\times \mathrm{e}^{\mathrm{j}2\pi(f_0+k\Delta f)(t-t_0-\tau_n)} \tag{5.50}$$

式中，$t_0=\frac{2R_0}{c}$，R_0 为目标距离；$\tau_n=\frac{nd\sin\theta_t}{c}(n=0,1,\cdots,N-1)$，假设第 0 号阵元为参考阵元，且 $\tau_0=0$。

回波信号混频后为

$$s_{rn}(t)=\sum_{k=0}^{K-1}\mathrm{rect}\left(\frac{t-kT_r-t_0-\tau_n}{T_0}\right)u(t-kT_r-t_0-\tau_n)\times \mathrm{e}^{-\mathrm{j}2\pi(f_0+k\Delta f)(t_0+\tau_n)} \tag{5.51}$$

设 LFM 脉冲的带宽为 B，对于孔径渡越时间 $\tau_{N-1}=\frac{(N-1)d\sin\theta_t}{c}$，当满足条件 $B<\frac{1}{\tau_{N-1}}$ 时，式(5.51) 可以近似为

$$\begin{aligned}s_{rn}(t)&\approx\sum_{k=0}^{K-1}\mathrm{rect}\left(\frac{t-kT_r-t_0}{T_0}\right)u(t-kT_r-t_0)\mathrm{e}^{-\mathrm{j}2\pi(f_0+k\Delta f)(t_0+\tau_n)}\\&=\mathrm{e}^{-\mathrm{j}2\pi f_0t_0}\sum_{k=0}^{K-1}\mathrm{rect}\left(\frac{t-kT_r-t_0}{T_0}\right)u(t-kT_r-t_0)\mathrm{e}^{-\mathrm{j}\frac{2\pi}{\lambda_k}nd\sin\theta_t}\mathrm{e}^{-\mathrm{j}2\pi k\Delta ft_0}\end{aligned} \tag{5.52}$$

式中，λ_k 为第 k 个脉冲的波长，$\lambda_k=\frac{c}{f_0+k\Delta f}$。则阵列回波信号为

$$s_r(t)=\mathrm{e}^{-\mathrm{j}2\pi f_0t_0}\sum_{k=0}^{K-1}\boldsymbol{a}_{tk}\mathrm{rect}\left(\frac{t-kT_r-t_0}{T_0}\right)u(t-kT_r-t_0)\mathrm{e}^{-\mathrm{j}2\pi k\Delta ft_0} \tag{5.53}$$

式中，有

$$\boldsymbol{a}_{tk}=[1,\mathrm{e}^{-\mathrm{j}\varphi_{tk}},\cdots,\mathrm{e}^{-\mathrm{j}(N-1)\varphi_{tk}}]^{\mathrm{T}}$$

$$\varphi_{tk}=\frac{2\pi}{\lambda_k}d\sin\theta_t$$

设接收阵列的和、差波束导向向量为

$$\boldsymbol{a}_{\Sigma k}=\boldsymbol{a}_{0k}\odot\boldsymbol{\omega}_{\Sigma},\boldsymbol{a}_{\Delta k}=\boldsymbol{a}_{0k}\odot\boldsymbol{\omega}_{\Delta} \tag{5.54}$$

式中，$\boldsymbol{a}_{0k}=[1,\mathrm{e}^{-\mathrm{j}\varphi_{0k}},\cdots,\mathrm{e}^{-\mathrm{j}(N-1)\varphi_{0k}}]^{\mathrm{T}}$，$\varphi_{0k}=\frac{2\pi}{\lambda_k}d\sin\theta_0$；$\boldsymbol{\omega}_{\Sigma}$、$\boldsymbol{\omega}_{\Delta}$ 分别为和、差窗函数；$\odot$ 为 Hadamard 积。则和、差波束形成为

$$s_{\Sigma}(t)=\mathrm{e}^{-\mathrm{j}2\pi f_0t_0}\sum_{k=0}^{K-1}(\boldsymbol{a}_{\Sigma k}^{\mathrm{H}}\boldsymbol{a}_{tk})\mathrm{rect}\left(\frac{t-kT_r-t_0}{T_0}\right)u(t-kT_r-t_0)\mathrm{e}^{-\mathrm{j}2\pi k\Delta ft_0} \tag{5.55}$$

$$s_{\Delta}(t)=\mathrm{e}^{-\mathrm{j}2\pi f_0t_0}\sum_{k=0}^{K-1}(\boldsymbol{a}_{\Delta k}^{\mathrm{H}}\boldsymbol{a}_{tk})\mathrm{rect}\left(\frac{t-kT_r-t_0}{T_0}\right)u(t-kT_r-t_0)\mathrm{e}^{-\mathrm{j}2\pi k\Delta ft_0} \tag{5.56}$$

将式(5.55) 变换到频域得到

$$S_{\Sigma}(f)=\mathrm{rect}\left(\frac{f}{B}\right)U(f)\mathrm{e}^{-\mathrm{j}2\pi f_0 t_0}\sum_{k=0}^{K-1}b_{\Sigma k}\mathrm{e}^{-\mathrm{j}2\pi f(kT_{\mathrm{r}}+t_0)}\mathrm{e}^{-\mathrm{j}2\pi k\Delta f t_0} \tag{5.57}$$

式中，有

$$b_{\Sigma k}=\boldsymbol{a}_{\Sigma k}^{\mathrm{H}}\boldsymbol{a}_{\mathrm{t}k}$$

$$U(f)=\int_{-\frac{T_0}{2}}^{\frac{T_0}{2}}u(t)\mathrm{e}^{-\mathrm{j}2\pi ft}\mathrm{d}t$$

式(5.57)的谱信号经过匹配滤波器后输出为

$$S'_{\Sigma}(f)=S_{\Sigma}(f)U^*(f)=\mathrm{rect}\left(\frac{f}{B}\right)\mathrm{e}^{-\mathrm{j}2\pi f_0 t_0}\sum_{k=0}^{K-1}b_{\Sigma k}\mathrm{e}^{-\mathrm{j}2\pi f(kT_{\mathrm{r}}+t_0)}\mathrm{e}^{-\mathrm{j}2\pi k\Delta f t_0} \tag{5.58}$$

对式(5.58)执行傅里叶逆变换实现分辨率为$\frac{1}{B}$的距离粗分辨，即

$$s'_{\Sigma}(t)=\mathrm{e}^{-\mathrm{j}2\pi f_0 t_0}\sum_{k=0}^{K-1}\mathrm{sinc}[B(t-kT_{\mathrm{r}}-t_0)]b_{\Sigma k}\mathrm{e}^{-\mathrm{j}2\pi k\Delta f t_0} \tag{5.59}$$

同样地，可以得到差波束形成为

$$s'_{\Delta}(t)=\mathrm{e}^{-\mathrm{j}2\pi f_0 t_0}\sum_{k=0}^{K-1}\mathrm{sinc}[B(t-kT_{\mathrm{r}}-t_0)]b_{\Delta k}\mathrm{e}^{-\mathrm{j}2\pi k\Delta f t_0} \tag{5.60}$$

式中，有

$$b_{\Delta k}=\boldsymbol{a}_{\Delta k}^{\mathrm{H}}\boldsymbol{a}_{\mathrm{t}k}$$

在式(5.59)和式(5.60)的距离粗分辨单元上执行傅里叶逆变换，以实现分辨率为$\frac{1}{K\Delta f}$的距离高分辨，但是会受到调制系数$b_{\Sigma k}$和$b_{\Delta k}$的影响。对于逆变换滤波器对准的目标高分辨单元，有

$$\hat{s}_{\Sigma}\approx\mathrm{e}^{-\mathrm{j}2\pi f_0 t_0}\sum_{k=0}^{K-1}b_{\Sigma k},\ \hat{s}_{\Delta}\approx\mathrm{e}^{-\mathrm{j}2\pi f_0 t_0}\sum_{k=0}^{K-1}b_{\Delta k} \tag{5.61}$$

当$\boldsymbol{\omega}_{\Sigma}$为均匀窗，$\boldsymbol{\omega}_{\Delta}$为反对称均匀窗时，可以得到

$$\hat{s}_{\Sigma}\approx\mathrm{e}^{-\mathrm{j}2\pi f_0 t_0}\sum_{k=0}^{K-1}\frac{\sin\frac{N(\varphi_{0k}-\varphi_{\mathrm{t}k})}{2}}{\sin\frac{\varphi_{0k}-\varphi_{\mathrm{t}k}}{2}}\mathrm{e}^{\frac{\mathrm{j}(N-1)(\varphi_{0k}-\varphi_{\mathrm{t}k})}{2}} \tag{5.62}$$

$$\hat{s}_{\Delta}\approx\mathrm{j}2\mathrm{e}^{-\mathrm{j}2\pi f_0 t_0}\sum_{k=0}^{K-1}\frac{\left[\sin\frac{N(\varphi_{0k}-\varphi_{\mathrm{t}k})}{4}\right]^2}{\sin\frac{\varphi_{0k}-\varphi_{\mathrm{t}k}}{2}}\mathrm{e}^{\frac{\mathrm{j}(N-1)(\varphi_{0k}-\varphi_{\mathrm{t}k})}{2}} \tag{5.63}$$

用差波束除以和波束，得到角敏函数，即

$$K(\theta'_{\mathrm{t}})=\frac{\hat{s}_{\Delta}(\theta_{\mathrm{t}})}{\hat{s}_{\Sigma}(\theta_{\mathrm{t}})} \tag{5.64}$$

式(5.62)～(5.64)表明，调频步进雷达的角敏函数由各相参脉冲对应的差波束方向图之和与和波束方向图之和的比值得到。当均匀线阵的和、差波束形

成采用锥削窗(如泰勒窗、贝里斯窗),或雷达采用其他结构形式的阵列时,阵列的和、差波束方向图与式(5.62)和式(5.63)是不同的,此时可以参考式(5.64)并通过数值仿真得到角敏函数。

5.6.2 角度测量

经过常规脉压和傅里叶逆变换处理,调频步进雷达在和波束、方位差波束和俯仰差波束三个通道上都得到了目标距离像。首先对和波束通道的目标距离像进行检测,会得到目标的多个距离散射中心;然后在这些散射中心处利用前面所得到的角敏函数、方位差波束与和波束之比、俯仰差波束与和波束之比测量目标的方位角和俯仰角,分别记为$\{\theta_1,\theta_2,\cdots,\theta_L\}$和$\{\vartheta_1,\vartheta_2,\cdots,\vartheta_L\}$,其中$L$为散射中心数量;最后对这些角度值进行加权平均从而得到目标角度[8],即

$$\bar{\theta}_{\mathrm{t}}=\sum_{l=1}^{L}w_l\theta_l,\bar{\vartheta}_{\mathrm{t}}=\sum_{l=1}^{L}w_l\vartheta_l \tag{5.65}$$

式中,w_l为加权算子。

记和波束中各散射中心的回波幅度为a_l,下面给出几种常用的加权算子(具体用哪一种视情况而定)。

均匀加权为

$$w_l\triangleq\frac{1}{L} \tag{5.66a}$$

线性加权为

$$w_l\triangleq\frac{a_l}{\sum_l a_l} \tag{5.66b}$$

平方律加权为

$$w_l\triangleq\frac{a_l^2}{\sum_l a_l^2} \tag{5.66c}$$

选择最大幅度为

$$w_l\triangleq\begin{cases}1, & a_l=\max(a_l)\\0, & \text{其他}\end{cases} \tag{5.66d}$$

需要指出的是,由于式(5.64)的角敏函数是针对单个散射中心推导的,因此对于目标距离像中的多个散射中心,为避免相互干扰,应选取其中幅度较大、相距较远的散射中心,分别测量目标角度,并进行加权平均。

5.6.3 仿真实例

本节通过仿真实例考查利用上述角敏函数和加权平均方法测角的效果。设均匀线阵有50个阵元,阵元间距为步进频率中心频点所对应波长的一半,和波束

指向为阵列法向，和、差波束分别采用－35 dB的泰勒窗、贝里斯窗，由于是均匀线阵，因此只能测量目标的方位角或者俯仰角。相参脉冲串包含32个LFM脉冲，脉宽为5 μs，带宽为25 MHz，脉间步进频率为25 MHz，雷达初始载频为1 GHz。假设有一个静止的距离扩展目标，包含3个散射中心点，幅度都为1，距离分别为(1 000－0.75)m、1 000 m、(1 000＋0.75)m，目标方向偏离波束指向1°。

首先对仿真回波脉冲串进行和、差波束形成，然后对每个LFM脉冲进行常规匹配脉压，实现距离粗分辨，最后对目标所在的粗分辨单元进行傅里叶逆变换，得到目标距离像(图5.14)，图中和、差波束的距离像基本相同，只是差波束的3个峰值低一些。取这3个峰值点，分别计算差波束与和波束之比，如图5.15中圆圈所示。如前所述，由于和、差波束形成采用了锥削窗函数，因此角敏函数与目标角度的关系需要通过数值仿真得到，如图5.15中实线所示。

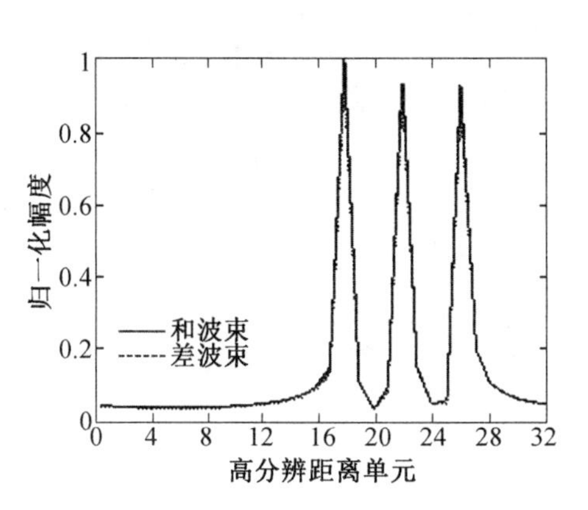

图5.14　和、差波束输出的高分辨距离像

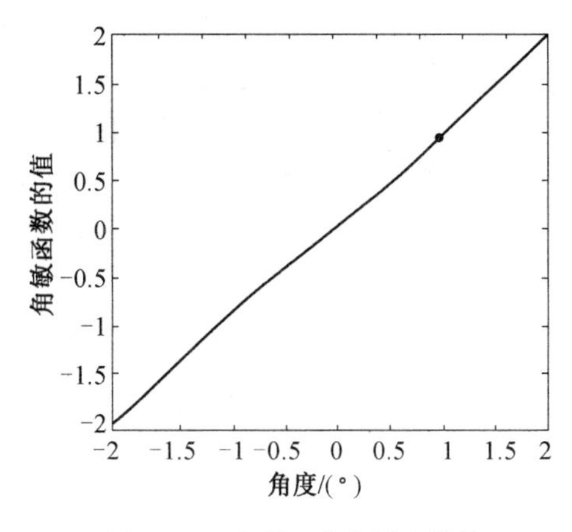

图5.15　角敏函数与测角结果

由图5.15可以分别得到3个散射中心点的角度，然后对它们按照式(5.65)和式(5.66b)的角度平均方式进行处理，得到目标角度约为1.03°，接近于1°，即测量误差不大。此结果表明，本节理论推导和数值仿真得到的角敏函数是一致的；距离像中3个散射中心回波的相互干扰导致了测角误差，为避免相互干扰，实际中应尽量选取距离像中幅度较大、相距较远的散射中心进行测角。另外，注意上述仿真中未考虑噪声的影响，当存在高斯白噪声时，测量误差会增大，但是会与理论相符合。

5.7 子阵级单脉冲技术

在5.2节介绍的阵元级和差波束单脉冲技术中，和、差波束独立形成，并且都是最优的，是期望的实现方式，但是这种结构的复杂性和成本都较高，因此仅应用于小型阵列中。在雷达系统中，和波束通常用于目标信号检测，和、差波束一起用于目标角度测量。因此，大型阵列天线要求和波束是最优形成的，而差波束可以通过子阵的方式次优形成。本节介绍两种子阵级差波束形成的实现方式。

5.7.1 和差波束权值匹配

对于一个 N 元均匀接收线阵，其每个阵元后都连接衰减器和移相器，用于控制和波束的副瓣电平和指向。将 N 个阵元划分成相互邻接的 M 个子阵，第 m 个子阵的阵元数为 N_m，满足 $N=N_1+N_2+\cdots+N_M$，子阵构成和数量 M 根据某个原则预先确定。N 元阵列接收信号经过衰减器、移相器及两级求和操作后直接形成和波束，在子阵输出端增加一级衰减器，子阵输出经此衰减器后再合成为差波束，子阵级和差波束形成如图5.16所示。

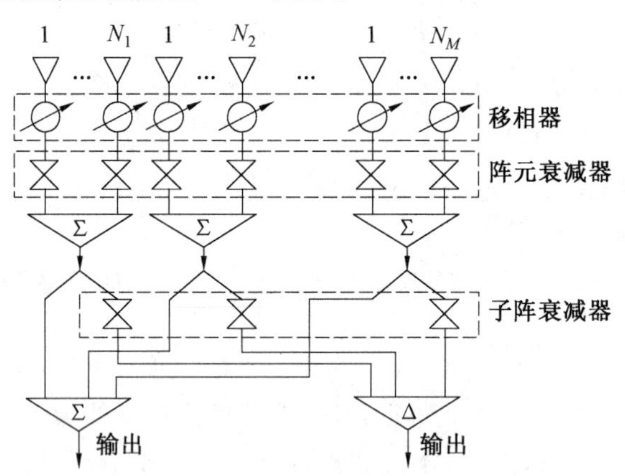

图5.16 子阵级和差波束形成

在图5.16所示的子阵级和差波束形成结构中，阵元级衰减器的权值$\{a_n^{\mathrm{s}},n=1,2,\cdots,N\}$对于和波束是最优的，子阵级衰减器的权值$\{g_m(n),m=1,2,\cdots,M\}$是未知数，是需要求解的量，但是差波束的理论最优权值$\{a_n^{\mathrm{d}},n=1,2,\cdots,N\}$是已知的，因此求解权值$g_m(n)$的问题变成使$g_m(n)$与$a_n^{\mathrm{s}}$的乘积逼近$a_n^{\mathrm{d}}$，这就是本节和差波束权值匹配的思想[9]，此问题可以用2－范数解决，即

$$\min\left[\sum_{n=N'_m+1}^{N'_m+N_m}\left|a_n^s g_m(n)-a_n^d\right|^2\right]^{\frac{1}{2}},\quad N'_m=\sum_{k=0}^{m-1}N_k, N_0=0 \tag{5.67}$$

式(5.67)的解为

$$g_m(n)=\frac{\sum\limits_{n=N'_m+1}^{N'_m+N_m}a_n^s a_n^d}{\sum\limits_{n=N'_m+1}^{N'_m+N_m}(a_n^s)^2},\quad m=1,2,\cdots,\frac{M}{2} \tag{5.68}$$

图 5.16 所示的阵列结构具有对称性，可以分成左右对称的两部分，即 $a_n^s=a_{N-n+1}^s$，$a_n^d=-a_{N-n+1}^d$，因此 $g_m(n)=-g_{M-m+1}(N-n+1)$。根据这种对称性，式(5.67)的范数只需利用$\frac{N}{2}$个阵元权值求解$\frac{M}{2}$个子阵权值即可。

对于一个 40 元均匀线阵，阵元间距为半波长，阵元级和、差波束分别采用 -35 dB 的泰勒窗、贝里斯窗，考虑以下三种子阵划分方案。

(1) 平均划分，20 个子阵，每个子阵包括 2 个阵元。

(2) 等噪声功率法非均匀子阵划分，20 个子阵，阵元数分别为[8,3,2,1,1,1,1,1,1,1,1,1, 1,1,1,1,1,2,3,8]。

(3) 等噪声功率法非均匀子阵划分，10 个子阵，阵元数分别为[11,3,2,2,2,2,2,2,3,11]。

图 5.17 ～ 5.19 所示分别为三种子阵划分方案下得到的差波束方向图，可见均匀划分方案存在栅瓣。但是，若阵元有指向性，则栅瓣会被降低；等噪声功率法非均匀子阵划分的方向图副瓣较低，也没有明显的栅瓣；10 个子阵的非均匀划分有较高的副瓣，表明当子阵数量较少时，和差波束权值匹配的效果变差。

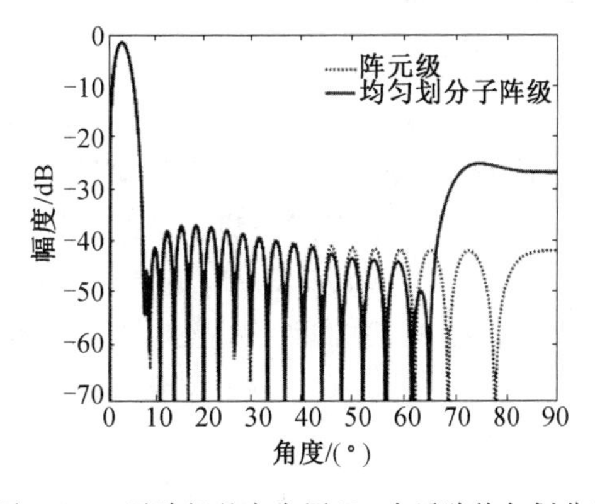

图 5.17　子阵级差方向图(20 个子阵均匀划分)

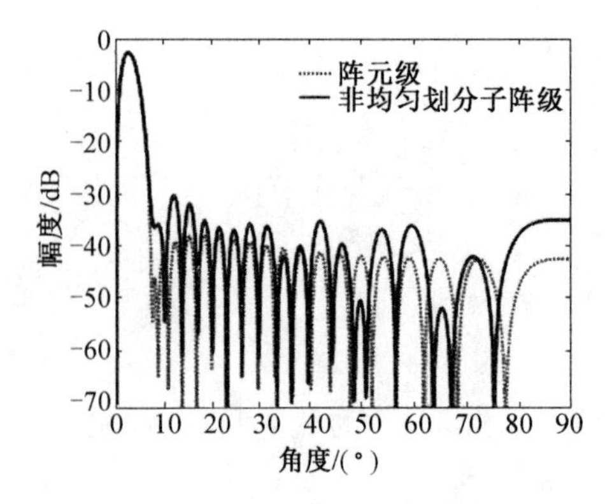

图 5.18　子阵级差方向图(20 个子阵非均匀划分)

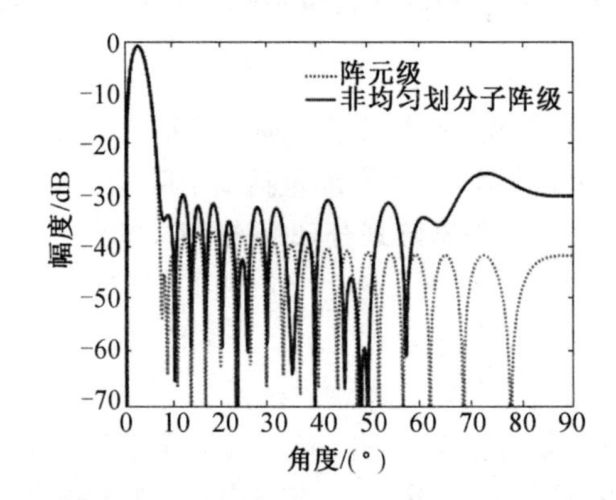

图 5.19　子阵级差方向图(10 个子阵非均匀划分)

5.7.2　子阵划分与权值同时优化

在上一节中,假设子阵数量 M 和构成已经根据某个原则预先确定了,仅需要通过权值匹配的方法解出子阵级差波束权向量即可。本节假设子阵数量 M 已经预先确定,但是每个子阵的构成及子阵级差波束权向量未知,本节将通过遗传算法优化求解这个问题,给出性能更好的差波束。

遗传算法的编码方式以二进制编码居多,但是本节同时优化子阵划分方案和子阵权值,子阵权值可以采用二进制编码,然后转化为实数,而子阵划分要搜索阵元间的分隔点,一般不能采用二进制编码,否则会产生个体的缺失或重复,此处采用 Grefenstette 编码进行子阵划分。

设子阵间隔点 $\boldsymbol{s}$:[2,13,16, 18],可以编码为 Grefenstette 码 $\boldsymbol{s}'$:[2,12,14,15],详细过程如下。

以阵元间隔位置 $\boldsymbol{s}_0$:[1,2,3,…,19] 为参考,从 $\boldsymbol{s}$ 中取第一个数,即“2”,将其在 $\boldsymbol{s}_0$ 中的位置作为 Grefenstette 码,即为“2”,然后从 $\boldsymbol{s}_0$ 中删除此数,得到更新的

s_0:[1,3,…,19]。重复上述过程，继续处理 s 中的每一个数，从而得到 s 的 Grefenstette 编码。详细的 Grefenstette 编码过程见表 5.1。

表 5.1　Grefenstette 编码过程

子阵间隔点	顺序的阵元间隔点	Grefenstette 码
2,13,16,18	1,2,3,…,12,13,14,15,16,17,18,19	2
2,13,16,18	1,3,…,12,13,14,15,16,17,18,19	2,12
2,13,16,18	1,3,…,12,14,15,16,17,18,19	2,12,14
2,13,16,18	1,3,…,12,14,15,17,18,19	2,12,14,15

对于经此转换得到的Grefenstette编码，容易通过其逆过程变换出原来的子阵间隔位置。

在遗传算法的染色体群中，每个染色体由$\frac{M}{2}+1$个基因构成。第一个基因描述子阵划分方案，对于均匀对称线阵，若划分为 M 个子阵，则只需划分半个阵列为$\frac{M}{2}$个子阵即可，因此有$\frac{M}{2}-1$个分隔点，转换为$\frac{M}{2}-1$个 Grefenstette 码。后面$\frac{M}{2}$个基因表示子阵权值，每个由 8 位二进制编码构成。染色体结构如图 5.20 所示。

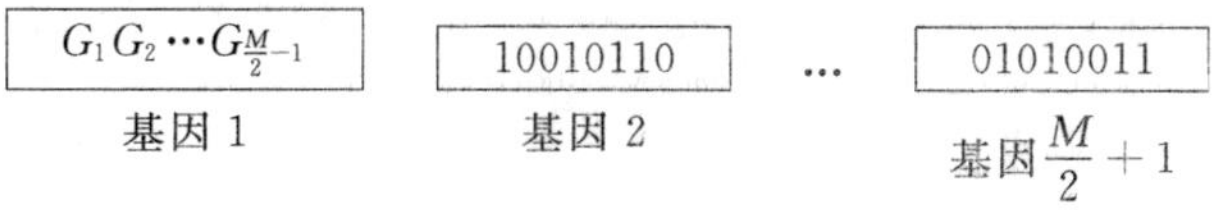

$G_1G_2\cdots G_{\frac{M}{2}-1}$	10010110	…	01010011
基因 1	基因 2		基因$\frac{M}{2}+1$

图 5.20　染色体结构

子阵权值由二进制基因向实数的转换公式为[10]

$$g_m=10^{-\frac{a}{20}},a=\sum_{k=1}^{8}2^{k-4}h_{m+1}(k),\quad m=1,2,\cdots,\frac{M}{2} \tag{5.69}$$

式中，$h_{m+1}(k)$ 表示第 $m+1$ 个基因的第 k 位。

式(5.69) 中，a 的取值范围为 0 ～ 31.875 dB，g_m 的取值范围为 0.025 5 ～ 1。若基因的位数过少，则精度不够；过大，则无必要。

遗传算法是一种优化方法，需要给出优化的目标函数，此处可以直接采用差波束方向图的最大副瓣电平作为评价指标，优化迭代过程中最大副瓣越来越低，也可以用文献[10] 中给出的目标函数，即

$$\min[(\alpha-\alpha_{\mathrm{d}})^2H(\alpha-\alpha_{\mathrm{d}})] \tag{5.70}$$

式中，α 为当前最大副瓣电平；α_{d} 为期望的副瓣电平；$H(\cdot)$ 为阶梯函数，即

$$H(x)=\begin{cases}1, & x>0\\ 0.5, & x=0\\ 0, & x<0\end{cases} \tag{5.71}$$

遗传算法的优化迭代过程如下。

(1) 产生初始的染色体种群。在区间 $1\sim\frac{N}{2}-1$ 上随机产生$\frac{M}{2}-1$个不同的自然数作为子阵分隔点，然后将$\frac{M}{2}-1$个分隔点转换为Grefenstette码；随机产生$\frac{M}{2}$个不同的8位二进制随机序列作为子阵权值；此Grefenstette码和$\frac{M}{2}$个8位二进制序列构成遗传算法的一个染色体，其结构如图5.20所示；重复以上过程，产生若干个染色体，这些染色体构成初始的染色体种群。

(2) 评价适应度值。计算每个染色体所对应的差波束方向图，然后获得每个差波束方向图的最大副瓣电平，将获得的最大副瓣电平代入式(5.70)中，并以式(5.70)的倒数作为适应度值对种群中的每个染色体进行评价，找出当前最优(适应度值最大)的染色体和最差(适应度值最小)的染色体，然后用最优的染色体代替最差的染色体，从而产生下一代。

(3) 选择操作。根据步骤(2)得到的适应度值，采用轮盘赌进行选择操作。

(4)Grefenstette编码。交叉和变异前，第一个基因中的自然数转换为Grefenstette码，转换过程见表5.1。

(5) 交叉操作。采用离散两点交叉。例如，父代为

$$f_p=\{G_{p,1},\cdots,\mid G_{p,i},\cdots,G_{p,j},\mid\cdots,G_{p,M/2-1};b_{p,1},\cdots,\mid b_{p,k},\cdots,b_{p,l},\mid\cdots,b_{p,4M}\}\tag{5.72a}$$

$$f_q=\{G_{q,1},\cdots,\mid G_{q,i},\cdots,G_{q,j},\mid\cdots,G_{q,M/2-1};b_{q,1},\cdots,\mid b_{q,k},\cdots,b_{q,l},\mid\cdots,b_{q,4M}\}\tag{5.72b}$$

两点交叉后，子代为

$$s_p=\{G_{p,1},\cdots,\mid G_{q,i},\cdots,G_{q,j},\mid\cdots,G_{p,M/2-1};b_{p,1},\cdots,\mid b_{q,k},\cdots,b_{q,l},\mid\cdots,b_{p,4M}\}\tag{5.73a}$$

$$s_q=\{G_{q,1},\cdots,\mid G_{p,i},\cdots,G_{p,j},\mid\cdots,G_{q,M/2-1};b_{q,1},\cdots,\mid b_{p,k},\cdots,b_{p,l},\mid\cdots,b_{q,4M}\}\tag{5.73b}$$

(6) 变异操作。染色体以概率 P_m 发生变异，如果Grefenstette码发生变异，则发生变异的位置的编码由剩余的$\frac{M}{2}-2$个Grefenstette码中的任何一个来代替，以产生新的染色体。如果二进制码发生变异，则发生变异的位置的编码由剩余的$4M-1$个二进制码中的任何一个来代替，以产生新的染色体。例如，父代为

$$f_p=\{G_{p,1},\cdots,G_{p,i},G_{p,i+1},\cdots,G_{p,M/2-1};b_{p,1},\cdots,b_{p,k},b_{p,k+1},\cdots,b_{p,4M}\}\tag{5.74}$$

如果Grefenstette码发生变异，则得到的子代为

$$s_p=\{G_{p,1},\cdots,G_{p,j},G_{p,i+1},\cdots,G_{p,M/2-1};b_{p,1},\cdots,b_{p,k},b_{p,k+1},\cdots,b_{p,4M}\}\tag{5.75}$$

式中，$G_{p,j}$ 为父代中除 $G_{p,i}$ 外的$\frac{M}{2}-2$ 个 Grefenstette 码中的任何一个。

如果二进制码发生变异，则得到的子代为

$$s_p=\{G_{p,1},\cdots,G_{p,i},G_{p,i+1},\cdots,G_{p,M/2-1};b_{p,1},\cdots,b_{p,l},b_{p,k+1},\cdots,b_{p,4M}\} \tag{5.76}$$

式中，$b_{p,l}$ 为父代中除 $b_{p,k}$ 外的 $4M-1$ 个二进制码中的任何一个。

(7)Grefenstette 编码逆转换。交叉和变异后，将第一个基因中的 Grefenstette 码逆转换为子阵间隔位置。

(8) 再次评价适应度值。计算每个染色体所对应的差波束方向图，获取当前适应度值，再次通过当前适应度值对种群中的每个染色体进行评价，找出当前最优染色体和最差染色体，然后用最优染色体代替最差染色体。

(9) 循环与终止。若适应度值未达到可接受的量值或优化迭代过程未达到预先设置的最大进化代数，则返回步骤(3)，继续上述循环过程；否则，终止循环，得到最优染色体，给出最优的子阵划分方案和子阵加权值。

对于一个 40 元均匀线阵，阵元间距为半波长，阵元级和波束采用 -35 dB 的泰勒窗，将线阵划分为 10 个子阵，考虑到阵列的对称性，只需利用上述遗传算法对半个阵面进行优化处理，寻找 5 个子阵间的 4 个分隔点及 5 个子阵输出的加权值，另一半阵面的子阵对称划分，权值取相反数。

遗传算法的进化过程如图 5.21 所示。经过 50 次迭代循环后，算法趋于收敛。此时，子阵间隔点为[2, 13, 16, 18](表 5.1)，子阵级权值为[0.307 3, 1.000 0,0.613 1,0.327 8,0.101 4]。收敛后计算得到的子阵级差波束方向图如图5.22 所示。可以看到，主瓣形状良好，副瓣电平均匀分布(约为 -28 dB)，也没有明显的栅瓣。

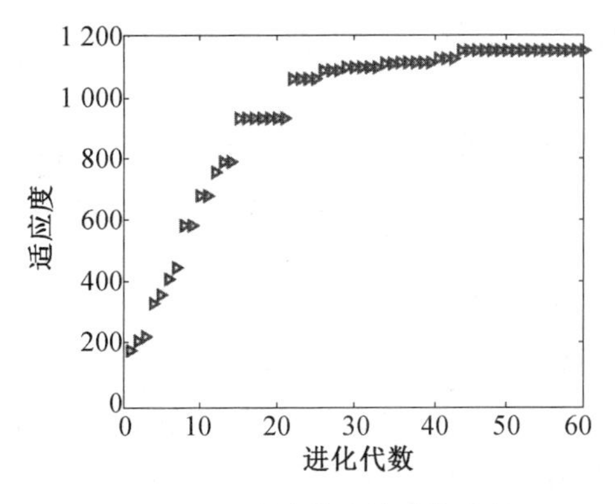

图 5.21　遗传算法的进化过程

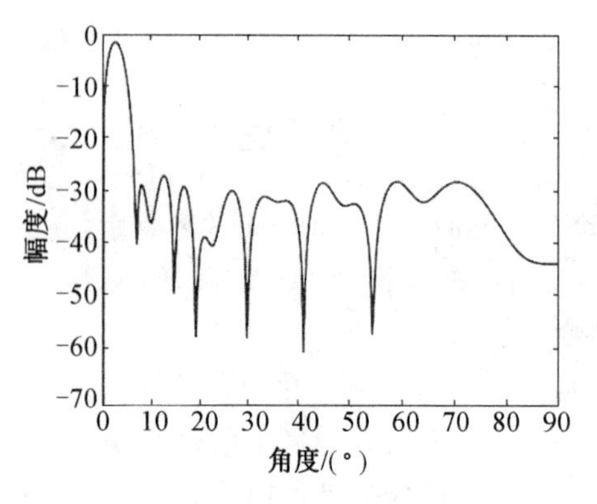

图 5.22　子阵级差波束方向图

5.8　基于空域稀疏性的低仰角目标测高

当利用雷达测量低仰角目标的仰角或高度时，由于波束部分照射到地面上，目标回波以直达波和地面反射波两种传播方式进入天线波束内，此时常规波束形成不能分辨这两种回波，因此无法利用各种经典单脉冲测角方法测量低仰角目标的高度，除非能够预先在距离或者多普勒域上区分两种回波。

从阵列信号处理出发，若要测量低仰角目标的高度，首先需要提高阵列的角度分辨能力，以分辨直达波和多径反射波。近年来，空域稀疏性阵列信号处理技术受到了很大关注[11]，它对阵列覆盖空域进行离散采样得到过完备阵列流形矩阵，将阵列接收信号在该矩阵上进行稀疏表示，然后利用稀疏重构算法得到空域离散网格上的空间谱图。研究表明，该技术在超分辨能力、低信噪比与小样本适应能力等方面都具有良好的表现，这些特点正是解决低仰角目标测高问题所需要的。本节将研究基于阵列信号空域稀疏性的低仰角目标测高方法。

5.8.1　阵列信号模型

假设测高雷达阵为 M 元均匀垂直阵列，一个低仰角目标的 K 个多径回波 $s_k(l)$ $(k=1,2,\cdots,K;l=1,2,\cdots,L)$ 以直达波和地面反射波形式分别从方向 θ_k 进入阵列，L 为相参脉冲数，则 $M\times L$ 维阵列接收信号为

$$\boldsymbol{X}=\boldsymbol{AS}+\boldsymbol{N} \tag{5.77}$$

式中，$\boldsymbol{A}$ 为 $M\times K$ 维阵列响应矩阵；$\boldsymbol{S}$ 为 $K\times L$ 维多径回波信号；$\boldsymbol{N}$ 为 $M\times L$ 维高斯白噪声矩阵。测高问题描述为从阵列接收信号 $\boldsymbol{X}$ 中估计目标直达波的入射方向，该方向在俯仰上通常高于地面多径反射波的方向。

式(5.77)中，K个多径回波的方向只占感兴趣空域$[-\theta_0,\theta_0]$的一小部分，将该空域均匀离散化，得到方向集$\{\bar{\theta}_1,\bar{\theta}_2,\cdots,\bar{\theta}_I\}$，满足$K \ll I$，$K<M<I$，每个$\bar{\theta}_i$代表一个潜在的多径回波方向。空域离散化密度与方向估计精度成正比，如果离散化足够密，则有$\{\theta_1,\theta_2,\cdots,\theta_K\} \subset \{\bar{\theta}_1,\bar{\theta}_2,\cdots,\bar{\theta}_I\}$，当$\bar{\theta}_i \in \{\theta_1,\theta_2,\cdots,\theta_K\}$时，该方向上会有一个真实的多径回波；如果离散化不够密，则会带来离散化估计偏差。

构造如下$M \times I$维过完备字典，即

$$
\begin{aligned}
\bar{\boldsymbol{A}} &= \begin{bmatrix} 1 & 1 & \cdots & 1 \\ \mathrm{e}^{\mathrm{j}\varphi(\bar{\theta}_1)} & \mathrm{e}^{\mathrm{j}\varphi(\bar{\theta}_2)} & \cdots & \mathrm{e}^{\mathrm{j}\varphi(\bar{\theta}_I)} \\ \vdots & \vdots & & \vdots \\ \mathrm{e}^{\mathrm{j}(M-1)\varphi(\bar{\theta}_1)} & \mathrm{e}^{\mathrm{j}(M-1)\varphi(\bar{\theta}_2)} & \cdots & \mathrm{e}^{\mathrm{j}(M-1)\varphi(\bar{\theta}_I)} \end{bmatrix} \\
&= [\boldsymbol{a}(\bar{\theta}_1) \quad \boldsymbol{a}(\bar{\theta}_2) \quad \cdots \quad \boldsymbol{a}(\bar{\theta}_I)]
\end{aligned} \tag{5.78}
$$

式中，$\varphi(\bar{\theta}_i)=\dfrac{2\pi}{\lambda}d\sin\bar{\theta}_i$，$\lambda$为波长，$d$为阵元间距；$\boldsymbol{a}(\bar{\theta}_i)$表示潜在多径回波的导向向量，$\boldsymbol{a}(\bar{\theta}_i)=[1,\mathrm{e}^{\mathrm{j}\varphi(\bar{\theta}_i)},\cdots,\mathrm{e}^{\mathrm{j}(M-1)\varphi(\bar{\theta}_i)}]^{\mathrm{T}}(i=1,2,\cdots,I)$。

在式(5.78)的字典下，式(5.77)可以表示为

$$
\boldsymbol{X}=\bar{\boldsymbol{A}}\bar{\boldsymbol{S}}+\boldsymbol{N} \tag{5.79}
$$

式中，$\bar{\boldsymbol{S}}$为$I \times L$维信号矩阵。当$\bar{\theta}_i \in \{\theta_1,\theta_2,\cdots,\theta_K\}$时，矩阵$\bar{\boldsymbol{S}}$的第$i$行元素的值等于$\boldsymbol{S}$中该方向的回波信号值，否则该行元素都等于零，因此矩阵$\bar{\boldsymbol{S}}$是行稀疏的。$\bar{\boldsymbol{S}}$中的非零行及其在矩阵中的位置分别表征了多径回波的幅度和方向信息。

5.8.2　目标高度测量

类似于1.8.2节，采用稀疏贝叶斯学习方法解算稀疏矩阵$\bar{\boldsymbol{S}}$，其中表示最大角度的非零行位置即目标的俯仰角θ_{t}。

对于式(5.79)中的高斯白噪声向量，设其均值为零，方差为σ^2，于是得到$\boldsymbol{X}$的似然函数为

$$
f(\boldsymbol{X}\mid\bar{\boldsymbol{S}},\sigma^2)=|\pi\sigma^2\boldsymbol{I}_M|^{-L}\mathrm{e}^{-\frac{\|\boldsymbol{X}-\bar{\boldsymbol{A}}\bar{\boldsymbol{S}}\|^2}{a^2}} \tag{5.80}
$$

式中，$\|\cdot\|$表示欧几里得范数。

设$\bar{\boldsymbol{S}}$的第l列$\bar{\boldsymbol{S}}(:,l)(l=1,2,\cdots,L)$中各元素都是独立的随机变量，其第$i$个元素$\bar{\boldsymbol{S}}(i,l)(i=1,2,\cdots,I)$服从均值为零、方差为$g_i$的高斯分布，则有

$$
f(\bar{\boldsymbol{S}}(:,l)\mid\boldsymbol{g})=\prod_{i=1}^{I}(\pi g_i)^{-1}\mathrm{e}^{-\frac{|\bar{\boldsymbol{S}}(i,l)|^2}{g_i}},\quad l=1,2,\cdots,L \tag{5.81}
$$

式中，方差向量$\boldsymbol{g}=[g_1,g_2,\cdots,g_I]^{\mathrm{T}}$，其中各元素都是未知参数。当$g_i=0$时，因为均值$E[\bar{\boldsymbol{S}}(i,l)]=0$，则有$\bar{\boldsymbol{S}}(i,l)=0$，因此方差向量$\boldsymbol{g}$间接地刻画了$\bar{\boldsymbol{S}}(:,l)$的稀

疏性。

利用式(5.80)和式(5.81)可以得到

$$
\begin{aligned}
f(\boldsymbol{X} \mid \boldsymbol{g},\sigma^2) &= \int f(\boldsymbol{X} \mid \bar{\boldsymbol{S}},\sigma^2) f(\bar{\boldsymbol{S}} \mid \boldsymbol{g}) \mathrm{d}\bar{\boldsymbol{S}} \\
&= \mid \pi \boldsymbol{\Sigma}_{\mathrm{X}} \mid^{-L} \mathrm{e}^{-\mathrm{tr}(\boldsymbol{X}^{\mathrm{H}} \boldsymbol{\Sigma}_{\mathrm{X}}^{-1} \boldsymbol{X})}
\end{aligned} \tag{5.82}
$$

式中，协方差矩阵$\boldsymbol{\Sigma}_{\mathrm{X}} = \sigma^2 \boldsymbol{I}_M + \bar{\boldsymbol{A}}\boldsymbol{G}\bar{\boldsymbol{A}}^{\mathrm{H}}$，$\boldsymbol{G}=\mathrm{diag}(\boldsymbol{g})$，diag(·)表示对角化；tr(·)表示矩阵的迹；上标 H 表示共轭转置。

通过求解式(5.82)的最大值，可以得到 σ^2 的最大似然估计 σ_{ML}^2 及 $\boldsymbol{G}$ 的最大似然估计$\boldsymbol{G}_{\mathrm{ML}}$。

根据贝叶斯公式，可以得到 $\bar{\boldsymbol{S}}$ 的后验概率密度为

$$
\begin{aligned}
f(\bar{\boldsymbol{S}} \mid \boldsymbol{X},\boldsymbol{g},\sigma^2) &= \frac{f(\boldsymbol{X} \mid \bar{\boldsymbol{S}},\sigma^2) f(\bar{\boldsymbol{S}} \mid \boldsymbol{g})}{f(\boldsymbol{X} \mid \boldsymbol{g},\sigma^2)} \\
&= \mid \pi \boldsymbol{\Sigma}_{\bar{\mathrm{S}}} \mid^{-L} \mathrm{e}^{-\mathrm{tr}[(\bar{\boldsymbol{S}}-\boldsymbol{\mu})^{\mathrm{H}} \boldsymbol{\Sigma}_{\bar{\mathrm{S}}}^{-1} (\bar{\boldsymbol{S}}-\boldsymbol{\mu})]}
\end{aligned} \tag{5.83}
$$

式中，有

$$
\boldsymbol{\mu} = \boldsymbol{G}\bar{\boldsymbol{A}}^{\mathrm{H}} (\sigma^2 \boldsymbol{I}_M + \bar{\boldsymbol{A}}\boldsymbol{G}\bar{\boldsymbol{A}}^{\mathrm{H}})^{-1} \boldsymbol{X}
$$

$$
\boldsymbol{\Sigma}_{\bar{\mathrm{S}}} = \boldsymbol{G} - \boldsymbol{G}\bar{\boldsymbol{A}}^{\mathrm{H}} (\sigma^2 \boldsymbol{I}_M + \bar{\boldsymbol{A}}\boldsymbol{G}\bar{\boldsymbol{A}}^{\mathrm{H}})^{-1} \bar{\boldsymbol{A}}\boldsymbol{G}。
$$

将 σ_{ML}^2 和$\boldsymbol{G}_{\mathrm{ML}}$ 代入式(5.83)中，然后对式(5.83)求导得到$\bar{\boldsymbol{S}}$的最大后验概率估计，即

$$
\bar{\boldsymbol{S}}_{\mathrm{MAP}} = \boldsymbol{G}_{\mathrm{ML}} \bar{\boldsymbol{A}}^{\mathrm{H}} (\sigma_{\mathrm{ML}}^2 \boldsymbol{I}_M + \bar{\boldsymbol{A}} \boldsymbol{G}_{\mathrm{ML}} \bar{\boldsymbol{A}}^{\mathrm{H}})^{-1} \boldsymbol{X} \tag{5.84}
$$

将最大后验概率估计$\bar{\boldsymbol{S}}_{\mathrm{MAP}}$ 作为 $\bar{\boldsymbol{S}}$ 的解，这是在 $\boldsymbol{X}$ 的情况下，$\bar{\boldsymbol{S}}$ 出现可能性最大的值，少量非零行元素的位置表示了目标的多径角度，其中表示最大角度的非零行位置即目标的俯仰角 θ_{t}。

考虑地球曲率的影响，需要对估计角度进行修正，修正后的目标高度为[12]

$$
H_{\mathrm{t}} = R_{\mathrm{t}} \sin \theta_{\mathrm{t}} + \frac{R_{\mathrm{t}}^2}{2a_{\mathrm{e}}} \tag{5.85}
$$

式中，R_{t} 为目标距离；a_{e} 为有效地球半径，约为 8 500 km。

5.8.3 实例与分析

米波雷达测高试验系统由一部米波两坐标雷达和垂直测高天线两部分组成[13]。两坐标雷达天线旋转扫描，发射 LFM 相参脉冲串。垂直测高天线是由八木天线单元组成的 8 行 2 列均匀线阵，俯仰波束宽度约为 16°，天线架设在农田上，地势平坦，30 km 外为大海。雷达观测目标是民航客机，距离约 110 ～ 290 km。在两坐标雷达天线旋转的每一圈中，测高天线都收到若干个重复周期的目标回波。对于任一圈中的所有接收回波，首先进行通道幅相误差修正和脉冲压缩，检测目标并获得目标距离，然后测量目标高度。

图 5.23 所示为阵列接收信号的数字波束形成，可见目标回波是多径传播，包

括直达波和地面反射波，由该图测得目标高度为 13 000 m，而目标实际高度为 9 800 m。图 5.24 所示为空域稀疏性法得到的角度谱，可以看到两个强尖峰，由该图测量目标高度约为 9 700 m。

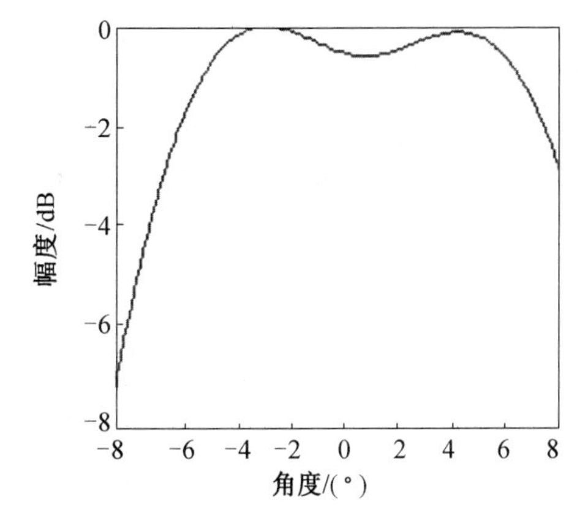

图 5.23　阵列接收信号的数字波束形成

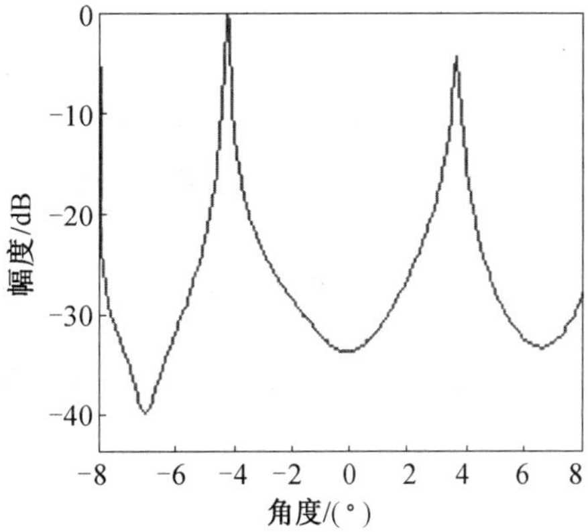

图 5.24　空域稀疏性法得到的角度谱

对民航客机在飞行过程中获得的数据进行处理，稀疏法与二次雷达测高的比较如图 5.25 所示。其中，点号“•”表示飞机携带的二次雷达测量的自身高度，可以作为飞机的实际高度；星号“*”表示利用空域稀疏法测量的高度。图 5.26 所示为目标高度测量误差，可见其基本上在 200 m 以内。

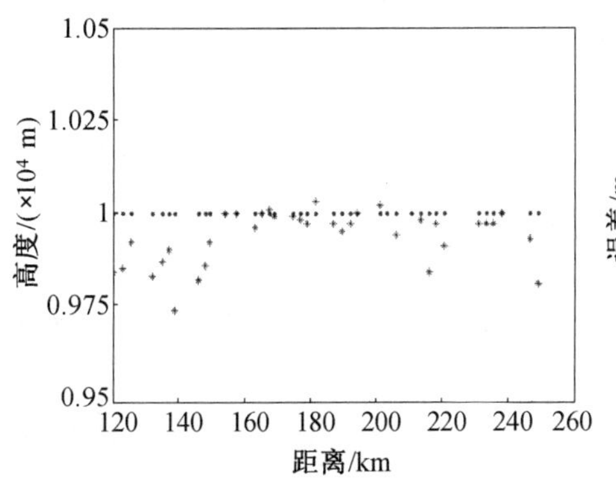

图 5.25　稀疏法与二次雷达测高的比较（见附录彩图）

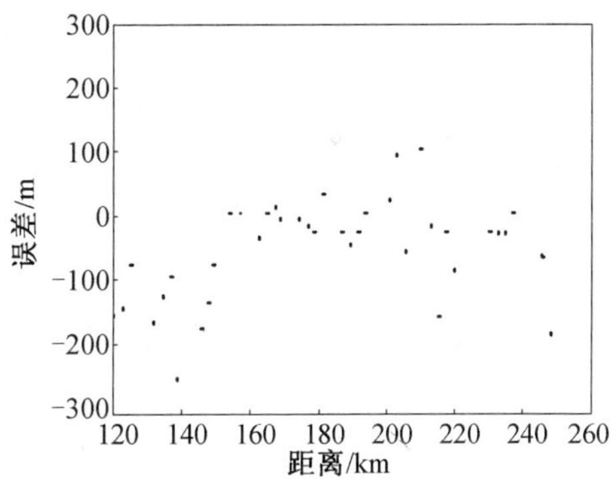

图 5.26　目标高度测量误差

本章参考文献

[1] 陈希信. 和－差单脉冲雷达的测角精度分析[J]. 现代雷达，2021，43(6)：15-18.
[2] 张光义. 相控阵雷达系统[M]. 北京：国防工业出版社，2006.
[3] 韩彦明，陈希信. 自适应和差波束形成与单脉冲测角研究[J]. 现代雷达，2010，32(12)：44-47.
[4] FANTE R L. Synthesis of adaptive monopulse patterns[J] . IEEE Trans. On AP，1999，47(5)：773-774.
[5] 陈希信，龙伟军，张庆海. 一种低副瓣自适应单脉冲测角方法[J]. 中国电子科学研究院学报，2021，16(5)：496-498.
[6] NICKEL U. Monopulse estimation with adaptive arrays[J]. IEE Proc－F，1993，140(5)：303-308.
[7] 陈希信，王洋，龙伟军. 调频步进雷达的和差单脉冲测角[J]. 中国电子科学研究院学报，2021，16(1)：1-4,20.
[8] 赵宏钟，何松华. 基于高分辨距离像的单脉冲角跟踪技术[J]. 电子学报，2000，28(4)：142-144，134.
[9] MCNAMARA D A. Synthesis of sub-arrayed monopulse linear arrays through matching of independently optimum sum and difference excitations[J]. IEE Proc－F，1988，135(5)：293-296.
[10] LÓPEZ P，RODRÍGUEZ J A，ARES F. Subarray weighting for the difference patterns of monopulse antennas：joint optimization of subarray configurations and weights[J]. IEEE Trans. On AP，2001，49(11)：1606-1608.
[11] 刘章孟. 基于信号空域稀疏性的阵列处理理论与方法[D]. 长沙：国防科学技术大学，2012.
[12] SKOLNIK M I. 雷达手册[M]. 2 版. 王军，等译. 北京：电子工业出版社. 2003.
[13] 陈希信，龙伟军. 基于空域稀疏性的雷达低仰角目标测高[J]. 现代雷达，2020，42(9)：39-41.

附录

部分彩图

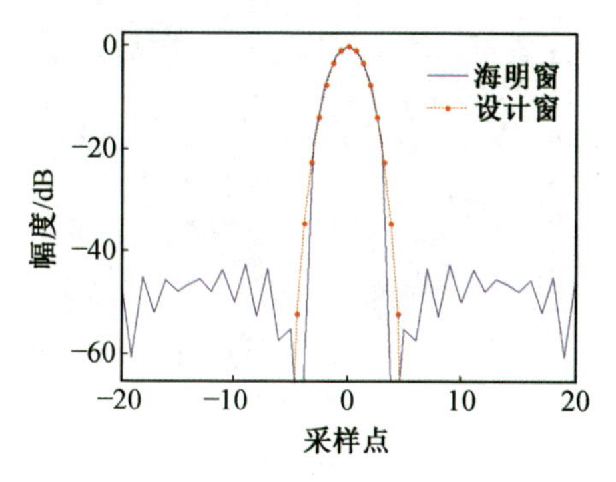

图 1.16　设计窗与海明窗的脉压主瓣比较

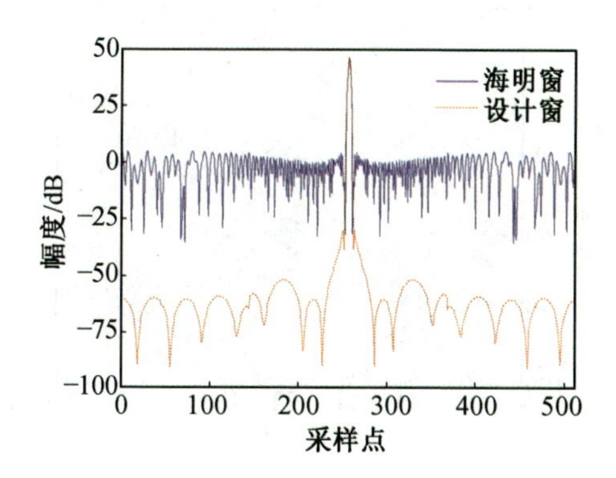

图 1.17　经加窗脉压处理后信号分量的比较

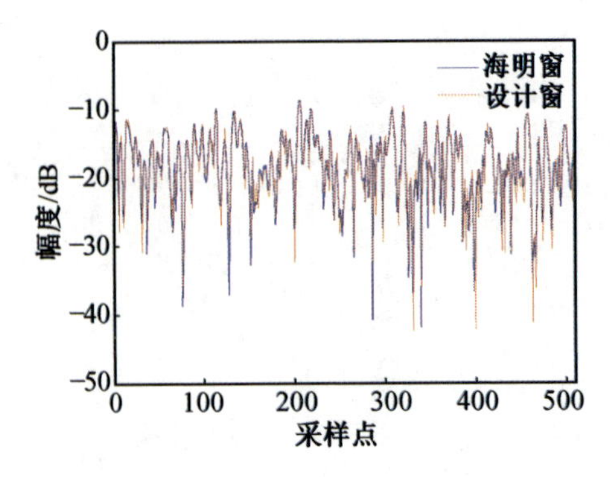

图 1.18　经加窗脉压处理后噪声分量的比较

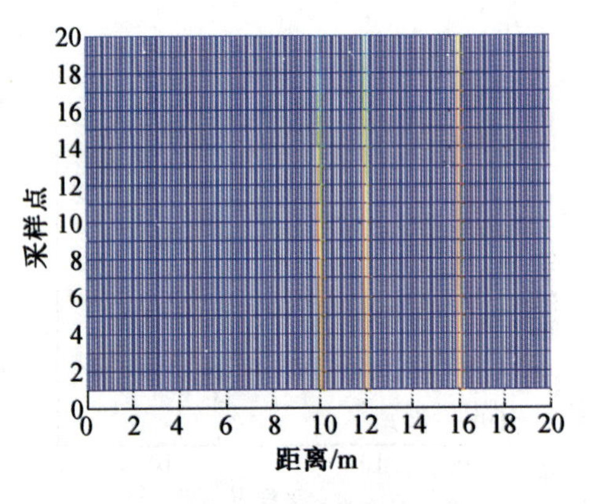

图 1.29　目标的冗余距离像

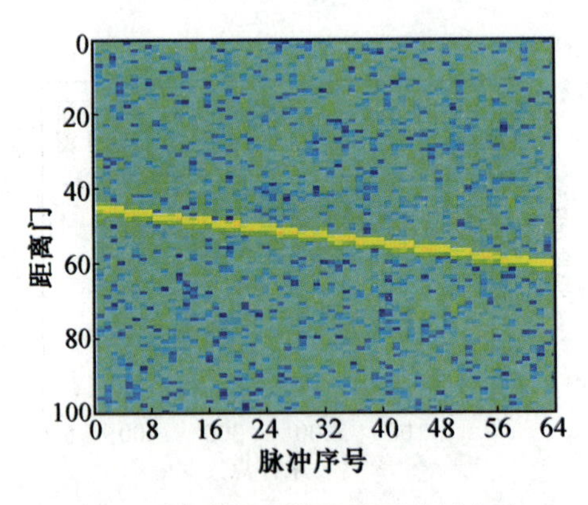

图 1.36　目标在脉间跨距离门走动

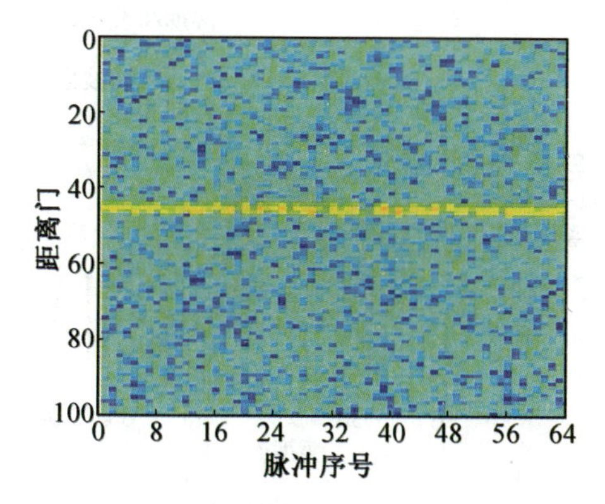

图 1.37　脉间距离门走动被校正

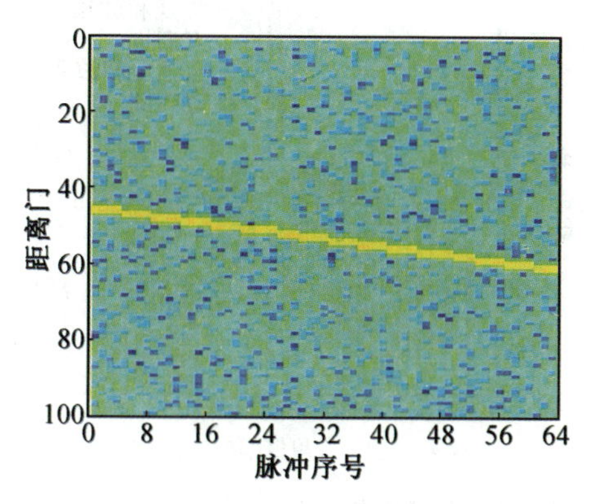

图 1.40　目标在脉间跨距离门走动

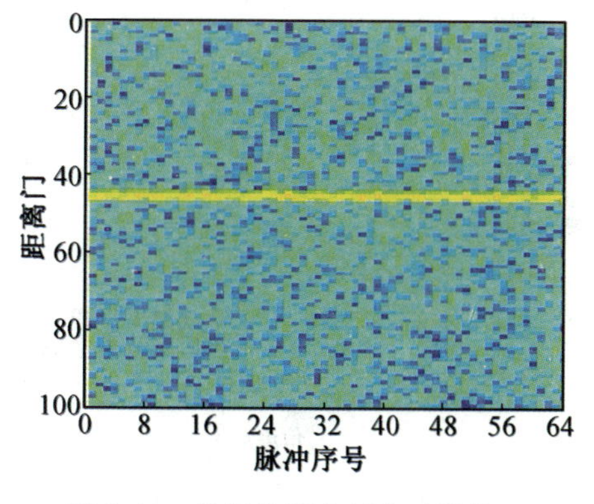

图 1.41　脉间跨距离门走动被校正

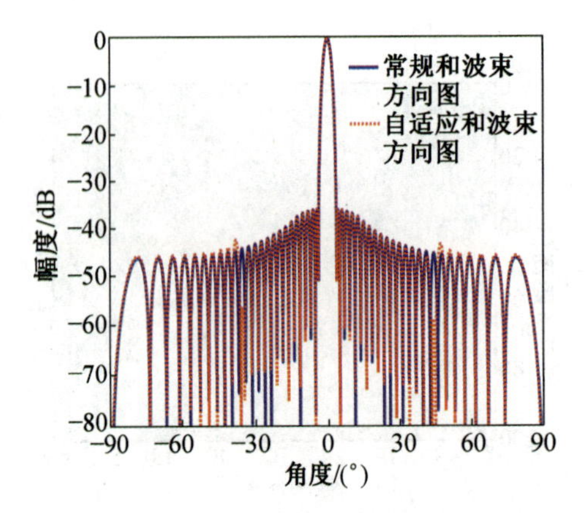

图 5.5　常规与自适应和波束方向图的比较

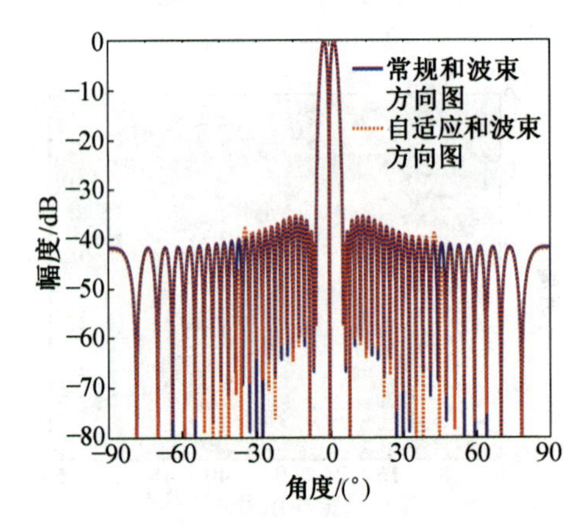

图 5.6　常规与自适应差波束方向图的比较

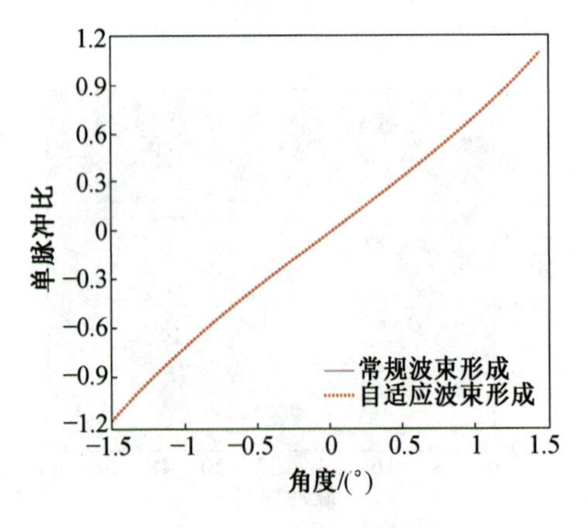

图 5.7　常规与自适应单脉冲比的比较

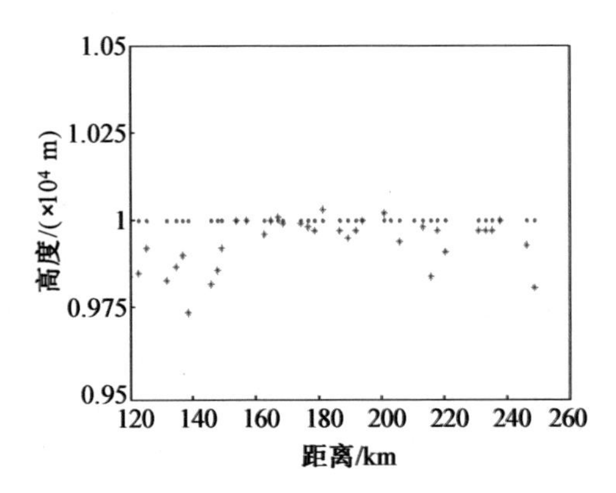

图 5.25 稀疏法与二次雷达测高的比较